技能名师传帮带

采气工人日常操作规程记忆歌诀

朱金龙　著

石油工业出版社

内 容 提 要

本书涵盖了油田开发系统采油工、采气测试工、井下作业工三个工种所涉及的108个日常操作项目。每个操作项目分为操作规程记忆歌诀、操作规程安全提示歌诀和操作规程原文三个层次。让读者在吟诵“歌诀”的同时联想并记忆操作规程，从而达到快乐记忆操作规程的目的。

本书可作为油田开发系统采气工、采气测试工、井下作业工等工种的员工岗位培训、技能鉴定、技能大赛的参考用书，也可作为相关单位管理干部、技术人员了解掌握辖区内相关岗位员工日常操作项目的参考用书。

图书在版编目（CIP）数据

采气工人日常操作规程记忆歌诀／朱金龙著．—北京：石油工业出版社，2019.7

（技能名师传帮带）

ISBN 978-7-5183-3471-1

Ⅰ．①采… Ⅱ．①朱… Ⅲ．①采气-技术操作规程 Ⅳ．①TE37-65

中国版本图书馆CIP数据核字（2019）第114905号

出版发行：石油工业出版社

（北京安定门外安华里2区1号楼　100011）

网　址：www. petropub. com

编辑部：（010）64523712

图书营销中心：（010）64523633

经　销：全国新华书店

印　刷：保定彩虹印刷有限公司

2019年7月第1版　2019年7月第1次印刷

880×1230毫米　开本：1/32　印张：11.25

字数：350千字

定价：60.00元

序

大国工匠，匠心筑梦；彰显大国风范，托起巨龙腾飞。2016 年，“培育工匠精神”被写进《政府工作报告》，这说明“工匠精神”已经得到了党和国家的高度重视。“大国工匠”的感人故事、生动实践表明，只有那些热爱本职工作、脚踏实地、尽职尽责、精益求精的人，才可能成就一番事业，才可望拓展人生价值。

“工匠精神”是一种热爱工作的职业精神。工匠的工作不单是谋生，并且能从中获得成就感和快乐，这也是很少有工匠会去改变自己所从事职业的原因。这些工匠都能够耐得住清贫和寂寞，数十年如一日地追求着职业技能的极致化，靠着传承和钻研，凭着专注和坚守，去缔造一个又一个的奇迹。培育“工匠精神”重在弘扬精神，不仅限于物质生产，还需各行各业培育和弘扬精益求精、一丝不苟、追求卓越、爱岗敬业的品格，从而提供高品质产品和高水准服务。

中国石油把“石油精神”和“工匠精神”巧妙融合，在整个石油石化系统有序推进“石油名匠”培育计划。这些“大国工匠”，基本都是奋斗在生产第一线的杰出劳动者，他们行业不同，专业不同，岗位不同，但他们有着鲜明的共同之处，就是心有理想，身怀绝技，敬业爱岗。通过“石油名匠”培育为高技能人才搭建平台，让沉心干事的企业工匠，得到应有的尊重和待遇，不仅需要个人的匠心独运，更需要营造一个企业乃至社会大环境的文化氛围，需要打造一个讲究品质、尊重知识、尊重人才的氛围。

为了更好地发挥高技能人才的引领带动作用，推动企业基层员工素质的整体提升，石油工业出版社策划出版《石油名匠工作室》《技能名师传帮带》等系列丛书，通过总结、宣传石油技师等高技能人才在工作中的使用技巧、窍门以及技术革新的方式、方法，提高石油一线员工操作水平，激发广大基层工作者的劳动兴趣，并促使一线员工主动提高自身劳动技能，提高劳动效率。不断深化岗位练兵、劳动竞赛、技术革新等群众性经济技术活动，为广大职工立足岗位开源节流、降本增效建载体搭平台创条件。

本系列丛书是一批技艺精湛、业绩突出、德艺双馨的技能领军人才的多年工作心得、体会、成果的经验总结，有必要在各个专业一线员工中大力推广。通过在各个专业领域充分发挥引领、示范作用，加强优秀技能人才典型事迹宣传，展现良好形象，推进操作技能人才队伍素质整体提升，让“石油精神”焕发新的光芒。大国工匠彰显大国风范，石油名匠托起巨龙腾飞。

中国石油天然气集团公司人事部
中国石油天然气股份有限公司人事部 总经理 刘志华

2017 年

前　言

《国务院关于推行终身职业技能培训制度的意见》（国发〔2018〕11号），其中第四点意见提出：用推进培训内容和方式创新来提升职业技能培训基础能力。操作规程培训无疑是职业技能培训基础能力的“重头戏”。用歌诀方式创新操作规程培训，正是《采气工人日常操作规程记忆歌诀》出版发行的初衷所在。

本书作者朱金龙，自1980年技工学校毕业至今，已从事采油工作39年。1991年代表吉林油田参加在新疆克拉玛依举行的技术比赛，获得全国技术能手称号。1993年破格晋升为采油技师，2005年考取采油高级技师资格证，2007年考取二级企业培训师资格证。现任中国石油吉林油田公司采油技能专家，曾编写出版了《油田开发常用指标计算手册》《采油工人日常操作规程记忆歌诀》。他将30多年的工作实践和20多年来教学实践中应用过的歌诀，加以凝练总结，编写了本书。

本书的编写得到了长庆、辽河、新疆、华北、青海、吉林等兄弟油田多位技师、高级技师、首席技师、技能专家的鼎力支持和积极参与。

参与全书编写工作的有：辽河油田公司曙光采油厂采油作业七区毕海昌；长庆油田分公司第三采气厂气井修井大队张立业，第一采油厂王窑采油作业区杨娥；吉林油田公司扶余采油厂王宇超，红岗采油厂王位。

参与采气工部分编写的有：长庆油田分公司第一采油厂长东作业区李永宏，第一采气厂第二净化厂生产技术室刘振宁、作业九区生产运行室蒋玉勇、作业二区孙燕、作业三区生产技术室杜金虎，第二采气厂作业二区赵尹琛、蔚生军、王婷娟、职业技能鉴定站刘利娜，第六采气厂安定采气作业区钟华国，储气库管理处生产保障大队骆迎春；青海油田采油四厂南翼山采油作业区王斌，采油二厂昆北油田第一采油作业区何湘；新疆油田公司准东采油厂沙南作业区杨乾涛；华北油田公司采油四厂别古庄采油作业区采油三站欧永红；吉林油田公司红岗采油厂采油二队王砚忠。

参与井下作业工部分编写的有：长庆油田分公司第十一采油厂井

下作业大队王建军、桐川采油作业区保障队张晋武；吉林油田公司扶余采油厂马胜军、常青，新木采油厂创新维修工作站张浩、采油五队杜海峰。

本书是朱金龙继《技能名师传帮带》系列丛书《采油工人日常操作规程记忆歌诀》之后的又一作品。书中涵盖了采气工、井下作业工、采气测试工三个工种，共计 108 个日常操作项目的操作规程的记忆歌诀和与其相对应的安全提示歌诀。本书弥补了上述工种操作规程培训多采用单一的“文字与表格”形式的不足，是上述工种员工技能培训、特别是操作规程培训必不可少的参考书籍之一。

俗话说“讲授容易，理解困难；理解容易，牢记困难”。本书适合成人 20 分钟注意力集中周期特点，以高度凝练的歌诀形式，刺激成人记忆力，激发成人学习兴趣。较好地解决了“理解容易记住难，课堂听懂课后忘”的员工培训难题，克服了员工操作规程培训中存在着“年年抓、月月训、周周学、天天讲，学了忘、忘了学”的弊端。实践证明，歌诀法操作规程培训具有缩短培训时间、增强培训效果、有利于短期速效培训、能迅速增强培训质量等特点。

本书的创新点之一，每个操作项目首先采取通俗易懂易记的歌诀或顺口溜（即记忆歌诀），对相关操作规程进行记述，便于学习者理解并牢记。

本书的创新点之二，每个操作项目在记忆歌诀的基础上，针对最容易出现风险造成人身伤害的环节，又高度凝练出四句安全提示歌诀。

本书的创新点之三，每个操作项目在记忆歌诀和安全提示歌诀的后面附有该操作项目的操作规程原文，便于读者前后核对。

本书的创新点之四，考虑到歌诀文字的高度凝练性，一个或多个操作环节仅用一个字或两三个字概括，客观地讲，容易产生歧义。因此，每个操作项目都在记忆歌诀下面设有注释，便于读者进一步将歌诀与操作规程对照理解、融会贯通，进而达到牢记不忘。此乃实用性也。

本书以吉林油田公司的操作规程为蓝本进行编著。在实际应用中，可能会由于各油田公司的实际情况不同，而有差异之处。但是，绝大多数是通用的。望读者求同存异，取其精华。

由于作者水平所限，加之时间仓促，本书难免存在不妥或错误之处，敬请读者和同行朋友批评指正。

目　录

1　采气工日常操作规程记忆歌诀

1.1　采气井口（电动方式）保养操作

1.1.1　采气井口（电动方式）保养操作规程记忆歌诀

井口阀门连接处，千万不能泄漏气。
保养工具不漏油，高压胶管无开裂。
选择合格压力表，量程标签不超期。
电缆无损开关灵，漏油漏电查电机。
腔①静②注脂③有分别，阀门开关要注意。
阀腔注脂阀开启，静封④注脂阀关闭。
封脂三五注脂筒⑤，其他注脂程序一⑥。
开孔⑦连头⑧通电源⑨，送电⑩观察表压力⑪。
压力调节三五七⑫，注脂试压三六十⑬。
三五分钟压不降⑭，腔静注脂须切记。
阀门全关换静封⑮，手轮油杯密封盖⑯。
孔注⑰顶出静密封，更新静封保封密⑱。
手轮压盖油杯装，静封注入密封脂。
暗杆阀换开孔销，阀门定要全关闭。
卸油杯坏开孔销，油杯注油⑲换销毕。

注释：①腔——指阀腔；②静——指静密封；③注脂——指向阀腔和静密封内注入密封脂；④静封——指静密封；⑤封脂三五注脂筒——指将注脂筒内填入3~5筒密封脂；⑥其他注脂程序一——指除了阀腔注密封脂阀门要完全开启、静密封注密封脂阀门要完全关闭外，其他的存在程序一样；⑦开孔——指打开注油孔；⑧连头——指连接注脂头；⑨通电源——指连接发电机电源；⑩送电——指打开电源开关；⑪观察表压力——指观察压力调节阀旁的压力表指针波动范围，如不在35MPa（35MPa阀门）或70MPa（70MPa阀门）以内波动，调节压力调节阀；⑫压力调节三五七——指调节压力调节阀，使压力达到35MPa（35MPa阀门）或70MPa（70MPa阀门）规定范围内；⑬三六十——指注脂后试压，压力保持在30MPa（35MPa阀门）或60MPa（70MPa阀门）；⑭三五分钟压不降——指持续3~5min保持压力不降为合格；⑮阀门全关换静封——指更换静密封时阀门处于完全关闭状态；⑯手轮油杯密封盖——指卸手轮、油杯及密封压盖；⑰孔注——指从注脂孔注入密封脂，将静密封顶出；⑱更新静封保封密——指更换静密封保证密封达标；⑲油杯注油——指更换完成后安装油杯，用黄油枪向油杯内注入黄油。

1.1.2 采气井口（电动方式）保养操作规程安全提示记忆歌诀

连接阀门不漏气，存在风险查仔细。

刺漏触电防伤害，磕碰摔挤不应该。

1.1.3 采气井口（电动方式）保养操作规程

1.1.3.1 风险提示

（1）在操作时，要注意观察，防止磕伤、碰伤。

（2）防止高压刺漏。

（3）防止触电。

（4）登高时防止打滑。

（5）防止挤伤。

（6）在操作过程中防止小工具及零散物品掉落砸伤。

1.1.3.2 采气井口（电动方式）保养操作规程表

具体操作项目、内容、方法等详见表1.1。

表1.1 采气井口（电动方式）保养操作规程表

操作顺序	操作项目、内容、方法及要求	存在风险	风险控制措施	应用辅助工具用具
1	检查井口、阀门			

续表

操作顺序	操作项目、内容、方法及要求	存在风险	风险控制措施	应用辅助工具用具
1.1	检查采气井口是否有漏气现象	高压刺漏	仔细观察、细心操作	活动扳手
1.2	检查各阀门是否泄漏	高压刺漏	仔细观察、细心操作	活动扳手
1.3	检查井口各连接处是否有漏气现象	高压刺漏	仔细观察、细心操作	活动扳手
2	检查保养工具是否有漏油现象	损坏工具	检查前不得使用	备液压油
2.1	检查高压胶管有无开裂	高压刺漏	仔细检查，有此现象不得使用	备高压胶管
2.2	检查压力表有无校检标签、是否超期、量程是否合理	无法判断压力值，导致高压刺漏、机械伤害	有此问题立即更换压力表	备用压力表
2.3	检查电缆线有无破损	电缆漏电触电	发现电缆破损不得使用，立即更换	扳手、绝缘手套、电缆线
2.4	检查电源开关是否灵活、好用	触电	电源开关不好使立即更换	扳手、绝缘手套、备用电源开关
2.5	检查发电机有无漏油、漏电	触电、损坏设备	发现漏油、漏电立即处理	扳手、绝缘手套、备用油
3	向阀腔内内注入密封脂			
3.1	向35MPa阀门阀腔内注入密封脂，阀门处于全开状态，将注脂筒内填入3~5筒密封脂，打开注脂孔，连接注脂头，连接发电机电源；打开电源开关，观察压力调节阀旁的压力表指针波动范围，如不在35MPa以内波动，调节压力调节阀至规定范围内，然后开始注脂，注脂时观察压力表指针波动情况，注满后试压，压力保持在30MPa，持续3~5mm不降为合格	各部件连接处高压刺漏，登高时磕伤、碰伤、摔伤，触电	穿戴劳动保护用品、安全帽；各连接部件紧固，缓慢操作	活动扳手、压力表、保养工具、密封脂、绝缘手套、发电机

续表

操作顺序	操作项目、内容、方法及要求	存在风险	风险控制措施	应用辅助工具用具
3.2	向70MPa阀门阀腔内注入密封脂，阀门处于全开状态，将注脂筒内填入3~5筒密封脂，打开注脂孔，连接注脂头，连接发电机电源；打开电源开关，观察压力调节阀旁的压力表指针波动范围，如不在70MPa以内波动，调节压力调节阀至规定范围内，然后开始注脂，注脂时观察压力表指针波动情况，注满后试压，压力保持在60MPa，持续3~5min不降为合格	各部件连接处高压刺漏，登高时磕伤、碰伤、摔伤，触电	穿戴劳动保护用品、安全帽；各连接部件紧固，缓慢操作	活动扳手、压力表、保养工具、密封脂、绝缘手套、发电机
4	向静密封注入密封脂			
4.1	向35MPa阀门静密封注入密封脂，阀门处于全关状态，将注脂筒内填入3~5筒密封脂，打开注脂孔，连接注脂头，连接发电机电源；打开电源开关，观察压力调节阀旁的压力表指针波动范围，如不在35MPa以内波动，调节压力调节阀至规定范围内，然后开始注脂，注脂时观察压力表指针波动情况，注满后试压，压力保持在30MPa，持续3~5min不降为合格	各部件连接处高压刺漏，登高时磕伤、碰伤、摔伤，触电	穿戴劳动保护用品、安全帽，各连接部件紧固，缓慢操作	活动扳手、压力表、保养工具、密封脂、绝缘手套、发电机
4.2	向70MPa阀门静密封注入密封脂，阀门处于全关状态，将注脂筒内填入3~5筒密封脂，打开注脂孔，连接注脂头，连接发电机电源；打开电源开关，观察压力调节阀旁的压力表指针波动范围，如不在70MPa以内波动，调节压力调节阀至规定范围内，然后开始注脂，注脂时观察压力表指针波动情况，注满后试压，压力保持在60MPa，持续3~5min不降为合格	各部件连接处高压刺漏，登高时磕伤、碰伤、摔伤，触电	穿戴劳动保护用品、安全帽；各连接部件紧固，缓慢操作	活动扳手、压力表、保养工具、密封脂、绝缘手套、发电机

续表

操作顺序	操作项目、内容、方法及要求	存在风险	风险控制措施	应用辅助工具用具
5	更换静密封			
5.1	阀门处于全关状态，卸掉手轮、油杯及密封压盖，从注脂孔注入密封脂，将静密封顶出，更换新的静密封，安装压盖、油杯及手轮，然后按照步骤4进行操作	高压刺漏	拆卸设备部件时，缓慢操作，注意观察	活动扳手、压力表、保养工具、密封脂、静密封配件
6	更换暗杆阀门开孔销			
6.1	阀门处于全关状态，卸掉油杯，将坏的开孔销卸掉，更换新的开孔销；更换完成后安装油杯，用黄油枪向油杯内注入黄油	高压刺漏	拆卸设备部件时，缓慢操作，注意观察	活动扳手、新开孔销、黄油、黄油枪

1.1.3.3　应急处置程序

（1）人员发生机械伤害时，第一发现人应现场视伤势情况对受伤人员进行紧急包扎处理；如伤势严重，应拨打120求救。

（2）人员发生触电时，第一发现人应现场视伤势情况对受伤人员进行紧急抢救；如伤势严重，应拨打120求救。

1.2　采气井口（手动方式）保养操作

1.2.1　采气井口（手动方式）保养操作规程记忆歌诀

井口阀门连接处，千万不能泄漏气。

保养工具不漏油，高压胶管无开裂。

选择合格压力表，量程标签不超期。

电缆无损开关灵，漏油漏电查电机。

腔[①]静[②]注脂[③]有分别，阀门开关要注意。

阀腔注脂阀开启，静封[④]注脂阀关闭。

封脂三五注脂筒[⑤]，其他注脂程序一[⑥]。

开孔⑦连头⑧通电源⑨，送电⑩观察表压力⑪。

压力调节三五七⑫，注脂试压三六十⑬。

三五分钟压不降⑭，腔静注脂须切记。

阀门全关换静封⑮，手轮油杯密封盖⑯。

孔注⑰顶出静密封，更新静封保封密⑱。

手轮压盖油杯装，静封注入密封脂。

注释：①腔——指阀腔；②静——指静密封；③注脂——指向阀腔和静密封内注入密封脂；④静封——指静密封；⑤封脂三五注脂筒——指将注脂筒内填入3~5筒密封脂；⑥其他注脂程序一——指除了阀腔注密封脂阀门要完全开启，静密封注密封脂阀门要完全关闭外，其他的存在程序一样；⑦开孔——指打开注油孔；⑧连头——指连接注脂头；⑨通电源——指连接发电机电源；⑩送电——指打开电源开关；⑪观察表压力——指观察压力调节阀旁的压力表指针波动范围，如不在35MPa（35MPa阀门）或70MPa（70MPa阀门）以内波动，调节压力调节阀；⑫压力调节三五七——指调节压力调节阀，使压力达到35MPa（35MPa阀门）或70MPa（70MPa阀门）规定范围内；⑬三六十——指注脂后试压，压力保持在30MPa（35MPa阀门）或60MPa（70MPa阀门）；⑭三五分钟压不降——指持续3~5min保持压力不降为合格；⑮阀门全关换静封——指更换静密封时阀门处于完全关闭状态；⑯手轮油杯密封盖——指卸手轮、油杯及密封压盖；⑰孔注——指从注脂孔注入密封脂——将静密封顶出；⑱更新静封保封密——指更换静密封保证密封达标。

1.2.2 采气井口（手动方式）保养操作规程安全提示记忆歌诀

连接阀门不漏气，存在风险查仔细。

躲避刺漏防伤害，磕碰摔挤不应该。

1.2.3 采气井口（手动方式）保养操作规程

1.2.3.1 风险提示

（1）在操作时，要注意配合，认真观察，防止磕伤、碰伤。

(2) 防止高压刺漏。

(3) 登高时防止打滑。

(4) 防止挤伤。

(5) 在操作过程中防止小工具及零散物品掉落砸伤。

1.2.3.2 采气井口（手动方式）保养操作规程表

具体操作项目、内容、方法等详见表1.2。

表1.2 采气井口（手动方式）保养操作规程表

操作顺序	操作项目、内容、方法及要求	存在风险	风险控制措施	应用辅助工具用具
1	检查井口、阀门			
1.1	检查采气井口是否有漏气现象	高压刺漏	仔细观察、细心操作	活动扳手
1.2	检查各阀门是否泄漏	高压刺漏	仔细观察、细心操作	活动扳手
1.3	检查井口各连接处是否有漏气现象	高压刺漏	仔细观察、细心操作	活动扳手
2	检查保养工具是否有漏油现象	损坏工具	检查前不得使用	备液压油
2.1	检查高压胶管有无开裂	高压刺漏	仔细检查，有此现象不得使用	备高压胶管
2.2	检查压力表有无校检标签、是否超期、量程是否合理	无法判断压力值，导致高压刺漏、机械伤害	立即更换压力表	备用压力表
3	向阀腔内内注入密封脂			
3.1	向35MPa阀门阀腔内注入密封脂，阀门处于全开状态，将注脂腔内填满密封脂，打开注脂孔，连接注脂头，在注脂前确定关闭泄压阀、打开出气孔；注脂时观察压力表指针波动情况，注满后试压，压力保持在30MPa，持续3~5min不降为合格	各部件连接处高压刺漏；登高时磕伤、碰伤、摔伤	穿戴劳动保护用品、安全帽；各连接部件紧固，缓慢操作	活动扳手、压力表、保养工具、密封脂

续表

操作顺序	操作项目、内容、方法及要求	存在风险	风险控制措施	应用辅助工具用具
3.2	向70MPa阀门阀腔内注入密封脂，阀门处于全开状态，将注脂腔内填满密封脂，打开注脂孔，连接注脂头，在注脂前确定关闭泄压阀、打开出气孔；注脂时观察压力表指针波动情况，注满后试压，压力保持在60MPa，持续3~5min不降为合格	各部件连接处高压刺漏；登高时磕伤、碰伤、摔伤	穿戴劳动保护用品、安全帽；各连接部件紧固，缓慢操作	活动扳手、压力表、保养工具、密封脂
4	向静密封注入密封脂			
4.1	向35MPa阀门静密封注入密封脂，阀门处于全关状态，将注脂腔内填满密封脂，打开注脂孔，连接注脂头，在注脂前确定关闭泄压阀、打开出气孔；注脂时观察压力表指针波动情况，注满后试压，压力保持在30MPa，持续3~5min不降为合格	各部件连接处高压刺漏；登高时磕伤、碰伤、摔伤	穿戴劳动保护用品、安全帽；各连接部件紧固，缓慢操作	活动扳手、压力表、保养工具、密封脂
4.2	向70MPa阀门静密封注入密封脂，阀门处于全关状态，将注脂腔内填满密封脂，打开注脂孔，连接注脂头，在注脂前确定关闭泄压阀、打开出气孔；注脂时观察压力表指针波动情况，注满后试压，压力保持在60MPa，持续3~5min不降为合格	各部件连接处高压刺漏；登高时磕伤、碰伤、摔伤	穿戴劳动保护用品、安全帽；各连接部件紧固，缓慢操作	活动扳手、压力表、保养工具、密封脂
5	更换静密封			
5.1	阀门处于全关状态，卸掉手轮、油杯及密封压盖，从注脂孔注入密封脂，将静密封顶出，更换新的静密封，安装压盖、油杯及手轮，然后按照步骤4进行操作	高压刺漏	拆卸设备部件时缓慢操作，注意观察	活动扳手、压力表、保养工具、密封脂、静密封配件

1.2.3.3 应急处置程序

人员发生机械伤害时，第一发现人应现场视伤势情况对受伤人员进行紧急包扎处理；如伤势严重，应拨打120求救。

1.3 放喷燃烧箱操作

1.3.1 放喷燃烧箱操作规程记忆歌诀

1.3.1.1 燃烧箱检查操作记忆歌诀

部件松动和开焊，首先仔细查箱体。
箱内注水①器底部②，十五分钟观静置③。
无渗无漏方可用，否则严禁使用记。
检查确认合格后，抽出清水达目的。

注释：①注水——指密封性检查时，向箱内注清水；②器底部——指注清水至液面达到燃烧器底部；③十五分钟察静置——指注水后静置观察15min以上。

1.3.1.2 燃烧箱安装操作记忆歌诀

入口法兰好连接①，放箱井口五十米②。
点火装置锚定安③，两侧支架钢丝一④。
火架上风十五米⑤，管汇地锚十五米⑥。

注释：①入口法兰好连接——指连接燃烧箱入口法兰，将准备好的合格钢圈放入清洁钢圈槽内，按照孔眼对好法兰盘，穿入8条螺栓，带好螺母，采用对角螺栓顺序紧固的方式紧固好；②放箱井口五十米——指用吊车将放喷燃烧箱放置于距井口50m以上的地方；③点火装置锚定安——指安装点火装置并锚定，将两个支架分别安装在箱子的两侧；④两侧支架钢丝一——指两侧支架之间用钢丝连接，形成一条直线横跨在放喷燃烧箱里面燃烧器出口的上方；⑤火架上风十五米——指点火支架处于上风头，离箱子外侧15m之外；⑥管汇地锚十五米——指点火支架与节流管汇之间的地锚间距大于15m。

1.3.1.3 燃烧箱点火操作记忆歌诀

挂火架点火介质①，摇滑轮点燃介质②。

点火介质送上方[3]，用于点燃天然气。
一侧支架快移去[4]，防火焰烧断钢丝[5]。
断续出气挂长明[6]，若再点火十五米[7]。
禁止出气不点火[8]，自动点火挪钢丝[9]。

注释：①挂火架点火介质——指具备点火条件时必须点火，使用点火装置，先将点火介质挂在处于放喷燃烧箱上风头处紧挨着点火支架的钢丝；②摇滑轮点燃介质——指将介质点燃，用手摇动滑轮。③点火介质送上方——指将点燃的介质送到放喷燃烧箱上方，将天然气点燃；④一侧支架快移去——指点燃天然气后快速将处于放喷箱另一侧的固定支架移去；⑤防火焰烧断钢丝——指移去固定支架，使横放在放喷箱上方的钢丝处于火焰之外，防止将钢丝烧断；⑥断续出气挂长明——指若井放喷过程中断断续续出气，可在箱子上方的钢丝上挂上长明灯，出气时会自动点燃气体；⑦若再点火十五米——指若再需点火时则将固定支架移到原处，按规定程序重新点火，并且点火时箱子 15m 范围内不许人员靠近；⑧禁止出气不点火——指出气时一定要点火，防止天然气扩散；⑨自动点火挪钢丝——指挂好长明灯后将钢丝挪开。

1.3.1.4　燃烧箱排液操作记忆歌诀

箱内液面器底部[1]，排液关井要定时[2]。
泵车排液潜水泵[4]，浓度不超测箱里[3]。
防火帽井场泵罐[5]，潜水泵防爆装置[6]。
车辆开到安全处[7]，电源切断开井记[8]。

注释：①箱内液面器底部——指放喷箱内液面不得超过燃烧器底部；②排液关井要定时——指需要排液时，应关井一定时间；③浓度不超测箱里——指用天然气浓度检测仪在放喷箱处进行检测，浓度不超标准；④泵车排液潜水泵——指确认天然气浓度不超标准时方可用泵车或潜水泵进行排液；⑤防火帽井场泵罐——指泵罐进入井场必须戴防火帽；⑥潜水泵防爆装置——指潜水泵必须使用防爆装置；⑦车辆开到安全处——指排液后车辆开到安全距离外；⑧电源切断开井记——指切记一定要在切断泵电源后方可开井。

1.3.2 放喷燃烧箱操作规程安全提示记忆歌诀

不合格箱子禁用，现场程序监护全。
防气扩散控液面，液满溢出定污染。
十五米内不靠近，点火规程仔细看。

1.3.3 放喷燃烧箱操作规程

1.3.3.1 风险提示

（1）严格按照操作规程执行，操作过程中易发生压力伤人、磕伤、烧伤等事故。

（2）所有操作过程都应采取侧身操作，按要求和规定穿戴好符合要求的劳动保护用品，并尽量保持在上风口操作。

1.3.3.2 放喷燃烧箱操作规程表

具体操作项目、内容、方法等详见表1.3。

表1.3 放喷燃烧箱操作规程表

操作顺序	操作项目、内容、方法及要求	存在风险	风险控制措施	应用辅助工具用具
1	检查			
1.1	外观检查：检查放喷燃烧箱整体结构有无开焊、部件松动的情况，一旦发现，严禁使用	磕伤	监护人、安全帽、劳动保护用品	扳手
1.2	密封性检查：向箱内注清水至液面达到燃烧器底部，静置观察15min后，无渗、无漏后，方可继续使用，否则严禁使用，检查结束后需将清水抽出	磕伤	监护人、安全帽、劳动保护用品	抽水泵
2	安装			
2.1	将放喷燃烧箱放置于距井口50m以外的地方	高空落物、碰伤、磕伤	监护人、安全帽、劳动保护用品	吊车

续表

操作顺序	操作项目、内容、方法及要求	存在风险	风险控制措施	应用辅助工具用具
2.2	连接燃烧箱入口法兰，将准备好的合格钢圈放入清洁钢圈槽内，按照孔眼对好法兰盘，穿入全部8个螺栓，带好螺母，采用对角螺栓顺序紧固的方式紧固好	碰伤、磕伤	监护人、安全帽、劳动保护用品	扳手、大锤
2.3	安装点火装置并锚定，将两个支架分别安装在箱子的两侧，之间用钢丝连接，形成一条直线横跨在放喷燃烧箱里面燃烧器出口的上方，点火支架处于上风头，离箱子外侧15m之外；与节流管汇之间的地锚间距不大于15m	碰伤、磕伤	监护人、安全帽、劳动保护用品	扳手、大锤
3	点火			
3.1	具备点火条件时必须点火，使用点火装置，先将点火介质挂在处于放喷燃烧箱上风头处紧挨着点火支架的钢丝上，然后将介质点燃，用手摇动滑轮，将点燃的介质送到放喷燃烧箱上方，将天然气点燃，点燃后快速将处于放喷箱另一侧的固定支架移去，使横在放喷燃烧箱上方的钢丝处于火焰之外，防止将钢丝烧断	烧伤、烫伤、砸伤、刮伤	劳动保护用品、监护人、防火帽，注意观察	火源
3.2	若再需点火则将固定支架移到原处，按步骤3.1重新点火；点火时箱子15m范围内不允人员许靠近	烧伤、烫伤、砸伤、刮伤、高空落物	劳动保护用品、监护人、防火帽，注意观察	火源

续表

操作顺序	操作项目、内容、方法及要求	存在风险	风险控制措施	应用辅助工具用具
3.3	若气井放喷过程中断断续续地出气，可在箱子上方的钢丝上挂长明灯，出气时会自动点燃气体，然后将钢丝挪开，禁止出气时不点火使天然气扩散	高空落物、烧伤、烫伤	劳动保护用品、监护人、防火帽，注意观察	火源
4	排液			
4.1	放喷箱内液面不得超过燃烧器底部，需排液时，应关井一定时间，用天然气浓度检测仪在放喷燃烧箱处进行检测，浓度不超标准时，方可用泵车或潜水泵进行排液，泵罐进入井场必须戴防火帽，潜水泵必须使用防爆装置。排液后车辆开到安全距离、泵切断电源后方可开井	烫伤、中毒、触电、碰伤、爆炸	劳动保护用品、防火帽、绝缘手套、绝缘靴	可燃气体检测仪
5	注意：检查不合格的放喷箱严禁使用，放喷箱使用过程中现场必须有监护人员全程监护，防止火灭天然气扩散；同时应经常监控液面，防止液满溢出造成环境污染；点火时箱子15m范围内不允许人员靠近			

1.3.3.3 应急处置程序

（1）人员发生机械伤害事故时，第一发现人应现场视伤势情况对受伤人员进行紧急包扎处理；如伤势严重，应拨打120求救。

（2）人员发生中毒事故时，第一发现人应立即清水清洗；如伤势严重，应拨打120求救。

1.4 固体泡排操作

1.4.1 固体泡排操作规程记忆歌诀

1.4.1.1 井口无固定泡排投掷器

分压[①]井口油套压，再关闭副主控阀。
侧身缓开测试阀，指零[②]全开测试阀。
投棒数量采气树[③]，杜绝泡沫井口卡[④]。
投后[⑤]关闭测试阀，全开启[⑥]副主控阀。
关井时间两小时，投后记录油套压[⑦]。
通知气站开井前[⑧]，开井以后两时差[⑨]。
瞬时流量三十记[⑩]，侧身缓开生产阀。
分压稳定全开启[⑪]，固体泡排记住他。

注释：①分压——指分离器压力；②指零——指放空，待压力表指示为零；③投棒数量采气树——指根据采气树型号大小，选择一次投棒数量；④杜绝泡沫井口卡——指保证泡沫棒不能卡在井口处；⑤投后——指投棒后；⑥全开启——指缓慢地打开副主控阀门，直至全开；⑦关井时间两小时，投后记录油套压——指记录投棒后井口压力（油压和套压），根据个别单井实际情况选择停井时间（一般为2h）；⑧通知气站开井前——指到开井时间后，开井前通知气站做好计量工作；⑨开井以后两时差——指开井2h以内；⑩瞬时流量三十记——指开井后2h内每隔30min计量一次瞬时流量；⑪分压稳定全开启——指待分离器压力稳定后，直至油管生产阀门全开。

1.4.1.2 井口带固定泡排投掷器

井口有无投掷器，规程仅差一条目[①]。
井口没有投掷器，投棒数量采气树[②]。
井口带有投掷器，投棒数量器长度[③]。

注释：①规程仅差一条目——指井口有无固定泡沫投掷器的情况，其操作规程基本相同，仅仅一个条目有差别，其他都相同；②投棒数量采气树——指根据采气树型号大小，选择一次投棒数量；③投棒数量器长度——指根据投掷器长度，选择一次投棒数量进行投掷。

1.4.2 固体泡排操作规程安全提示记忆歌诀

所有操作均侧身，高压伤害能预防。
登高系牢安全带，高处坠落也当防。
开关正确不憋溢，环境污染定预防。

1.4.3 固体泡排操作规程

1.4.3.1 风险提示

（1）严格按照操作规程执行，操作过程中易发生高压伤害、高处坠落、环境污染等事故。

（2）所有操作过程都应采取侧身操作。

（3）按要求和规定穿戴好符合要求的劳动保护用品，并尽量保持在上风口操作。

1.4.3.2 固体泡排操作规程表

具体操作项目、内容、方法等详见表1.4。

表1.4 固体泡排操作规程表

操作顺序	操作项目、内容、方法及要求	存在风险	风险控制措施	应用辅助工具用具
1	井口无固体泡沫棒投掷器			
1.1	记录投棒前的井口压力（油压、套压）及分离器压力			纸、笔
1.2	关闭井口副主控生产阀门，然后全关油管生产阀门；侧身缓慢打开测试阀门，放空，待压力表指示为零时，全开测试阀门	环境污染、高处坠落	做好环境污染防护、监护工作	管钳、扳手、安全带
1.3	根据采气树型号大小，选择一次投棒数量，保证泡沫棒不能卡在井口处，投棒后关闭测试阀门	环境污染	做好环境污染防护工作	管钳、扳手

续表

操作顺序	操作项目、内容、方法及要求	存在风险	风险控制措施	应用辅助工具用具
1.4	缓慢打开副主控阀门，直至全开	高压伤害	侧身操作，监护提醒	管钳、扳手
1.5	记录投棒后井口压力，根据个别单井实际情况选择停井时间（一般为2h）			纸、笔
1.6	到开井时间后，开井前通知气站，做好计量工作，开井后2h内每隔30min计量一次瞬时流量			管钳、扳手
1.7	开井时侧身缓慢打开油管生产阀门，待分离器压力稳定后直至全开	环境污染	做好环境污染防护工作	管钳、扳手
2	井口带固体泡沫棒投掷器			
2.1	记录投棒前的井口压力（油压、套压）及分离器压力			纸、笔
2.2	关闭井口副主控生产阀门，然后全关油管生产阀门；侧身缓慢打开测试阀门，放空，待压力表指示为零时，全开测试阀门	环境污染	做好环境污染防护工作	管钳、扳手
2.3	根据投掷器长度，选择一次投棒数量进行投掷；投棒后关闭测试阀门			投掷器、扳手、管钳
2.4	缓慢打开副主控阀门，直至全开	高压伤害	侧身操作，监护提醒	管钳、扳手
2.5	记录投棒后井口压力，根据单井实际情况选择停井时间	环境污染	做好环境污染防护工作	纸、笔
2.6	到开井时间后，开井前通知气站，做好计量工作，开井后2h内每隔30min计量一次瞬时流量；开井时侧身缓慢打开油管生产阀门，待分离器压力稳定后直至全开			管钳、扳手

1.4.3.3 应急处置程序

人员发生机械伤害或高压伤害、高处坠落事故时，监护人员应立即关停致害设备，现场视伤势情况对受伤人员进行紧急包扎处理；如伤势严重，应立即拨打120求救。

1.5 固体消泡装置操作

1.5.1 固体消泡装置操作规程记忆歌诀

管道接头无渗漏，检查手轮正位吗①？
打开直通平板阀，关闭两个平板阀②。
先开截止阀泄压③，打开换药筒零压④。
换药后关换药筒，再关泄压截止阀。
换药后流程切换，打开两个平板阀⑤。
牢记规程末一步，关闭直通平板阀。

注释：①检查手轮正位吗——指检查装置各手轮（柄）是否在正确位置；②关闭两个平板阀——指关闭装药区与集气系统连接的2个平板阀；③先开截止阀泄压——指打开换药区的截止阀进行泄压；④打开换药筒零压——指观察压力表，压力归零后，打开换药筒；⑤打开两个平板阀——指打开装药区与集气系统连接的2个平板阀。

1.5.2 固体消泡装置操作规程安全提示歌诀

所有操作均侧身，高压伤害能预防。
磕碰兼滑倒摔伤，眼镜口罩中毒防。
防酸碱手套戴齐，尽量保持上风向。

1.5.3 固体消泡装置操作规程

1.5.3.1 风险提示

（1）严格按照操作规程执行，操作过程中易发生压力伤人、磕伤、碰伤及滑倒摔伤事故。

（2）所有操作过程都应采取侧身操作，按要求和规定穿戴好符合要求的劳动保护用品，还必须戴好防护眼镜、防酸碱手套、口罩等，并尽量保持在上风口操作。

1.5.3.2　固体消泡装置操作规程表

具体操作项目、内容、方法等详见表1.5。

表1.5　固体消泡装置操作规程表

操作顺序	操作项目、内容、方法及要求	存在风险	风险控制措施	应用辅助工具用具
1	换药操作			
1.1	检查装置各手轮（柄）是否在正确位置，各管道接头是否牢靠、有无渗漏	磕伤、碰伤	小心侧身操作，站位正确，戴好防护用具	扳手、绝缘手套
1.2	先打开直通平板阀，关闭装药区与集气系统连接的2个平板阀	丝杠飞出伤人	侧身操作，戴好防护用具	扳手
1.3	打开换药区的截止阀进行泄压	有害气体中毒	侧身操作，戴好防护用具	绝缘手套、防毒面具
1.4	观察压力表，压力泄至0后，打开换药筒，更换药剂后关闭换药筒，关闭泄压截至阀	磕伤、碰伤	侧身操作，戴好防护用具	绝缘手套
2	换药后切换流程操作			
2.1	打开装药区与集气系统连接的2个平板阀	丝杠飞出伤人、触电伤人	侧身操作，戴好防护用具	扳手、绝缘手套
2.2	关闭直通平板阀	丝杠飞出伤人	侧身操作，戴好防护用具	扳手

1.5.3.3　应急处置程序

（1）人员发生机械伤害事故时，第一发现人应立即关停致害设备，现场视伤势情况对受伤人员进行紧急包扎处理；如伤势严重，应立即拨打120求救。

（2）人员发生喷溅伤人事故时，第一发现人应立即拨打120求救或立即送医院就诊。

1.6 液体消泡装置操作

1.6.1 液体消泡装置操作规程记忆歌诀

管线接头无渗漏①，元件辅件手柄正②。
配电好③泡液充足④，截止阀球阀启泵⑤。
按钮启动搅拌泵，五十间停搅拌泵⑥。
根据方案调行程⑦，按钮启动计量泵。
停止按钮断电源⑧，截止阀球阀停泵⑨。

注释：①管线接头无渗漏——指检查各管道接头牢靠且无渗漏；②元件辅件手柄正——指检查系统中各元件、辅件的调节手轮（柄）在正确位置；③配电好——指检查配电系统正常；④泡液充足——指储罐中的消泡液充足；⑤截止阀球阀启泵——指先打开泵入口球阀，再打开注入橇出口处的角式截止阀和集气系统前的角式截止阀；⑥五十间停搅拌泵——指启动搅拌泵，对储罐内的消泡液搅拌5~10min，然后按搅拌泵停止按钮停泵；⑦根据方案调行程——指根据工艺所加注方案，调节好泵行程，对集气系统开始注入消泡液；⑧停止按钮断电源——指在电源控制箱上，按计量泵停止按钮进行停泵，然后关闭电源；⑨截止阀球阀停泵——指停止计量泵后，关闭泵入口球阀，关闭注入橇出口处的角式截止阀和集气系统前的角式截止阀。

1.6.2 液体消泡装置操作规程安全提示歌诀

所有操作均侧身，高压伤害能预防。
磕碰兼滑倒摔伤，眼镜口罩中毒防。
防酸碱手套戴齐，尽量保持上风向。

1.6.3 液体消泡装置操作规程

1.6.3.1 风险提示

(1) 严格按照操作规程执行，操作过程中易发生压力伤人、磕伤、碰伤及滑倒摔伤事故。

(2) 所有操作过程都应采取侧身操作，按要求和规定穿戴好符合要求的劳动保护用品，还必须戴好防护眼镜、防酸碱手套、口罩等，并尽量保持在上风口操作。

1.6.3.2 液体消泡装置操作规程表

具体操作项目、内容、方法等详见表1.6。消泡装置操作规程如图1.1所示。

表1.6 液体消泡装置操作规程表

操作顺序	操作项目、内容、方法及要求	存在风险	风险控制措施	应用辅助工具用具
1	开泵操作			
1.1	检查系统中各元件、辅件的调节手轮（柄）在正确位置，各管道接头牢靠、无渗漏、储罐中的消泡液充足、配电系统正常	磕碰、碰伤，触电伤人	小心侧身操作，站位正确，戴好防护用具	扳手、绝缘手套
1.2	先打开泵入口球阀，打开注入橇出口处的角式截止阀和集气系统前的角式截止阀	丝杠飞出伤人	侧身操作，戴好防护用具	扳手
1.3	电源控制箱上，按搅拌泵的启动按钮，对储罐内的消泡液搅拌5~10min，然后按搅拌泵停止按钮	触电伤人	侧身操作，戴好防护用具	绝缘手套
1.4	电源控制箱上，按计量泵启动按钮进行起泵，根据工艺所加注方案，调节好泵行程，对集气系统开始注入消泡液	触电伤人	侧身操作，戴好防护用具	绝缘手套

续表

操作顺序	操作项目、内容、方法及要求	存在风险	风险控制措施	应用辅助工具用具
2	停泵操作			
2.1	电源控制箱上，按计量泵停止按钮进行停泵，然后关闭电源	丝杠飞出伤人、触电伤人	侧身操作，戴好防护用具	扳手、绝缘手套
2.2	关闭泵入口球阀，关闭注入橇出口处的角式截止阀和集气系统前的角式截止阀	丝杠飞出伤人	侧身操作，戴好防护用具	扳手

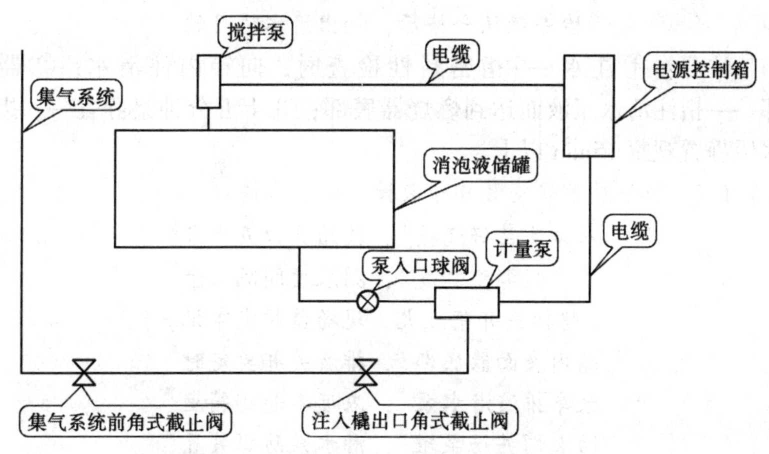

图 1.1　消泡装置操作规程图

1.6.3.3　应急处置程序

（1）人员发生机械伤害事故时，第一发现人应立即关停致害设备，现场视伤势情况对受伤人员进行紧急包扎处理；如伤势严重，应立即拨打 120 求救。

（2）人员发生触电事故时，第一发现人应立即切断电源，视触电者伤势情况，采取人工呼吸、胸外心脏按压等方法现场施救；如伤势严重，应立即拨打 120 求救。

（3）人员发生喷溅伤人事故时，第一发现人应立即拨打 120 求救或立即送医院就诊。

1.7 排液放喷箱操作

1.7.1 排液放喷箱操作规程记忆歌诀

1.7.1.1 排液放喷箱检查操作记忆歌诀

部件松动和开焊，首先仔细查箱体。

箱内注水①器底部②，十五分钟观静置③。

无渗无漏方可用，否则严禁使用记。

检查确认合格后，抽出清水达目的。

注释：①注水——指密封性检查时，向箱内注清水；②器底部——指注清水至液面达到燃烧器底部；③十五分钟察静置——指注水后静置观察 15min 以上。

1.7.1.2 排液放喷箱安装和排液操作记忆歌诀

入口法兰好连接①，放箱井口五十米②。

节流阀调整制度③，测浓度间隔三十④。

超标关井禁点火，现场监护定牢记。

箱内液面器底部⑤，排液关井要定时⑥。

泵车排液潜水泵⑧，浓度不超测箱里⑦。

防火帽井场泵罐⑨，潜水泵防爆装置⑩。

车辆开到安全处⑪，电源切断开井记⑫。

注释：①入口法兰好连接——指连接排液箱入口法兰，将准备好的合格钢圈放入清洁钢圈槽内，按照孔眼对好法兰盘，穿入 8 条螺栓，带好螺母，采用对角螺栓顺序紧固的方式紧固好；②放箱井口五十米——指用吊车将排液箱放置距井口大于 50m；③节流阀调整制度——指通过放喷管汇或井口节流阀调整合适的工作制度，防止出液过多溅到箱体外；④测浓度间隔三十——指每隔 30min 使用可燃气体报警仪在箱体处检查浓度，可燃气体浓度超标立刻关井，严禁点火；⑤箱内液面器底部——指放喷箱内液面不得超过燃烧器底部；⑥排液关井要定时——指需要排液时，应关井一定时间；⑦浓度不超测箱里——指用天然气浓度检测仪在放喷箱处进行检测，确认浓度不超标准；⑧泵车排液潜水泵——指确认天然气浓度不超标准时方可用泵车或潜水泵进行排液；⑨防火帽井场泵罐——指泵罐进入井场必须戴防火帽；⑩潜水泵防爆装置——指潜水泵必须使用防爆装置；⑪车辆开到安全处——指排液后车辆开到安全距离之外；⑫电源切断开井记——指切记一定要在切断泵电源后方可开井。

1.7.2 排液放喷箱操作规程安全提示歌诀

不合格箱子禁用，现场程序监护全。
调解制度防飞溅，溅出箱外定污染。
现场不允许点火，出气关井即进站。

1.7.3 排液放喷箱操作规程

1.7.3.1 风险提示

（1）严格按照操作规程执行，操作过程中易发生压力伤人、磕伤、划伤、烧伤等事故。

（2）所有操作过程都应细心操作，按要求和规定穿戴好符合要求的劳动保护用品，并尽量保持在上风口操作。

1.7.3.2 排液放喷箱操作规程表

具体操作项目、内容、方法等详见表1.7。

表1.7 排液放喷箱操作规程表

操作顺序	操作项目、内容、方法及要求	存在风险	风险控制措施	应用辅助工具用具
1	检查			
1.1	外观检查：检查排液箱整体结构有无开焊、部件松动的情况，一旦发现，严禁使用	磕伤、划伤	监护人、安全帽、劳动保护用品	扳手

续表

操作顺序	操作项目、内容、方法及要求	存在风险	风险控制措施	应用辅助工具用具
1.2	密封性检查：向箱内注清水至液面达到燃烧器底部，静置观察15min后，无渗、无漏后，方可继续使用，检查结束后需将清水抽出	磕伤、划伤	监护人、安全帽、劳动保护用品	抽水泵
2	安装			
2.1	将排液箱放置于距井口大于50m的地方	高空落物、碰伤、磕伤	监护人、安全帽、劳动保护用品	吊车
2.2	连排液箱入口法兰，将准备好的合格钢圈放入清洁钢圈槽内，按照孔眼对好法兰盘，穿入全部8个螺栓，带好螺母，采用对角螺栓顺序紧固的方式紧固好	碰伤、磕伤	监护人、安全帽、劳动保护用品、规范操作	管钳、扳手、大锤
3	通过放喷管汇或井口节流阀调整合适的工作制度，防止出液过多溅到箱体外，每隔30min使用可燃气体报警仪在箱体处检测浓度，可燃气体浓度超标立刻关井，严禁点火	碰伤、磕伤、划伤	监护人、安全帽、劳动保护用品、规范操作	扳手、可燃气体检测仪
4	排液			
4.1	按照开关井要求，操作井口进行放喷，放喷过程现场必须有人监护	碰伤、磕伤、划伤	监护人、安全帽、劳动保护用品、规范操作	扳手、可燃气体检测仪
4.2	排液箱内液面不得超过燃烧器底部，需排液时，应关井并用天然气浓度检测仪在排液箱处进行检测，浓度不超标准时，方可用泵车或潜水泵进行排液，泵罐进入井场必须戴防火帽，潜水泵必须使用防爆装置；排液后车辆开到安全距离之外、泵切断电源后方可开井	中毒、触电、碰伤、爆炸	劳动保护用品、防火帽、绝缘手套、绝缘靴	可燃气体检测仪

续表

操作顺序	操作项目、内容、方法及要求	存在风险	风险控制措施	应用辅助工具用具
5	注意：严禁使用检查不合格的排液箱，现场不允许点火，一旦发现出天然气立即关井进站，使用过程中现场必须有监护人员全程监护，同时经常监控液面，防止液满溢出造成污染环境			

1.7.3.3 应急处置程序

（1）人员发生机械伤害事故时，第一发现人应现场视伤势情况对受伤人员进行紧急包扎处理；如伤势严重，应拨打120求救。

（2）人员因放喷液体溅入眼睛造成伤害事故时，第一发现人应立即清水清洗；如伤势严重，应拨打120求救。

1.8 气井加注清防蜡剂操作

1.8.1 气井加注清防蜡剂操作规程记忆歌诀

需加药剂装载好①，七米上风车摆好②。
药剂加入药剂箱，井口油套压记好。
井口阀记清编号③，油压表装位看好④。
表位里外操作异⑤，泄净压力卸下表⑥。
表外十号十一号⑦，表内八号和九号⑧。
管线十号十一号⑨，出泵泄压阀关牢⑩。
箱出口阀要打开⑪，低速试压三兆帕⑫。
检查管线无泄漏⑬，开阀十号十一号⑭。
注剂压力一兆帕⑮，关闭十号十一号⑯。
泄压归零拆管线⑰，安装导通油压表⑱。
压力药量记录全⑲，加药罐清水洗好⑳。

注释：①需加药剂装载好——指装载好所需要加注药剂量；②七米上风车摆好——指将泡排车摆正好位置，距离井口 7m 以上的侧上风口或上风口；③井口阀记清编号——指将井口的 11 个阀门按约定俗成进行编号，操作工一定要记清楚每个阀门的编号；④油压表装位看好——指油压表的安装位置一定要看清记牢；⑤表位里外操作异——指油压表的安装位置在十号阀门、十一号阀门的里侧或外侧不同，泄压关阀门有差异；⑥泄净压力卸下表——指观察油压表指针归零时拆卸油压表；⑦表外十号十一号——指如果油压表安装在十号阀门、十一号阀门外侧，则关闭采气树十号阀门、十一号阀门，用油压表针型阀泄压；⑧表内八号和九号——指如果月油压表安装在十号阀门、八号阀门之间，十一号阀门、九号阀门之间，则关闭采气树八号阀门、九号阀门，用油压表针型阀泄压；⑨管线十号十一号——指加注药剂管线连接到十号阀门、十一号阀门（连接件与井口连接需要上 15~20 扣；加注头与连接件需要上 9~12 扣）；⑩出泵泄压阀关牢——指确保柱塞泵出口的泄压阀处于关闭状态；⑪箱出口阀要打开——指确保药剂箱出口阀门处于打开状态；⑫低速试压三兆帕——指各项准备工作完成后进行低速试压到 3MPa；⑬检查管线无泄漏——指确定检查管线无泄漏，柱塞泵工作状况正常；⑭开阀十号十一号——指打开采气树十号阀门、十一号阀门；⑮注剂压力一兆帕——指进行正常加注，并随时观察泵高压输出端压力表的压力，控制注入压力高于油压 1MPa 以内；⑯关闭十号十一号——指关闭采气树十号阀门、十一号阀门；⑰泄压归零拆管线——指开启泄压阀，泵高压输出端压力表的压力归零后，拆卸注入管线；⑱安装导通油压表——指安装并导通好油压压力表取压流程；⑲压力药量记录全——指做好油压、套压和加注药剂量等相关记录；⑳加药罐清水洗好——指用清水清洗加药罐。

1.8.2 气井加注清防蜡剂操作规程安全提示记忆歌诀

井口阀门编号清，油压表位置记牢。

低试压三运行一，压力伤害侧身保。

1.8.3 气井加注清防蜡剂操作规程

1.8.3.1 风险提示

操作过程中易发生高压管线甩出伤人事故，严格按照操作规程执行。

1.8.3.2 气井加注清防蜡剂操作规程表

具体操作项目、内容、方法等详见表1.8。

表1.8 气井加注清防蜡剂操作规程表

操作顺序	操作项目、内容、方法及要求	存在风险	风险控制措施	应用辅助工具用具
1	装载好所需要加注药剂量	环境污染	做好环境污染防护工作，操作时有监护人	配药桶、防渗布
2	将泡排车摆正好位置，距离井口7m以上的侧上风口或上风口	车辆安全		
3	将药剂加入药剂箱	环境污染	做好环境污染防护工作，操作时有监护人	配药桶、防渗布
4	观察并记录井口油套压，如果油压表在10号阀门（11号阀门）外，关闭采气树10号阀门（11号阀门），用油压压力表针型阀泄压，观察油压压力表指针为0时，拆卸油压压力表，把加注药剂管线连接到10号阀门（11号阀门）；如果油压表在10号阀门（11号阀门）与8号阀门（9号阀门）之间，把加注药剂管线连接到10号阀门（11号阀门）；连接件与井口连接需要上15~20扣，加注头与连接件需要上9~12扣	压力伤人	泄压操作、侧身操作时有监护人	笔、纸、管钳、扳手

续表

操作顺序	操作项目、内容、方法及要求	存在风险	风险控制措施	应用辅助工具用具
5	确保柱塞泵出口的泄压阀处于关闭状态，药剂箱出口阀门处于打开状态	压力伤人	侧身操作时有监护人	管钳、扳手
6	各项准备工作完成后，进行低速试压到3MPa；确定检查管线无泄漏，柱塞泵的工作状况正常后，打开10号阀门（11号阀门）	压力伤人	泄压操作、侧身操作时有监护人	管钳、扳手
7	进行正常加注，并随时观察泵高压输出端压力表的压力，控制注入压力高于油压1MPa以内	压力伤人	泄压操作、侧身操作时有监护人	
8	加注完成后，关闭采气树10号阀门（11号阀门），开启泄压阀；泵高压输出端压力表的压力为0后，拆卸注入管线，安装并导通好油压压力表取压流程	压力伤人	侧身操作时有监护人	管钳、扳手
9	做好油压、套压、加注药剂量等有关记录			笔、纸
10	清水清洗加药罐	环境污染	做好环境污染防护工作，操作时有监护人	排污桶、棉纱

1.8.3.3 应急处置程序

（1）人员发生机械伤害事故时，第一发现人应立即关停致害设备，现场视伤势情况对受伤人员进行紧急包扎处理；如伤势严重，应立即拨打120求救。

（2）人员发生触电事故时，第一发现人应立即切断电源，视触电者伤势情况，采取人工呼吸、胸外心脏按压等方法现场施救；如伤势严重，应立即拨打120求救。

（3）人员发生烫伤、绞伤、烧伤事故时，第一发现人应立即拨打120求救或立即送医院就诊。

1.9 天然气井开井操作

1.9.1 天然气井开井操作规程记忆歌诀

1.9.1.1 开井准备记忆歌诀

安全距离打电话①，联系通知记录好②。
油压套压温度取，提温注醇准备好③。
检查气嘴温度计，记录设备压力表④。
放空排污安全阀，地面地下系统好⑤。

注释：①安全距离打电话——指应在气井安全距离以外接打电话；②联系通知记录好——指联系集气站值班室，并做好记录，集气站通知调度室；③提温注醇准备好——指调度室通知单井站按加热炉的操作规程，做好开井前的提温工作，做好注醇准备工作，做好开井前的准备工作；④检查气嘴温度计，记录设备压力表——指详细检查气嘴(或井口节流阀)、温度计、压力表及记录设备具备工作状态；⑤放空排污安全阀，地面地下系统好——指详细检查设备流程，关闭各放空阀、排污阀；检查安全阀根阀打开，检查地面、地下紧急关断系统无异常，使其处于工作状态。

1.9.1.2 开井操作记忆歌诀

依次由外向内开，闸阀节流压力表①。
气树各阀全打开，缓开十号十一号②。
检查各处无漏气，开节流阀压力调③。
控压不超设计值，防水合物堵通道④。
压力调稳流量计⑤，逐级汇报记录好⑥。

注释：①依次由外向内开，闸阀节流压力表——指依次由外向内打开下游气流通道上所有闸阀，各级调压节流阀，各级压力表阀；②气树各阀全打开，缓开十号十一号——指由内到外缓慢打开连接生产管线的十号、十一号生产阀门；采气树各闸阀应完全打开，不准半开或半关，严禁用采气树闸阀控制流量，将井安系统投入运行状态；③检查各处无漏气，开节流阀压力调——指缓慢打开井口节流阀，进行各级调压，同时检查各处无漏气现象；④控压不超设计值，防水合物堵通道——指调压时，各级控制压力不准超过设备和管线的设计工作压力，并应注意防止节流处形成水合物堵塞通道；⑤压力调稳流量计——指待各级压力调稳后，启动流量计进行计量；⑥逐级汇报记录好——指填写原始记录（开井原因、时间、油压、套压、输压、井口瞬时流量、温度）并汇报集气站，集气站汇报调度室。

1.9.1.3 注意事项记忆歌诀

关闭手机留火源，气树闸阀打开全。
半开半关要禁忌，闸阀开关回半圈[①]。
一二三号常开态，严禁操作不违反[②]。
先低后高调压时，控制压力设计看[③]。
防水化物堵通道，防油水窜气管线[④]。
调节温度防冻剂[⑤]，检查渗漏压力点[⑥]。
绝缘手套加热炉，侧身躲避防漏电[⑦]。
高于身高并拉紧，安全度确保平安[⑧]。
工具拴牢防坠落，风速五级不能干。
平稳侧身倒流程，丝杠飞出不伤咱[⑨]。
泄漏中毒窒息防，确认畅通操作慢[⑩]。
流程正确压力常，进行离开操作完[⑪]。

注释：①半开半关要禁忌，闸阀开关回半圈——指采气树各闸阀应完全打开，不准半开或半关，严禁用采气树闸阀控制流量，闸阀开关到位后回旋1/4~1/2圈；②一二三号常开态，严禁操作不违反——指一号阀门、二号阀门、三号阀门应保持常开状态，严禁其他操作，如有特殊情况需要请示总工程师；③先低后高调压时，控制压力设计看——指调压时，按照先开低压、再开高压的原则，避免憋压，各级控制压力不准超过设备和管线的设计工作压力；④防水化物堵通道，防油水窜气管线——指注意防止节流处形成水合物堵塞通道，对产油井、产水井要定时排液，防止油水从分离器窜入气管线；⑤调节温度防冻剂——指开井后，注意调节各节点温度，必要时启动防冻剂注入泵；⑥检查渗漏压力点——指开井后检查各部阀门无渗漏，各点压力表量程合理；⑦绝缘手套加热炉，侧身躲避防漏电——指启动或者停止真空加热炉，戴绝缘手套，侧身操作，不能正对开关箱；雨雪天气要防止电器设备漏电伤人；⑧高于身高并拉紧，安全度确保平安——指高处作业时脚下要站稳，登高作业超过 2m 以上必须系好安全带，悬挂高度以高于身高、拉紧时为原则；⑨平稳侧身倒流程，丝杠飞出不伤咱——指倒流程时，操作要平稳，人要站在阀门的侧面，防止阀门丝杠飞出伤人；⑩泄漏中毒窒息防，确认畅通操作慢——指倒流程时，确认流程畅通后再操作，以防止天然气泄漏造成的中毒或窒息；⑪流程正确压力常，进行离开操作完——指操作时和操作结束后，必须确认流程正确，观察压力正常后方可进行下一步操作或者离开。

1.9.2 天然气井开井操作规程安全提示歌诀

关闭手机留火源，气树闸阀打开全。
一二三号常开态，严禁操作不违反。
平稳侧身倒流程，丝杠飞出不伤咱。

1.9.3 天然气井开井操作规程

1.9.3.1 风险提示

操作过程中易发生高压刺漏、手轮甩出伤人事故，应严格按照操作规程执行。

1.9.3.2 天然气井开井操作规程表

具体操作项目、内容、方法等详见表 1.9。

井口阀门编号如图 1.2 所示。

表 1.9 天然气井开井操作规程表

操作顺序	操作项目、内容、方法及要求	存在风险	风险控制措施	应用辅助工具用具
1	开井准备			
1.1	联系集气站值班室，并做好记录，集气站通知调度室，应在气井安全距离以外接打电话	闪爆	关闭手机	

续表

操作顺序	操作项目、内容、方法及要求	存在风险	风险控制措施	应用辅助工具用具
1.2	录取油压、套压、温度等有关资料	摔伤、磕伤	劳动保护用品	安全操作台
1.3	调度室通知单井站按加热炉的操作规程做好开井前的提温工作，做好注醇准备工作，做好开井前的准备工作	电击	劳动保护用品	绝缘手套
1.4	详细检查气嘴（或井口节流阀）、温度计、压力表及计量设备具备工作状态	压力伤人	侧身操作时有监护人	
1.5	详细检查设备流程：关闭各放空阀、排污阀，检查安全阀根阀打开，检查地面、地下紧急关断系统无异常，使其处于工作状态	压力伤人	侧身操作时有监护人	
2	开井操作			
2.1	依次由外向内打开下游气流通道上所有闸阀、各级调压节流阀、各级压力表表阀	压力伤人	侧身操作时有监护人	
2.2	由内到外，缓慢打开连接生产管线的10号（或11号）生产闸阀，采气树各闸阀应完全打开，不准半开或半关，严禁用采气树闸阀控制流量，将井安系统投入运行状态	压力伤人	侧身操作时有监护人	
2.3	缓慢打开井口节流阀，进行各级调压，同时检查各处无漏气现象；调压时，各级控制压力不准超过设备和管线的设计工作压力，并应注意防止节流处形成水合物堵塞通道	压力伤人	侧身操作时有监护人	
2.4	待各级压力调稳后，启动流量计进行计量			
2.5	填写原始记录（开井原因、时间、油压、套压、输压、井口瞬时流量、温度）并汇报集气站，集气站汇报调度室			

续表

操作顺序	操作项目、内容、方法及要求	存在风险	风险控制措施	应用辅助工具用具
3	注意事项			
3.1	进入采气现场前，需关闭手机，留下火源			
3.2	采气树各闸阀应完全打开，不准半开或半关，严禁用采气树闸阀控制流量，闸阀开关到位后要回旋1/4~1/2圈；采气树生产或开关井等操作时，1号阀门、2号阀门、3号阀门应保持常开状态，严禁其他操作，如有特殊情况需要请示总工程师	损伤闸阀	执行规程	
3.3	调压时，按照先开低压、再开高压的原则，避免憋压，各级控制压力不准超过设备和管线的设计工作压力，并应注意防止节流处形成水化物堵塞通道	憋压、堵塞	执行规程	
3.4	对产油、产水井要定时进行排液，防止油、水从分离器窜入输气管线	油水窜入输气管线	定时排液	
3.5	开井后，注意各节点温度的调节，必要时启动防冻剂注入泵，开井后检查各部阀门无渗漏，各点压力表量程合理	节点冻结	注入防冻剂	
3.6	启动或者停止真空加热炉时戴绝缘手套，要侧身操作，不能正对开关箱，雨雪天要防止电器设备漏电伤人	触电或电弧光伤人	侧身操作	绝缘手套
3.7	高处作业时脚下要站稳，登高作业超过2m必须系好安全带，悬挂高度以高于身高、安全绳拉紧为原则，所用工具必须拴牢，以免造成高空坠落（五级风以上禁止从事高处作业）	高空坠落	站稳，系牢安全带	安全带

续表

操作顺序	操作项目、内容、方法及要求	存在风险	风险控制措施	应用辅助工具用具
3.8	倒流程时，操作要平稳，人要站在侧面，以防阀门丝杠飞出伤人，倒流程时，确认流程畅通后再操作，以防天然气泄漏造成中毒或窒息	阀门丝杠飞出伤人	侧面站位操作	
3.9	操作时和操作结束后，必须确认流程正确，观察压力正常后方可进行或者离开			

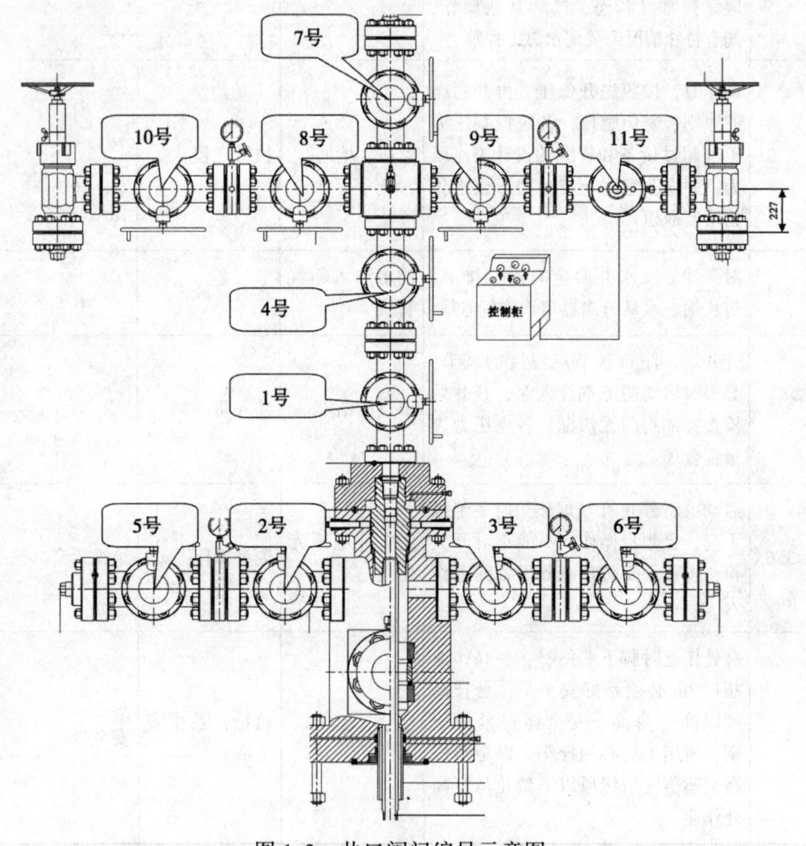

图 1.2　井口阀门编号示意图

1.9.3.3 应急处置程序

（1）人员发生井口设备及检查设备机械伤害事故时，第一发现人应立即关停致害设备，现场视伤势情况对受伤人员进行紧急包扎处理；如伤势严重，应立即拨打120求救。

（2）人员发生高压气窜冲蚀伤害事故时，第一发现人应立即关闭气井主阀，抢救受伤人员；如伤势严重，拨打120求救或立即送医院就诊。

1.10 天然气井停井操作

1.10.1 天然气井停井操作规程记忆歌诀

1.10.1.1 停井准备记忆歌诀

安全距离打电话①，联系通知记录好②。

停注醇泵再泄压③，执行指令记录好④。

注释：①安全距离打电话——指应在气井安全距离以外接打电话；②联系通知记录好——指联系集气站值班室，并做好记录，集气站通知调度室；③停注醇泵再泄压——指连接有注醇装置的通知站内先将注醇泵停泵，关闭根阀，注醇系统泄压；④执行指令记录好——指执行调度室指令且做好记录，内容包括关井原因、时间，并记录对方单位、姓名。

1.10.1.2 停井操作记忆歌诀

先关井口节流阀，再关十号十一号①。

由里向外流程查，停流量计温度调②。

分离管汇排污水③，逐级汇报记录好④。

注释：①十号十一号——指关闭与生产管线连接的十号或十一号生产闸阀；②温度调——指适当调节加热炉温度；③分离管汇排污水——指排放分离器及管汇污水；④逐级汇报记录好——指填好原始记录（开井原因、时间、油压、套压），及时汇报集气站，集气站汇报调度室。

1.10.1.3 注意事项记忆歌诀

关闭手机留火源，气树闸阀打开全。

半开半关要禁忌，闸阀开关回半圈①。

一二三号常开态，严禁操作不违反②。

特别注意产水井，防止漏气保安全③。

及时跟踪油套压，压力下降防水淹④。

绝缘手套加热炉，侧身躲避防漏电⑤。

高于身高并拉紧，安全带确保平安⑥。

工具拴牢防坠落，风速五级不能干。

平稳侧身倒流程，丝杠飞出不伤咱⑦。

泄漏中毒窒息防，确认畅通操作慢⑧。

关井后查安全阀，工作状态定认准⑨。

流程正确压力常，进行离开操作完⑩。

注释：①半开半关要禁忌，闸阀开关回半圈——指采气树各闸阀应完全打开，不准半开或半关，严禁用采气树闸阀控制流量。闸阀开关到位后回旋1/4~1/2圈；②一二三号常开态，严禁操作不违反——指一二三号阀门应保持常开状态，严禁其他操作，如有特殊情况需要请示总工程师；③特别注意产水井，防止漏气保安全——指对于产水井，应特别注意井口不漏气；④及时跟踪油套压，压力下降防水淹——指及时跟踪油套压变化情况，以防压力下降造成井被水淹；⑤绝缘手套加热炉，侧身躲避防漏电——指启动或者停止真空加热炉，戴绝缘手套，侧身操作，不能正对开关箱；雨雪天气要防止电器设备漏电伤人；⑥高于身高并拉紧，安全带确保平安——指高处作业时脚下要站稳，登高作业超过2m必须系好安全带，悬挂高度以高于身高、安全绳拉紧为原则；⑦平稳侧身倒流程，丝杠飞出不伤咱——指倒流程时，操作要平稳，人要站在阀门的侧面，防止阀门丝杠飞出伤人；⑧泄漏中毒窒息防，确认畅通操作慢——指倒流程时，确认流程畅通后再操作，以防止天然气泄漏造成中毒或窒息；⑨关井后查安全阀，工作状态定认准——指关井后，安全阀应处于工作状态；⑩流程正确压力常，进行离开操作完——指操作时和操作结束后，必须确认流程正确，观察压力正常后方可进行或者离开。

1.10.2 天然气井停井操作规程安全提示记忆歌诀

关闭手机留火源，气树闸阀打开全。
一二三号常开态，严禁操作不违反。
平稳侧身倒流程，丝杠飞出不伤咱。

1.10.3 天然气井停井操作规程

1.10.3.1 风险提示

操作过程中易发生高压刺漏、手轮甩出伤人事故，应严格按照操作规程执行。

1.10.3.2 天然气井停井操作规程表

具体操作项目、内容、方法等详见表1.10。

井口阀门编号如图1.2所示。

表1.10 天然气井停井操作规程表

操作顺序	操作项目、内容、方法及要求	存在风险	风险控制措施	应用辅助工具用具
1	停井准备			
1.1	联系集气站值班室，并做好记录，集气站通知调度室，应在气井安全距离以外接打电话	闪爆	关闭手机	
1.2	执行调度室指令且做好记录，内容包括关井原因、时间，并记录对方单位、姓名			
1.3	连接有注醇装置的通知站内先将注醇泵停泵，关闭根阀，注醇系统泄压	电击、磕伤	劳动保护用品	绝缘手套
2	停井操作			
2.1	关闭井口节流阀，再关闭与生产管线连接的10号或11号生产闸阀；“由里向外”检查流程	压力伤人、磕伤	侧身操作，时有监护人	F形扳手、管钳

续表

操作顺序	操作项目、内容、方法及要求	存在风险	风险控制措施	应用辅助工具用具
2.2	停流量计			
2.3	适当调节加热炉温度	电击	劳动保护用品	绝缘手套
2.4	排放分离器及汇管污水	磕伤、环境污染	劳动保护用品，规范操作	
2.5	填好原始记录（关井原因、日期、时间、套压、油压），及时汇报集气站，集气站汇报调度室			
3	注意事项			
3.1	进入采气现场前，需关闭手机，留下火源			
3.2	采气树各闸阀应完全打开，不准半开或半关，严禁用采气树闸阀控制流量，闸阀开关到位后要回旋1/4~1/2圈。采气树生产或开关井等操作时，1号阀门、2号阀门、3号阀门应保持常开状态，严禁其他操作，如有特殊情况需要请示总工程师	损伤闸阀	执行规程	
3.3	对于产水井，应特别注意井口不漏气，及时跟踪油压、套压变化情况，以防压力下降造成井被水淹	水淹	及时跟踪、油压、套压变化	
3.4	启动或者停止真空加热炉时戴绝缘手套，要侧身操作，不能正对开关箱；雨雪天要防止电器设备漏电伤人	触电或电弧光伤人	侧身操作	绝缘手套
3.5	高处作业时脚下要站稳，登高作业超过2m以上必须系好安全带，悬挂高度以高于身高、拉紧为原则，所用工具必须拴牢，以免造成高空坠落（五级风以上禁止从事高处作业）			

续表

操作顺序	操作项目、内容、方法及要求	存在风险	风险控制措施	应用辅助工具用具
3.6	倒流程时，操作要平稳，人要站在侧面，以防阀门丝杠飞出伤人。倒流程时，确认流程畅通后再操作，以防天然气泄漏造成中毒或窒息			
3.7	关井后，安全阀应该处于工作状态			
3.8	操作时和操作结束后，必须确认流程正确，观察压力正常后方可进行或者离开			

1.10.3.3 应急处置程序

（1）人员发生井口设备及检查设备机械伤害事故时，第一发现人应立即关停致害设备，现场视伤势情况对受伤人员进行紧急包扎处理；如伤势严重，应立即拨打120求救。

（2）人员发生高压气窜冲蚀伤害事故时，第一发现人应立即关闭气井主阀，抢救受伤人员；如伤势严重，拨打120求救或立即送医院就诊。

1.11 天然气井泄压操作

1.11.1 天然气井泄压操作规程记忆歌诀

1.11.1.1 泄压准备记忆歌诀

劳保用品准备全，统一指挥穿戴全。

专人看守放空点，清除火种与火源。

人畜劝至安全区，泄漏堵塞不能干①。

关非站内放空阀②，准备工作到此完。

注释：①泄漏堵塞不能干——指检查放空系统流程，若有泄漏或堵塞情况，应处理正常后方可进行；②关非站内放空阀——指关闭与火炬相连的非站内放空管线阀门。

1.11.1.2　泄压操作记忆歌诀

断气源开放空阀[①]，放空压力兆帕一[②]。

点火燃烧免污染[③]，多处放空火一米[④]。

关低阀避免吸气[⑤]，管线震动察压力[⑥]。

控制速度和气量[⑦]，安全泄压要牢记。

注释：①断气源开放空阀——指先切断气源，缓慢打开节流截止放空阀门；②放空压力兆帕一 ——指观察压力表，放空压力控制在1MPa以内；③点火燃烧免污染——指必要时点火燃烧，避免大气污染；④多处放空火一米——指当采取多处放空时，放空管火焰高度降到1m；⑤关低阀避免吸气——指放空管火焰高度降到1m以后，应先关闭低处放空，避免形成负压吸进空气；⑥管线震动察压力——指认真观察压力变化，并观察放空管线无异常或震动变化；⑦控制速度和气量——指控制放空速度和气量。

1.11.1.3　注意事项记忆歌诀

泄压区域警戒好，关闭手机留火源[①]。

防止中毒或窒息，防火防爆清火源[②]。

平稳侧身开关阀，丝杠飞出不伤咱。

开关阀门忌猛快，预防中毒上风站[③]。

先点火来后开井[④]，十号十一节流关[⑤]。

记住一二三号阀，严禁操作不违反[⑥]。

注释：①关闭手机留火源——指进入采气现场关闭手机，留下火源；②防火防爆清火源——指泄压区域内清除火种、火源，防止着火爆炸；③预防中毒上风站——指放空泄压开关阀门时，人要站在上(侧)风口操作，防止中毒或窒息；④先点火来后开井——指需要点火时应遵循先点火后开井原则；⑤十号十一节流关——指切断气源时，井口阀门要与关井一样，关闭井口节流阀，再关闭与生产管线连接的十号或十一号生产闸阀；⑥记住一二三号阀，严禁操作不违反——指一二三号常开态。严禁操作不违反指一二三号阀门应保持常开状态，严禁操作，如有特殊情况需要请示总工程师。

1.11.2 天然气井泄压操作规程安全提示记忆歌诀

泄压区域警戒好，关闭手机留火源。
平稳侧身开关阀，丝杠飞出不伤咱。
开关阀门忌猛快，预防中毒上风站。

1.11.3 天然气井泄压操作规程

1.11.3.1 风险提示

操作过程中易发生高压刺漏、手轮甩出伤人事故，严格按照操作规程执行。

1.11.3.2 天然气井泄压操作规程表

具体操作项目、内容、方法等详见表1.11。

井口阀门编号如图1.2所示。

表1.11 天然气井泄压操作规程表

操作顺序	操作项目、内容、方法及要求	存在风险	风险控制措施	应用辅助工具用具
1	泄压准备			
1.1	劳保用品准备齐全，穿戴整齐。天然气放空应在统一指挥下进行，放空点应有专人看守			
1.2	放空前清除火炬附近火种，火源，将人畜劝至安全区域			
1.3	检查放空系统流程，有无泄漏或堵塞情况，关闭与火炬相连的非站内放空管线阀门	压力伤人、磕伤	侧身操作时有监护人	F扳手，管钳
2	泄压操作			
2.1	先切断气源，缓慢打开节流截止放空阀门观察压力表，放空压力控制在1MPa内，必要时点火燃烧，避免大气污染	压力伤人、磕伤	侧身操作时有监护人	F扳手，管钳

续表

操作顺序	操作项目、内容、方法及要求	存在风险	风险控制措施	应用辅助工具用具
2.2	当采取多处放空时，放空管火焰高度降到1m后，应先关闭低处放空，避免形成负压吸进空气	压力伤人、磕伤	侧身操作时有监护人	F扳手，管钳
2.3	认真观察压力变化并观察放空管线无异常或震动变化。控制放空速度和气量			
3	注意事项			
3.1	进入采气现场前，需关闭手机，留下火源			
3.2	放空泄压前，泄压区域做好警戒，防止中毒或窒息。泄压区域内清除火种、火源，防止着火、爆炸			
3.3	开关阀门时，操作要平稳，人要站在侧面，已防阀门丝杠飞出伤人			
3.4	放空泄压时，开关阀门不能过猛过快，且要侧身操作阀门。人要站在上（侧）风口操作，防止中毒或窒息。需要点火时应遵循先点火后开井原则			
3.5	切断气源时，井口阀门要与关井一样，关闭井口节流阀，再关闭与生产管线联接的10号或11号生产闸阀。严禁操作1号阀门、2号阀门、3号阀门			

1.11.3.3　应急处置程序

（1）人员发生井口设备及检查设备机械伤害事故时，第一发现人应立即关停致害设备，现场视伤势情况对受伤人员进行紧急包扎处理。

如伤势严重，应立即拨打120求救。

(2) 人员发生高压气窜冲蚀伤害事故时，第一发现人应立即关闭气井主阀，抢救受伤人员；如伤势严重，拨打120求救或立即送医院就诊。

1.12 气井加注甲醇操作

1.12.1 气井加注甲醇操作规程记忆歌诀

检查电路接电源，装甲醇自吸泵罐①。
启动自吸泵排气，甲醇吸入加注罐②。
观察井口油套压③，关五六号注套管④。
泄压归零卸下表⑤，再连接注醇管线⑥。
五六号开启缓慢⑦，启动注入压力看⑧。
五六号关闭停泵⑨，回流泄压不违反⑩。
十号十一注油管⑪，操作相同注套管⑫。
原处恢复压力表⑬，填写记录要全面⑭。

注释：①装甲醇自吸泵罐——指将甲醇装入自吸泵罐内；②启动自吸泵排气，甲醇吸入加注罐——指启动自吸泵排气，然后正常启动将甲醇吸入加注罐内；③观察井口油套压——指观察并记录井口油压、套压，确定井口各个阀门开关情况；④关五六号注套管——指如果在套管注入，关闭井口五号阀门、六号阀门；⑤泄压归零卸下表——指缓慢开启压力表泄压阀泄压，观察井口油压表指针归零后，卸下压力表；⑥再连接注醇管线——指连接注醇管线（连接件与井口连接需要上15~20扣，加注头与连接件需要上9~12扣）；⑦五六号开启缓慢——指连接好注醇管线后，缓慢开启五号阀门、六号阀门；⑧启动注入压力看——指开启注入泵进行加注，观察注入压力，压力不小于管线压力，打开压力表控制阀；⑨五六号关闭停泵——指加注甲醇完毕后，停泵，关闭井口五号阀门、六号阀门；⑩回流泄压不违反——指开启注醇橇回流阀门泄压；⑪十号十一注油管——指如果加注位置在油管，则关闭十号阀门、十一号阀门；⑫操作相同注套管——指操作程序与套管注入程序相同；⑬原处恢复压力表——指恢复原位安装压力表；⑭填写记录要全面——指记录加注井号、时间及用量等。

1.12.2 气井加注甲醇操作规程安全提示记忆歌诀

分清套注和油注，关闭阀门位不同。

泄压连线后启泵，停泵泄压程序同。

1.12.3 气井加注甲醇操作规程

1.12.3.1 风险提示

操作过程中易发生高压管线甩出伤人事故，应严格按照操作规程执行。

1.12.3.2 气井加注甲醇操作规程表

具体操作项目、内容、方法等详见表1.12。

表1.12 气井加注甲醇操作规程表

操作顺序	操作项目、内容、方法及要求	存在风险	风险控制措施	应用辅助工具用具
1	检查注醇撬电路，连接好电源	触电伤人	穿戴好劳动保护用品，操作时有监护人	绝缘手套
2	将甲醇装入自吸泵罐内，启动自吸泵排气，然后正常启动将甲醇吸入加注罐内	环境污染	做好环境污染防护工作，操作时有监护人	配药桶
3	观察并记录井口油压、套压，确定井口各个阀门开关情况			笔、纸
4	如果在套管注入，关闭井口五号（六号）阀门，然后缓慢开启压力表泄压阀泄压，观察井口油压表指针为零后，卸下压力表，连接注醇管线（连接件与井口连接需要上15~20扣，加注头与连接件需要上9~12扣）	压力伤人	侧身操作时有监护人	管钳、扳手

续表

操作顺序	操作项目、内容、方法及要求	存在风险	风险控制措施	应用辅助工具用具
5	连接好注醇管线，缓慢开启井口五号（六号）阀门	压力伤人	侧身操作时有监护人	管钳、扳手
6	开启注入泵进行加注，观察注入压力，压力不小于管线压力，打开压力表控制阀	压力伤人	侧身操作时有监护人	
7	加注完毕后，停泵，关闭井口五号（六号）阀门，开启注醇橇回流阀门，泄压	压力伤人	侧身操作时有监护人	管钳、扳手
8	如果加注位置油管，则操作十号（十一号）阀门，操作同套管加注			
9	恢复安装压力表，记录加注井号、时间及用量			管钳、扳手、笔、纸

1.12.3.3　应急处置程序

人员发生机械伤害事故时，第一发现人应立即关停致害设备，现场视伤势情况对受伤人员进行紧急包扎处理；如伤势严重，应立即拨打120求救。

1.13　注醇泵橇（平衡罐加泡排）操作

1.13.1　注醇泵橇（平衡罐加泡排）操作规程记忆歌诀

1.13.1.1　检查记忆歌诀

管线连接查密封①，泄漏检查各个阀②。

校检日期损坏否？查压力表安全阀③。

罐内药剂查存量④，液位读数细观察⑤。

注释：①管线连接查密封——指检查循环水进出口、套管与加药管线连接处，药剂出口处等各连接管道密封状况；②泄漏检查各个阀——指检查放空阀门、加药阀门、套管阀门无泄漏；③校检日期损坏否？查压力表安全阀——指检查安全阀、压力表校检日期、无损坏；④罐内药剂查存量——指检查罐内药剂要注没；⑤液位读数细观察——指观察平衡罐液位计液读数。

1.13.1.2 向平衡罐加入药剂操作记忆歌诀

关套阀开放空阀，压力表泄压归零①。

开加药阀察液面，加药上风站位定②。

关加药阀放空阀，加好后观察稳定③。

注释：①关套阀开放空阀，压力表泄压归零——指关闭套管阀门，打开放空阀门泄压，压力表归零即可；②开加药阀察液面，加药上风站位定——指加药时应站在上风口操作，将药剂缓慢倒入漏斗；③关加药阀放空阀，加好后观察稳定——指加药完成关闭加药阀门，关闭放空阀门，药剂加好后观察片刻，待稳定。

1.13.1.3 向井内加药操作记忆歌诀

开加药阀套管阀①，注入后观察压力②。

十到十五分钟后③，系统稳定方可离④。

安全加药参数多，各个参数⑤须牢记。

注释：①开加药阀套管阀——指先打开加药阀门，然后打开套管阀门进行井内加药；②注入后观察压力——指注入观察压力变化情况；③十到十五分钟后——指观察压力变化情况 10~15min；④系统稳定方可离——指系统压力稳定后收拾好现场离开；⑤各个参数——指额定工作压力为 15MPa，设计工作压力为 20MPa，额定工作容积为 200L，额定工作流量为 0~200L/h，额定工作温度为-30~80℃（水环伴热温度），接口规格为 PN25MPa、DN20（入口），PN25MPa、DN20（出口），6in 内扣管螺纹（水环保温）。

1.13.2 注醇泵橇（平衡罐加泡排）操作规程安全提示记忆歌诀

查密封又查泄漏，压力表和安全阀。

操作站位定上风，加药参数不能差。

1.13.3 注醇泵橇（平衡罐加泡排）操作规程

1.13.3.1 风险提示

（1）在操作时，要注意配合，认真观察，防止刮碰伤害。

（2）防止药剂溅入眼睛、口中。

（3）注意高空落物。

（4）防止挤伤。

（5）在操作过程中要认真仔细，防止小工具及零散物品掉落砸伤。

1.13.3.2 注醇泵橇（平衡罐加泡排）操作规程表

具体操作项目、内容、方法等详见表1.13。

表1.13 注醇泵橇（平衡罐加泡排）操作规程表

操作顺序	操作项目、内容、方法及要求	存在风险	风险控制措施	应用辅助工具用具
1	检查			
1.1	检查循环水进出口、套管与加药管线连接处、药剂出口处等各连接管路密封状况	高压刺漏，中毒	劳动保护用品	活动扳手
1.2	检查放空阀门、加药阀门、套管阀门无泄漏	刮伤、碰伤、摔伤，中毒	穿戴防毒面具、劳动保护用品	活动扳手
1.3	检查安全阀、压力表校检日期，无损坏	刮伤、碰伤摔伤，高压刺漏	仔细观察，劳动保护用品	备用压力表、扳手
1.4	检查罐内药剂是否注没，观察平衡罐液位计液面读数	刮伤、碰伤	细心操作，劳动保护和品	
2	向平衡罐加入药剂			
2.1	关闭套管阀门，打开放空阀门泄压，压力表归零即可	摔伤，中毒，高压刺漏	穿戴防毒面具、劳动保护用品，侧身开关阀门	

续表

操作顺序	操作项目、内容、方法及要求	存在风险	风险控制措施	应用辅助工具用具
2.2	打开加药阀门进行加药，同时观察液位计情况，加药时应站在上风口操作；将药剂缓慢倒入漏斗，加药完成关闭加药阀门，关闭放空阀门，药剂加好后观察片刻，待稳定	中毒，高压刺漏	穿戴防毒面具、劳动保护用品，侧身开关阀门	扳手
3	向井内加药			
3.1	先打开加药阀门，然后打开套管阀门进行井内加药	中毒，高压刺漏	穿戴防毒面具、劳动保护用品，侧身开关阀门	扳手
3.2	注入后观察压力变化情况10～15min，系统稳定后收拾好现场方可离开			扳手、笔、笔记本
4	技术参数：额定工作压力：15MPa，设计工作压力：20MPa，额定工作容积：200L，额定工作流量：0～200L/h，额定工作温度：－30～80℃（水环伴热保温），接口规格：PN25MPa、DN20（入口），PN25MPa、DN20（出口），6in内扣管螺纹（水环保温）			

1.13.3.3　应急处置程序

（1）人员发生机械伤害事故时，第一发现人应现场视伤势情况对受伤人员进行紧急包扎处理；如伤势严重，应拨打120求救。

（2）人员发生中毒事故时，第一发现人应立即清水清洗；如伤势严重，应拨打120求救。

1.14 增油剂加注装置操作

1.14.1 增油剂加注装置操作规程记忆歌诀

手轮接头元辅件①，储液充足查配件②。
首先打开入口阀③，启泵五十来搅拌④。
遵规启动计量泵⑤，调好行程依方案⑥。
注入压力达套压⑦，打开套阀注入完⑧。
停计量泵断电源⑨，关闭入口和套管⑩。

注释：①手轮接头元辅件——指检查系统中各元件、辅件的调节手轮（柄）在正确位置，各管道接头牢靠、无渗漏；②储液充足查配件——指储罐中的增油剂充足、配电系统正常；③首先打开入口阀——指先打开泵入口球阀；④启泵五十来搅拌——指在电源控制柜上，按搅拌泵启动按钮，启动搅拌泵，对储罐内的增油剂搅拌5~10min，然后按搅拌泵停止按钮，停止搅拌泵；⑤遵规启动计量泵——指在电源控制柜上，按计量泵启动按钮，启动计量泵；⑥调好行程依方案——指根据工艺所加注方案，调节好计量泵行程；⑦注入压力达套压——指待注入压力达到套管压力；⑧打开套阀注入完——指当注入压力达到套管压力时，打开套管阀门；⑨停计量泵断电源——指在电源控制柜上，按计量泵停止按钮，停止计量泵，然后关闭电源；⑩关闭入口和套管——指关闭泵入口和套管阀。

1.14.2 增油剂加注装置操作规程安全提示记忆歌诀

启泵搅拌五十分，调好行程依方案。
注入压力达套压，打开套阀注入完。

1.14.3 增油剂加注装置操作规程

1.14.3.1 风险提示

（1）严格按照操作规程执行，操作过程中易发生压力伤人、磕伤、碰伤及滑倒摔伤事故。

（2）所有操作过程都要采取侧身操作。

（3）按要求和规定穿戴好符合要求的劳动保护用品，还必须戴好防护眼镜、防酸碱手套、口罩等。

（4）尽量保持在上风口操作。

1.14.3.2 增油剂加注装置操作规程表

具体操作项目、内容、方法等详见表1.14。

增油剂加注装置如图1.3所示。

表1.14 增油剂加注装置操作规程表

操作顺序	操作项目、内容、方法及要求	存在风险	风险控制措施	应用辅助工具用具
1	开泵操作			
1.1	检查系统中各元件、辅件的调节手轮（柄）在正确位置，各管道接头牢靠、无渗漏、储罐中的增油剂液充足、配电系统正常	磕碰、碰伤，触电伤人	小心侧身操作，站位正确，戴好劳动保护用具	扳手、绝缘手套
1.2	先打开泵入口球阀	丝杠飞出伤人	侧身操作，戴好劳动保护用具	扳手
1.3	电源控制箱上，按搅拌泵的启动按钮，对储罐内的增油剂搅拌5~10min，然后按搅拌泵停止按钮	触电伤人	侧身操作，戴好劳动保护用具	绝缘手套
1.4	电源控制箱上，按计量泵启动按钮进行起泵，根据工艺所加注方案，调节好泵行程，开始在井口套管注入增油剂	触电伤人	侧身操作，戴好劳动保护用具	绝缘手套
1.5	待注入压力达到套管压力时，打开套管阀门	丝杠飞出伤人	侧身操作，戴好劳动保护用具	绝缘手套
2	停泵操作			

续表

操作顺序	操作项目、内容、方法及要求	存在风险	风险控制措施	应用辅助工具用具
2.1	电源控制箱上，按计量泵停止按钮进行停泵，然后关闭电源	丝杠飞出伤人、触电伤人	侧身操作，戴好劳动保护用具	扳手、绝缘手套
2.2	关闭泵入口球阀，关闭套管阀门	丝杠飞出伤人	侧身操作，戴好劳动保护用具	扳手

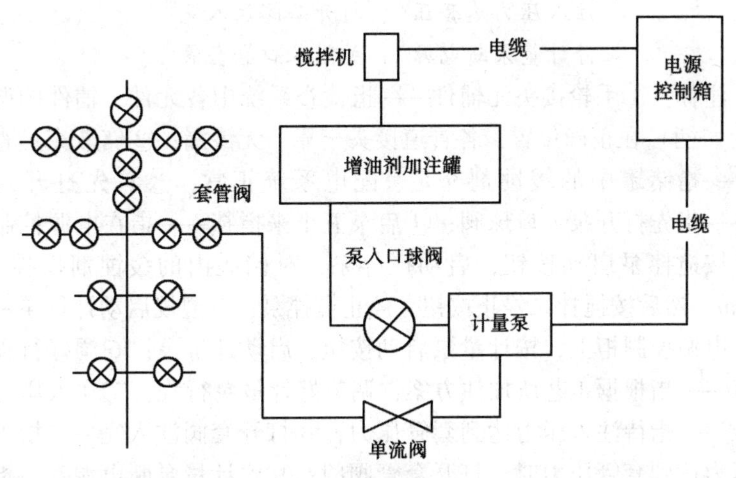

图 1.3　增油剂加注装置示意图

1.14.3.3　应急处置程序

(1) 人员发生机械伤害事故时，第一发现人应立即关停致害设备，现场视伤势情况对受伤人员进行紧急包扎处理；如伤势严重，应立即拨打 120 求救。

(2) 人员发生触电事故时，第一发现人应立即切断电源，视触电者伤势情况，采取人工呼吸、胸外心脏按压等方法现场施救；如伤势严重，应立即拨打 120 求救。

（3）人员发生喷溅伤人事故时，第一发现人应立即拨打120求救或立即送医院就诊。

1.15 缓蚀剂加注装置操作

1.15.1 缓蚀剂加注装置操作规程记忆歌诀

手轮接头元辅件①，储液充足查配件②。
首先打开入口阀③，启泵五十来搅拌④。
遵规启动计量泵⑤，调好行程依方案⑥。
注入压力达套压⑦，打开套阀注入完⑧。
停计量泵断电源⑨，关闭入口和套管⑩。

注释：①手轮接头元辅件——指检查系统中各元件、辅件的调节手轮（柄）在正确位置，各管道接头牢靠、无渗漏；②储液充足查配件——指储罐中的缓蚀剂充足、配电系统正常；③首先打开入口阀——指先打开泵入口球阀；④启泵五十来搅拌——指在电源控制柜上，按搅拌泵启动按钮，启动搅拌泵，对储罐内的缓蚀剂搅拌5~10min，然后按搅拌泵停止按钮，停止搅拌泵；⑤遵规启动计量泵——指在电源控制柜上，按计量泵启动按钮，启动计量泵；⑥调好行程依方案——指根据工艺所加注方案，调节好计量泵行程；⑦注入压力达套压——指待注入压力达到套管压力；⑧打开套阀注入完——指当注入压力达到套管压力时，打开套管阀门；⑨停计量泵断电源——指在电源控制柜上，按计量泵停止按钮，停止计量泵，然后关闭电源；⑩关闭入口和套管——指关闭泵入口和套管阀。

1.15.2 增油剂加注装置操作规程安全提示记忆歌诀

启泵搅拌五十分，调好行程依方案。
注入压力达套压，打开套阀注入完。

1.15.3　缓蚀剂加注装置操作规程

1.15.3.1　风险提示

（1）严格按照操作规程执行，操作过程中易发生压力伤人、磕伤、碰伤及滑倒摔伤事故。

（2）所有操作过程都要采取侧身操作。

（3）按要求和规定穿戴好符合要求的劳动保护用品，还必须戴好防护眼镜、防酸碱手套、口罩等。

（4）尽量保持在上风口操作。

1.15.3.2　缓蚀剂加注装置操作规程表

具体操作项目、内容、方法等详见表1.15。

缓蚀剂加注装置如图1.4所示。

表1.15　缓蚀剂加注装置操作规程表

操作顺序	操作项目、内容、方法及要求	存在风险	风险控制措施	应用辅助工具用具
1	开泵操作			
1.1	检查系统中各元件、辅件的调节手轮（柄）在正确位置，各管道接头牢靠、无渗漏、储罐中的缓蚀剂充足、配电系统正常	磕碰、碰伤，触电伤人	小心侧身操作，站位正确，戴好劳动保护用品	扳手、绝缘手套
1.2	先打开泵入口球阀	丝杠飞出伤人	侧身操作，戴好劳动保护用品	扳手
1.3	电源控制箱上，按搅拌泵的启动按钮，对储罐内的缓蚀剂搅拌5~10min，然后按搅拌泵停止按钮	触电伤人	侧身操作，戴好劳动保护用品	绝缘手套
1.4	电源控制箱上，按计量泵启动按钮进行起泵，根据工艺所加注方案，调节好泵行程，对油（水）井套管开始注入缓蚀剂。	触电伤人	侧身操作，戴好劳动保护用品	绝缘手套

续表

操作顺序	操作项目、内容、方法及要求	存在风险	风险控制措施	应用辅助工具用具
1.5	待注入压力达到井口套管压力时，打开套管阀	丝杠飞出伤人	侧身操作，戴好劳动保护用品	绝缘手套
2	停泵操作			
2.1	电源控制箱上，按计量泵停止按钮进行停泵，然后关闭电源	丝杠飞出伤人，触电伤人	侧身操作，戴好劳动保护用品	扳手、绝缘手套
2.2	关闭泵入口球阀，关闭套管阀	丝杠飞出伤人	侧身操作，戴好劳动保护用品	扳手

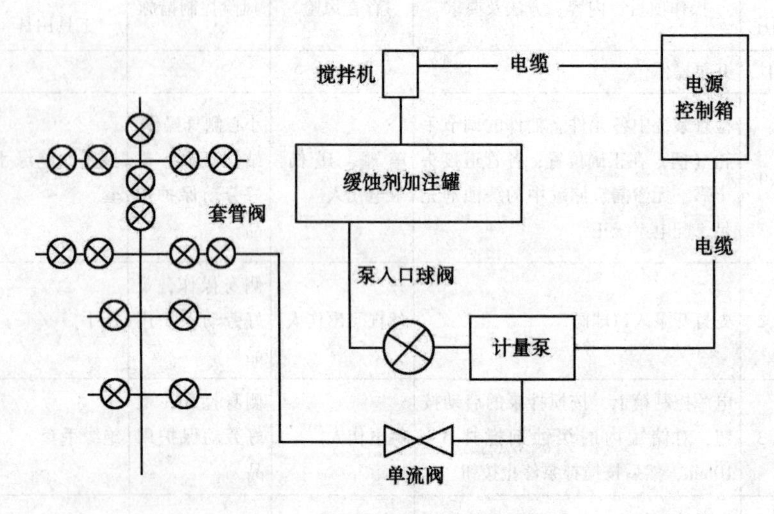

图 1.4　缓蚀剂加注装置示意图

1.15.3.3　应急处置程序

（1）人员发生机械伤害事故时，第一发现人应立即关停致害设备，现场视伤势情况对受伤人员进行紧急包扎处理；如伤势严重，应

立即拨打 120 求救。

（2）人员发生触电事故时，第一发现人应立即切断电源，视触电者伤势情况，采取人工呼吸、胸外心脏按压等方法现场施救；如伤势严重，应立即拨打 120 求救。

（3）人员发生喷溅伤人事故时，第一发现人应立即拨打 120 求救或立即送医院就诊。

1.16 中频电源装置操作

1.16.1 中频电源装置操作规程记忆歌诀

温度传感器完好①，加热器装置接线②。
查无破损与断裂④，电源回路传感线③。
接点正牢做绝缘⑤，检查准备别嫌烦⑥。
技术要求控范围⑦，牢记基本功能键⑧。
参数设定据现场⑨，注意事项有两点⑩。
提前预热后启抽⑪，各项正常要查检⑫。
停抽同时停加热⑬，加热器两周日检⑭。
加热装置出故障，停抽把事故避免⑮。
填写收集各资料⑯，注意事项记两点⑰。

注释：①温度传感器完好——指检查温度传感器完好。②加热器装置接线——指检查加热器上部安装装置及相应连接线。③电源回路传感线——指检查电源来线、回路电缆、传感器连线。④查无破损与断裂——指检查电源来线、回路电缆、传感器连线是否无破损、断裂。⑤接点正牢做绝缘——指检查确认各连接点连接正确牢固并做绝缘处理。⑥检查准备别嫌烦——指检查准备工作做细，不怕麻烦、不落点。⑦技术要求控范围——指技术要求：三相交流输入线电压 380V，波动范围不超过±15%，其频率在 48～62Hz 范围内；工作环境温度－30～40℃；相对湿度不大于 90%；海拔高度不超过 2000m；工作区域应无腐蚀性气体；工作区域应符合《石油设施电器装置场所分类》（SY/T 0025—1995）中规定的非爆炸危险场所；温度控制范围为 30～100℃；

输出频率控制范围为500~1000Hz。⑧牢记基本功能键——指基本功能键：自动/（手动）选择键，即自动情况下，可以自动控制输出功率来维持设定温度；手动情况下，系统无自启动功能，按照设定值输出功率；复位键，可使单片机的控制系统软件复位；功能键，可以选择不同的功能参数进行参数设定；停止键，按此键2s系统立即停止工作；升键，在参数设定状态下，按此键增加参数设定值；在自动状态下，按此键可直接增加油温设定值；在手动状态下，按此键可直接增大输出功率；降键，在参数设定状态下，按此键减少参数设定值；在自动状态下，按此键可直接减少油温设定值；在手动状态下，按此键可直接降低输出功率；启动键：按此键系统进入工作状态。⑨参数设定据现场——指参数设定，应根据产品说书及根据现场生产需求审定相应运行参数。⑩注意事项有两点——指注意事项：一是空气开关闭合后，需待主回路中交流接触器完全吸合后，系统才可以启动，延时时间由时间继电器控制，延时时间不能小于5s；二是中频电源装置断电后，柜内电解电容会存有部分电荷，待放电后方可进行故障处理及检修工作。⑪提前预热后启抽——指全面检查无误后，一般送电预热1h后（根据原油黏度大小确定预热时间的长短），待温度达到要求后方可启动抽油机。⑫各项正常要查检——指油井开抽后，检查油井工作正常，电器系统温度调整合适，以及抽油机上下行程均达到要求后，方可投入正常运行。⑬停抽同时停加热——指抽油机停止工作时，必须同时停止电加热系统。⑭加热器两周日检——指油井开抽后，前两周必须每天检查一次加热器回缩，以及挂于抽油机梁上的电缆线是否有磨损，并及时处理。⑮加热装置出故障，停抽把事故避免——指当电加热装置出现故障，停止加热后，抽油机无法正常工作时，应停止抽油机工作，避免发生意外事故。⑯填写收集各资料——指必须认真填写“电加热抽油杆下井资料统计表”，做好油井生产报表记录和有关资料的收集。⑰注意事项记两点——指注意事项：一是每次启动中频控制柜及开井前必须按照操作规程进行全面检查；二是设备正常运行时，必须保证每天巡检一次，确认各个线路及连接点完好。

1.16.2 中频电源装置操作规程安全提示记忆歌诀

技术要求控范围，牢记基本功能键。

参数设定据现场，注意事项有两点。

1.16.3 中频电源装置操作规程

1.16.3.1 风险提示

（1）检查加热器上部安装装置及连接线时，注意正确使用安全带，防止摔落跌伤，注意绝缘保护，防止电击。

（2）检查回路电缆和操作中频电源控制柜时，注意绝缘保护，防止电击。

1.16.3.2 中频电源装置操作规程表

具体操作项目、内容、方法等详见表1.16。

表1.16 中频电源装置操作规程表

操作顺序	操作项目、内容、方法及要求	存在风险	风险控制措施	应用辅助工具用具
1	用前检查			
1.1	检查加热器上部安装装置及相应连接线	摔落，电击	双人操作，登高人员使用安全带，戴绝缘劳保用品，平稳操作；观察人员注意观察	安全带、绝缘劳保、电笔
1.2	检查回路电缆是否无破损、断裂	电击，缠拌	注意观察	绝缘手套
1.3	检查温度传感器是否完好	烫伤	注意观察	绝缘手套
1.4	检查传感连线是否无破损、断裂	缠拌，电击	注意观察，平稳操作	绝缘手套
1.5	检查中频电源来线是否无破损、断裂，以及各连接点连接是否正确牢固并做绝缘处理	电击，缠拌	注意观察，平稳操作	绝缘手套

续表

操作顺序	操作项目、内容、方法及要求	存在风险	风险控制措施	应用辅助工具用具
2	中频电源控制柜操作	电击，磕碰	注意观察，平稳操作	绝缘手套、电笔
2.1	技术要求： ①三相交流输入线电压380V，波动范围不超过±15%，其频率在48~62Hz范围内； ②工作环境温度-30~40℃； ③相对湿度不大于90%； ④海拔高度不超过2000m； ⑤工作区域应无腐蚀性气体； ⑥工作区域应符合《石油设施电器装置场所分类》（SY/T 0025—1995）中规定的非爆炸危险场所			
2.2	控制范围： ①温度控制范围30~100℃；②输出频率500~1000Hz			
2.3	基本功能键： ①自动/手动选择键：自动情况下，可以自动控制输出功率来维持设定温度；手动情况下，系统无自启动功能，按照设定值输出功率； ②复位键：使单片机的控制系统软件复位； ③功能键：可以选择不同的功能参数进行参数设定； ④停止键：按此键2s系统立即停止工作； ⑤升键：在参数设定状态下，按此键可增加参数设定值；在自动状态下，按此键可直接增加油温设定值；在手动状态下，按此键可直接增大输出功率； ⑥降键：在参数设定状态下，按此键可减少参数设定值；在自动状态下，按此键可直接减少油温设定值；在手动状态下，按此键可直接降低输出功率； ⑦启动键：按此键系统进入工作状态			

续表

操作顺序	操作项目、内容、方法及要求	存在风险	风险控制措施	应用辅助工具用具
2.4	参数设定，根据产品说书，以及根据现场生产需求审定相应运行参数			
2.5	注意事项： ①空气开关闭合后，需待主回路中交流接触器完全吸合后，系统才可以启动，延时时间由时间继电器控制，延时时间不能小于5s； ②中频电源装置断电后，柜内电解电容会存有部分电荷，待放电后方可进行故障处理及检修工作			
3	开井	电击，缠拌，磕碰	注意观察，平稳操作	绝缘手套
3.1	全面检查无误后，一般送电预热1h后（根据原油黏度大小确定预热时间的长短），待温度达到要求后方可启动抽油机			
3.2	油井开抽后，检查油井工作是否正常，电器系统温度调整是否合适，以及抽油机上下行程均达到要求后，方可投入正常运行			
3.3	油井开抽后，前两周必须每天检查一次加热器回缩，挂于抽油机梁上的电缆线是否有磨损，并及时处理			
3.4	抽油机停止工作时，必须同时停止电加热系统			
3.5	当电加热装置出现故障、停止加热后，抽油机无法正常工作时，应停止抽油机，避免发生意外事故			

续表

操作顺序	操作项目、内容、方法及要求	存在风险	风险控制措施	应用辅助工具用具
3.6	必须认真填写“电加热抽油杆下井资料统计表”，做好油井生产报表记录和有关资料的收集			
4	注意事项： ①每次启动中频控制柜及开井前必须按照操作规程进行全面检查； ②设备正常运行时，必须保证每天巡检一次，确保各个线路及连接点完好			

1.16.3.3　应急处置程序

（1）人员发生机械伤害事故时，第一发现人应立即关停致害设备，现场视伤势情况对受伤人员进行紧急包扎处理；如伤势严重，应立即拨打120求救。

（2）人员发生触电事故时，第一发现人应立即切断电源，视触电者伤势情况，采取人工呼吸、胸外心脏按压等方法现场施救；如伤势严重，应立即拨打120求救。

1.17　分离器排污操作

1.17.1　分离器排污操作规程记忆歌诀

开入口阀查流程①，缓开排污二点五②。
快速关闭排污阀，液位刻度降到五③。
关闭入口算排量④，及时排液防外输⑤。
冲击振动罐体防，平稳缓慢开排污⑥。

注释：①开入口阀查流程——指打开污水罐入口阀门，检查流程导通；②缓开排污二点五——指缓慢开启排污阀进行排污，流速控制在2.5m/s以内；③快速关闭排污阀，液位刻度降到五——指当液位计刻度下降到5cm时，快速关闭排污阀；④关闭入口算排量——指关闭污水罐入口阀门，计算排污量；⑤及时排液防外输——指掌握分离规律，及时排除分离液，防止污水窜出外输气管线；⑥冲击振动罐体防，平稳缓慢开排污——指开排污阀动作要平稳、缓慢，不能用力过猛，防止污水罐受冲击产生振动。

1.17.2 分离器排污操作规程安全提示记忆歌诀

缓开排污二点五，液位刻度降到五。

冲击振动罐体防，平稳缓慢开排污。

1.17.3 分离器排污操作规程

1.17.3.1 风险提示

（1）按要求和规定穿戴好符合要求的劳动保护用品，站在安全区域进行操作。

（2）操作过程中易发生着火爆炸事故，禁止携带火种到现场。

（3）操作过程中应使用防爆工具。

（4）开关阀门不能正对丝杠。

1.17.3.2 分离器排污操作规程表

具体操作项目、内容、方法等详见表1.17。

分离器排污阀如图1.5所示。

表1.17 分离器排污操作规程表

操作顺序	操作项目、内容、方法及要求	存在风险	风险控制措施	应用辅助工具用具
1	操作步骤			
1.1	打开污水罐入口阀门，检查流程导通	碰伤、扭伤	平稳操作	F形扳手
1.2	缓慢开启排污阀进行排污，流速控制在2.5m/s以内	碰伤、扭伤	平稳操作	F形扳手
1.3	当液位计刻度下降到5cm时，快速关闭排污阀	碰伤、扭伤	平稳操作	F形扳手

续表

操作顺序	操作项目、内容、方法及要求	存在风险	风险控制措施	应用辅助工具用具
1.4	关闭污水罐入口阀门	碰伤、扭伤	平稳操作	F形扳手
1.5	计算排污量	离设备过近易刮伤	站到安全位置观察	检查记录、笔
2	技术要求			
2.1	掌握分离规律，及时排除分离液，防止污水窜出外输气管线			
2.2	开排污阀动作要平稳、缓慢，不能用力过猛，防止污水罐受冲击产生振动			

图1.5　分离器排污阀

1.17.3.3　应急处置程序

（1）人员发生机械伤害事故时，第一发现人应立即关停致害设备，现场视伤势情况对受伤人员进行紧急包扎处理；如伤势严重，应

立即拨打120求救。

（2）人员发生烧伤时，应立即采用各种有效的措施灭火，使伤员尽快脱离热源，尽量缩短烧伤时间，对已灭火而未脱衣服的伤员必须仔细检查全身情况，保持伤口清洁。伤员的衣服鞋袜用剪刀剪开后除去，伤口全部用清洁布片覆盖，防止污染；四肢烧伤时，先用清洁冷水冲洗，然后用清洁布片、消毒纱布覆盖并送往医院。

1.18 分离器清检操作

1.18.1 分离器清检操作规程记忆歌诀

观察记录罐液位，缓慢打开排污阀。

液位降至一二格，快速关闭排污阀①。

计算记录排污量，测试厚度清洁它②。

清检工作不落项，最后保养各个阀。

注释：①液位降至一二格，快速关闭排污阀——指观察液位计液位，待液位下降至1~2小格示数时快速关闭排污阀；②测试厚度清洁它——指测试分离器厚度，发现问题及时上报和处理，清洁分离器，保持分离器外部洁净无油污。

1.18.2 分离器清检操作规程安全提示记忆歌诀

液位降至一二格，缓开快关排污阀。

算记排量测厚度，清洁保养各个阀。

1.18.3 分离器清检操作规程

1.18.3.1 风险提示

（1）注意用防爆工具操作，防止火花引燃气体。

（2）操作时注意姿势，防止高压气体窜出击伤。

1.18.3.2 分离器清检操作规程表

具体操作项目、内容、方法等详见表1.18。

表 1.18　分离器清检操作规程表

操作顺序	操作项目、内容、方法及要求	存在风险	风险控制措施	应用辅助工具用具
1	分离器排污			
1.1	观察污水罐液位并记录	登高坠落	注意防滑	安全带和记录本
1.2	缓慢打开分离器排污阀进行排污	高压伤害	侧身操作	
1.3	观察液位计液位，待液位下降至1~2小格示数时快速关闭排污阀	高压伤害	侧身操作	
1.4	计算排液量并记录	登高坠落	注意防滑	安全带和记录本
2	测试分离器厚度，发现问题及时上报和处理	磕碰伤害	平稳操作	测厚仪
3	清洁分离器，保持分离器外部洁净无油污	磕碰伤害	平稳操作	棉纱、铁刷子
4	保养各部阀门	高压伤害	平稳操作	黄油枪

1.18.3.3　应急处置程序

（1）人员发生机械伤害事故时，第一发现人应立即关停致害设备，现场视伤势情况对受伤人员进行紧急包扎处理；如伤势严重，应立即拨打120求救。

（2）人员发生烧伤时，应立即采用各种有效的措施灭火，使伤员尽快脱离热源，尽量缩短烧伤时间，对已灭火而未脱衣服的伤员必须仔细检查全身情况，保持伤口清洁。伤员的衣服鞋袜用剪刀剪开后除去，伤口全部用清洁布片覆盖，防止污染；四肢烧伤时，先用清洁冷水冲洗，然后用清洁布片、消毒纱布覆盖并送往医院。

（3）现场一旦发生火灾，操作人员应在保证自身安全情况下及时处理火灾险情，并在第一时间报火警。

1.19 分离器自动排液操作

1.19.1 分离器自动排液操作规程记忆歌诀

面板正常电源好，检查连接液位计[①]。
液位有误重新设，液位设置要合理[②]。
液位上下阀缓开，排液交通阀关闭[③]。
电动球阀两侧阀，打开排液靠自己[④]。
电动球阀两侧关，缓开交通高液位[⑤]。
手动操作不落项，排液完成交通闭[⑥]。

注释：①面板正常电源好，检查连接液位计——指检查中控柜电源连接好，面板工作正常，检查液位计及各连接部位无渗漏；②液位有误重新设，液位设置要合理——指检查液位设置高度合理，如液位设置有误，则重新设定；③液位上下阀缓开，排液交通阀关闭——指缓慢打开液位计上端及下端阀门，关闭排液橇交通阀门；④电动球阀两侧阀，打开排液靠自己——指打开电动球阀两侧阀门，实现自动运行，观察排液状况；⑤电动球阀两侧关，缓开交通高液位——指关闭电动球阀两侧阀门，如果液位较高，缓慢打开交通阀门、排液；⑥手动操作不落项，排液完成交通闭——指排液完成后关闭交通阀门。

1.19.2 分离器自动排液操作规程安全提示记忆歌诀

合理设置液位好，缓开液位上下阀。
排液交通分开关，自动手动操作法。

1.19.3 分离器自动排液操作规程

1.19.3.1 风险提示

操作时注意使用防爆工具操作，防止火花引燃气体。

1.19.3.2 分离器自动排液操作规程表

具体操作项目、内容、方法等详见表1.19。

表 1.19　分离器自动排液操作规程表

操作顺序	操作项目、内容、方法及要求	存在风险	风险控制措施	应用辅助工具用具
1	操作前检查			
1.1	检查液位计及各连接部位无渗漏	磕碰伤害	平稳操作	
1.2	检查中控柜电源连接好，面板工作正常	磕碰伤害，电击伤害	平稳操作，合理站位	绝缘手套
1.3	检查液位设置高度合理，如液位设置有误，应重新设定	磕碰伤害	平稳操作	
2	自动操作			
2.1	缓慢打开液位计上端及下端阀门	磕碰伤害	平稳操作	
2.2	关闭排液橇交通阀门	磕碰伤害	平稳操作	
2.3	打开电动球阀两侧阀门	磕碰伤害	平稳操作	
2.4	实现自动运行，观察排液状况	磕碰伤害		
3	手动操作（停电或阀门故障时）			
3.1	关闭电动球阀两侧阀门	磕碰伤害	平稳操作	
3.2	如果液位较高，缓慢打开交通阀门、排液	磕碰伤害	平稳操作	
3.3	排液完成后关闭交通阀门	磕碰伤害	平稳操作	

1.19.3.3　应急处置程序

（1）人员发生高压撞击伤害事故时，第一发现人应立即关闭上下游阀门，现场视伤势情况对受伤人员进行紧急包扎处理；如伤势严重，应立即拨打120求救。

（2）现场一旦泄漏发生火灾，操作人员应在保证自身安全情况下及时处理火灾险情，并在第一时间报火警。

1.20 干燥器操作

1.20.1 干燥器操作规程记忆歌诀

法兰工艺连接正，量程合理打开阀①。
相关岗位先通知，倒好流程看气压②。
缓开采暖气阀门，检查渗漏又试压③。
打开进气和出口，汇报记录应控压④。
运行观察控气压，二时排液观压差⑤。
压力表灵活好用，做记录按时巡查⑥。
关入口先开旁通，关出口排净余压⑦。
停运步骤要记清，汇报记录采暖阀⑧。

注释：①法兰工艺连接正，量程合理打开阀——指检查工艺连接正确，检查各处法兰连接完好，检查压力表量程合理，并打开压力表阀门；②相关岗位先通知，倒好流程看气压——指通知相关岗位，倒好流程并注意天然气压力变化；③缓开采暖气阀门，检查渗漏又试压——指缓慢打开采暖阀门和天然气阀门，进行试压，并检查无渗漏；④打开进气和出口，汇报记录应控压——指打开进气阀门，缓慢打开分离器出口将压力控制在规定范围内，汇报站值班并做好记录；⑤运行观察控气压，二时排液观压差——指注意观察压力，压力控制在规定范围内，注意观察出入口压差，及时进行排液，一般冬季每 2h 排液一次；⑥压力表灵活好用，做记录按时巡检——指观察压力表灵活好用，发现问题及时汇报，按时巡回检查，并做好记录；⑦关入口先开旁通，关出口排净余压——指先开干燥器旁通阀，关闭干燥器入口阀门，关闭干燥器出口阀门，利用天然气干燥器内余压将压力排净；⑧停运步骤要记清，汇报记录采暖阀——指关闭采暖伴热阀门，汇报站值班并做好记录。

1.20.2 干燥器操作规程安全提示记忆歌诀

相关岗位先通知，倒好流程看气压。
运行观察控气压，二时排液观压差。

1.20.3 干燥器操作规程

1.20.3.1 风险提示

（1）注意用防爆工具操作，防止火花引燃气体。

（2）操作时合理站位，防止高压气体、设备部件窜出击伤。

1.20.3.2 干燥器操作规程表

具体操作项目、内容、方法等详见表1.20。

表1.20 干燥器操作规程表

操作顺序	操作项目、内容、方法及要求	存在风险	风险控制措施	应用辅助工具用具
1	操作前准备			
1.1	操作人员应穿戴好劳动保护用品，明确实际操作中存在的不安全因素	静电火灾	按规定穿戴好劳动保护用品	
1.2	检查工艺连接正确，检查各处法兰连接完好	泄漏	加强流程学习	
1.3	检查压力表量程合理，并打开压力表阀门	资料数据录取误差	检查压力表	
1.4	通知相关岗位，倒好流程并注意天然气压力变化			
2	进气操作规程			
2.2	缓慢打开采暖和天然气阀门，进行试压，并检查无渗漏	环境污染	检查气阀门	
2.3	打开进气阀门，缓慢打开分离器出口将压力控制在规定范围内	憋压，漏气	加强流程学习	
2.4	汇报站值班并做好记录	憋压，漏气	检查分离器附件	
3	运行操作			
3.1	注意观察压力，压力控制在规定范围内	憋压	检查压力表	
3.2	注意观察出入口压差，及时进行排液，一般冬季每2h排液一次	憋压，漏气	检查压力表	

续表

操作顺序	操作项目、内容、方法及要求	存在风险	风险控制措施	应用辅助工具用具
3.4	观察压力表是否灵活好用，发现问题及时汇报	憋压	检查压力表	
3.5	按时巡回检查，并做好记录	碰伤	加强安全意识	
4	停运操作			
4.1	先开干燥器旁通阀	用力不当扭伤	侧身平稳操作	
4.2	关闭干燥器入口阀门	用力不当扭伤	侧身平稳操作	
4.3	关闭干燥器出口阀门	用力不当扭伤	侧身平稳操作	
4.4	利用天然气干燥器内余压将压力排净	用力不当扭伤	侧身平稳操作	
4.5	关闭采暖伴热阀门	用力不当扭伤	侧身平稳操作	
4.6	汇报站值班并做好记录			

1.20.3.3　应急处置程序

（1）人员发生物体打击伤害事故时，第一发现人应立即关停致害设备，现场视伤势情况对受伤人员进行紧急包扎处理；如伤势严重，应立即拨打120求救。

（2）现场一旦泄漏发生火灾，操作人员应在保证自身安全情况下及时处理火灾险情，并在第一时间报火警。

1.21　更换法兰式阀门及垫片操作

1.21.1　更换法兰式阀门及垫片操作规程记忆歌诀

1.21.1.1　检查及操作前准备记忆歌诀

确认流程无杂物，切断压源倒旁通。

检查准备做仔细，管内余压排泄空。

1.21.1.2　更换、试压、投运记忆歌诀

拆卸螺栓取阀片[①]，清理管阀和水线[②]。

阀门型号做垫片③，安装阀门对螺栓④。

加入垫片位置正，对角紧固各螺栓。

试压投运关卸阀⑤，导通流程旁通关⑥。

收工清场做记录，更换阀门操作完。

注释：①拆卸螺栓取阀片——指拆卸阀门固定螺栓，卸下阀门，取下旧垫片；②清理管阀和水线——指清理管线、阀门法兰端面，要求干净、无残留，密封水线完全显露；③阀门型号做垫片——指根据阀门型号大小制作新的垫片，内外径尺寸合适，留把手，无毛刺、裂纹，两面均匀涂黄油；④安装阀门对螺栓——指按流程走向安装阀门、对正螺栓；⑤试压投运关卸阀——指关闭泄压阀门；⑥导通流程旁通关——指导通流程，关闭旁通流程，试压不渗、不漏。

1.21.2 更换法兰式阀门及垫片操作规程安全提示记忆歌诀

管内余压排泄空，清理管阀和水线。

试压投运关卸阀，导通流程旁通关。

1.21.3 更换法兰式阀门及垫片操作规程

1.21.3.1 风险提示

(1) 机械伤害。

(2) 压力刺伤。

(3) 环境污染。

1.21.3.2 更换法兰式阀门及垫片操作规程表

具体操作项目、内容、方法等详见表1.21。

表1.21 更换法兰式阀门及垫片操作规程表

操作顺序	操作项目、内容、方法及要求	存在风险	风险控制措施	应用辅助工具用具
1	操作前检查			
1.1	检查操作现场周围无杂物	缠拌伤害	清理现场，方便站位	

续表

操作顺序	操作项目、内容、方法及要求	存在风险	风险控制措施	应用辅助工具用具
1.2	检查确认流程			
2	操作前准备			
2.1	导通旁通流程			
2.2	切断压力源	介质刺漏，环境污染	按先高压后低压的顺序	
2.3	打开泄压阀门，放净管线内余压	压力刺伤，环境污染	缓慢侧身放净管内余压，介质回收	污油桶
3	更换操作			
3.1	拆卸阀门固定螺栓			扳手
3.2	卸下阀门	砸伤	平稳操作，合理站位	撬杠
3.3	取下旧垫片，清理管线、阀门法兰端面，要求干净、无残留，密封水线完全显露	划伤、扎伤	劳动保护用品齐全，小心、平稳地使用工具；不要直接用手清理法兰端面	棉纱、刮刀
3.4	根据阀门型号大小制作新的垫片，内外径尺寸合适，留把手，无毛刺、裂纹，两面均匀涂黄油	划伤、扎伤	劳动保护用品齐全，小心、平稳地使用工具	剪子、划规、直尺
3.5	按流程走向安装阀门，对正螺栓	砸伤	平稳操作，合理站位	扳手
3.6	加入新垫片至正确位置	碾压伤害	手持垫片把手末端，不要伸入法兰以内	撬杠

续表

操作顺序	操作项目、内容、方法及要求	存在风险	风险控制措施	应用辅助工具用具
3.7	均匀对称紧固法兰螺栓			扳手
4	试压，投运			
4.1	关闭泄压阀门			
4.2	导通流程，关闭旁通流程	介质刺漏，环境污染	先开后关，按先高压后低压的顺序	
5	清理现场、回收工具			

1.21.3.3　应急处置程序

（1）发生机械伤害或压力刺伤事故时，现场视伤势情况对受伤人员进行紧急包扎处理；如伤势过重，应立即拨打120求救。

（2）发生环境污染事故时，应立即切断污染源并组织人员进行清理。

1.22　更换压力表操作

1.22.1　更换压力表操作规程记忆歌诀

量程合理不超期，铅封表壳紧固好。

孔眼畅通表接头，指针归零表盘好。

关死阀门表卸下①，安装接头再装表②。

打开阀门查压力③，稳压无渗填报表④。

注释：①关死阀门表卸下——指关死控制压力表阀门，卸下待更换压力表；②安装接头再装表——指安装表接头后，装压力表，压力表安装要紧固；③打开阀门查压力——指开压力表阀门，观察压力；④稳压无渗填报表——指待稳定后无渗漏，填写压力表台账报表。

1.22.2 更换压力表操作规程安全提示记忆歌诀

量程合理不超期，指针归零表盘好。

孔眼畅通表接头，安装接头再装表。

1.22.3 更换压力表操作规程

1.22.3.1 风险提示

（1）请按要求和规定穿戴好劳动保护用品，请侧身操作各阀门，不要正对阀门、丝杠做开关阀门的操作。

（2）工作中掌握安全防范措施，定期检查安全设施，设备的安全状况。

（3）熟练操作消防器材，遵守操作规程，确保安全生产无事故。

1.22.3.2 更换压力表操作规程表

具体操作项目、内容、方法等详见表1.22。

表1.22 更换压力表操作规程表

操作顺序	操作项目、内容、方法及要求	存在风险	风险控制措施	应用辅助工具用具
1	操作前准备			
1.1	按要求和规定穿戴好劳动保护用品			
1.2	准备好开阀门用的助力工具和其他工具、装表接头			
1.3	检查压力表量程、校检是否超期	量程偏小损坏压力表，校检超期影响取值准确性	选择合理量程的压力表，定期校检压力表	
1.4	检查装表阀门是否灵活、好用			
2	操作步骤			
2.1	关死控制压力表阀门，卸下待更换压力表	物体打击	缓慢侧身开关阀门	

续表

操作顺序	操作项目、内容、方法及要求	存在风险	风险控制措施	应用辅助工具用具
2.2	安装表接头后，装压力表	扳手打滑伤手	合理调整扳手虎口张合度	扳手
2.3	压力表安装要紧固	扳手打滑伤手	合理调整扳手虎口张合度	扳手
2.4	开压力表阀门，观察压力待稳定后即可	物体打击	缓慢侧身开关阀门	
3	其他要求			
3.1	压力表要有校检日期和铅封			
3.2	表壳固定螺钉紧固			
3.3	表接头孔眼畅通，玻璃罩完好，指针归零			

1.22.3.3　应急处置程序

（1）当发生紧急事故时，应按照应急程序处置并报告；危及人身安全时，应立即避险。

（2）开关阀门时如发生物体打击，立即停止操作，伤者应脱离伤害源，紧急处理，拨打120紧急求助；同时向本单位汇报情况。

1.23　加注防冻剂操作

1.23.1　加注防冻剂操作规程记忆歌诀

接头螺栓无松动，出口完好压力表①。

按钮位置正合适，接线准确又牢固②。

液位油质合标准，入口管线连接到③。

二十九十看储罐，进口回流打开了④。

打开出口关回流，出口压力兆帕高[⑤]。

二时观察取数据，停止按钮停泵了[⑥]。

井口阀门要关闭，长停泄阀管拆掉[⑦]。

注释：①接头螺栓无松动，出口完好压力表——指检查泵的出入口阀门是否完整，压力表是否准确，各管道接头、紧固螺栓是否无松动；②按钮位置正合适，接线准确又牢固——指检查电路接线准确、牢固，按钮在合适的位置；③液位油质合标准，入口管线连接到——指检查注醇泵机油液位及油质符合标准，将泵的入口管线连接至需加防冻剂管线；④二十九十看储罐，进口回流打开了——指检查储罐内防冻剂量是否在 20cm 以上 90cm 以下，如不在此区域内，调整到此区域，打开泵的进口阀和回流阀；⑤打开出口关回流，出口压力兆帕高——指打开泵出口阀，关闭回流阀，出口压力值大于井口压力 1MPa 时打开井口阀门开始注防冻剂；⑥二时观察取数据，停止按钮停泵了——指泵运行过程中，每 2h 观察一次机组运行情况，并录取相关数据，按停止按钮停泵；⑦井口阀门要关闭，长停泄阀管拆掉——指关闭井口阀门，若长期停注，泄压，再关闭泵出口阀门和进口阀门，拆掉管线。

1.23.2 加注防冻剂操作规程安全提示记忆歌诀

二十九十看储罐，进口回流打开了。

打开出口关回流，出口压力兆帕高。

1.23.3 加注防冻剂操作规程

1.23.3.1 风险提示

（1）启停泵时要戴绝缘手套。

（2）注意用防爆工具操作，防止火花引燃气体。

（3）操作时注意姿势，防止高压介质窜出击伤。

1.23.3.2 加注防冻剂操作规程表

具体操作项目、内容、方法等详见表 1.23。

表 1.23　加注防冻剂操作规程表

操作顺序	操作项目、内容、方法及要求	存在风险	风险控制措施	应用辅助工具用具
1	起泵前准备			
1.1	检查泵的出入口阀门是否完整，压力表是否准确，各管道接头、紧固螺栓是否无松动	磕碰伤害	平稳操作	
1.2	检查电路接线准确、牢固，按钮在合适的位置	电弧伤害	侧身操作	绝缘手套、螺丝刀
1.3	检查注醇泵机油液位及油质符合标准	磕碰伤害	平稳操作	加油桶、扳手
1.4	将泵的入口管线连接至需加防冻剂管线	高压伤害	平稳操作	套筒、扳手
1.5	检查储罐内防冻剂量在 20cm 以上 90cm 以下，如不在此区域内，调整到此区域	甲醇易挥发，有毒气体	戴防毒面具和橡胶手套	加油桶、扳手
1.6	打开泵的进口阀和回流阀	磕碰伤害	平稳操作	
2	启泵及运行			
2.1	按启动按钮	电弧伤害	戴绝缘手套侧身操作	绝缘手套
2.2	打开泵出口阀，关闭回流阀	高压伤害	平稳操作	橡胶手套
2.3	出口压力值大于井口压力 1MPa 时打开井口阀门开始注防冻剂	高压伤害	平稳操作	
2.4	泵运行过程中，每 2h 观察一次机组运行情况，并录取相关数据	高压伤害	平稳操作	
3	停泵			
3.1	按停止按钮	电弧伤害	侧身操作	绝缘手套
3.2	关闭井口阀门，若长期停注，泄压，再关闭泵出口阀门和进口阀门，拆掉管线	高压伤害	平稳操作	

1.23.3.3 应急处置程序

（1）人员发生高压撞击伤害事故时，第一发现人应立即关闭上下游阀门，现场视伤势情况对受伤人员进行紧急包扎处理；如伤势严重，应立即拨打120求救。

（2）现场一旦泄漏发生火灾，操作人员应在保证自身安全情况下及时处理火灾险情，并在第一时间报火警。

1.24 井口放喷操作

1.24.1 井口放喷操作规程记忆歌诀

联系气站记录好，放喷之前资料取①。
放喷箱连接管线，连接点密封稳固②。
开井关井分状态③，缓开阀门放喷初④。
放喷结束关闭阀⑤，关井等待压恢复⑥。
井口放喷这几步，开井须看压恢复⑦。
阀门接点安全阀⑧，放喷规程定记住。

注释：①联系气站记录好，放喷之前资料取——指穿戴好劳动保护用品；与气站联系，并做好记录；录取放喷前有关资料；②放喷箱连接管线，连接点密封稳固——指连接管线到放喷箱，检查管线连接点确保密封稳固；③开井关井分状态——指若气井处于开井状态，关闭生产阀门。若气井处于关井状态，打开副主控阀门；④缓开阀门放喷初——指缓慢打开管线对应的放喷阀门，开始放喷；⑤放喷结束关闭阀——指放喷结束后缓慢将放喷阀门关闭；⑥关井等待压恢复——指关井恢复压力；⑦开井须看压恢复——指视压力恢复情况开井生产；⑧阀门接点安全阀——指检查阀门开关、各连接点及井口安全阀是否处于工作状态。

1.24.2 井口放喷操作规程安全提示记忆歌诀

联系气站记录好，放喷之前资料取。
开井关井分状态，开井须看压恢复。

1.24.3 井口放喷操作规程

1.24.3.1 风险提示

(1) 操作过程中易发生着火爆炸事故时，开关阀门不能正对丝杠。

(2) 要穿戴好防护用品，做好人员监护工作，严格按照操作规程执行。

1.24.3.2 井口放喷操作规程表

具体操作项目、内容、方法等详见表1.24。

表1.24 井口放喷操作规程表

操作顺序	操作项目、内容、方法及要求	存在风险	风险控制措施	应用辅助工具用具
1	操作准备			
1.1	穿戴好劳动保护用品；与气站联系，并做好记录；录取放喷前有关资料	人身伤害	穿戴好劳动保护用品；小心侧身操作，站位正确	扳手、压力表、棉纱
2	操作工序			
2.1	连接管线到放喷箱，检查管线连接点确保密封稳固	人身伤害	侧身操作，正确使用工具	扳手、管钳
2.2	若气井处于开井状态，关闭生产阀门	压力伤人	侧身操作，正确使用工具	扳手、管钳
2.3	缓慢打开管线对应的放喷阀门，开始放喷	压力伤人	侧身操作，正确使用工具	扳手、管钳
2.4	若气井处于关井状态，打开副主控阀门	压力伤人	侧身操作，正确使用工具	扳手、管钳
2.5	放喷结束后缓慢地将放喷阀门关闭	压力伤人	侧身操作，正确使用工具	扳手、管钳
2.6	关井恢复压力，视压力恢复情况开井生产	压力伤人	侧身操作，正确使用工具	扳手、管钳
3	放喷后检查			
3.1	检查阀门开关、各连接点及井口安全阀处于工作状态	压力伤人	侧身操作，正确使用工具	扳手、管钳

1.24.3.3 应急处置程序

（1）人员发生机械伤害事故时，第一发现人应立即关停致害设备，现场视伤势情况对受伤人员进行紧急包扎处理；如伤势严重，应立即拨打120求救。

（2）人员发生烫伤、烧伤、压力伤人等事故时，第一发现人应立即拨打120求救或立即送医院就诊。

1.25 井口紧急截断阀（气动）操作

1.25.1 井口紧急截断阀（气动）操作规程记忆歌诀

1.25.1.1 准备工作记忆歌诀

关闭生产减压阀①，井口启动切断阀②。

打开井口生产阀，压力调节减压阀③。

注释：①关闭生产减压阀——指确定井口生产阀门和一级减压阀关闭；②井口启动切断阀——指顺时针拧动井口启动切断阀到底，让其保持全开状态；③压力调节减压阀——指缓慢调节一级减压阀，调节至生产压力。

1.25.1.2 设定截断阀起跳压力记忆歌诀

打开底部二针阀①，气动柜进天然气②。

顺旋一级调压器，一级表调整压力③。

顺旋拧开中继阀，底部无声复压力④。

顺旋二级调压器，二级表调整压力⑤。

逆旋死点中继阀，自动状态要牢记⑥。

注释：①打开底部二针阀——指拧开低压感测装置和高压感测装置底部二个针阀，使其处于工作状态；②气动柜进天然气——指拧开气源针阀，使天然气进入气动控制柜；③顺旋一级调压器，一级表调整压力——指顺时针旋转拧开一级调压器手轮，使一级压力表调至0.8~1.2MPa；④顺旋拧开中继阀，底部无声复压力——指顺时针旋转拧开中继阀手轮，直至底部无排气声为止，同时注意观察井口安全截断阀阀杆下降和一级压力表示值恢复至0.8~1.2MPa；⑤顺旋二级调压器，二级表调整压力——指顺时针旋转二级调压器旋扭使二级压力表调至0.25~0.3MPa；⑥逆旋死点中继阀，自动状态要牢记——指必须逆时针旋转中继阀手轮至死点，才能使中继阀处于自动工作状态。

1.25.2 井口紧急截断阀（气动）操作规程安全提示记忆歌诀

打开底部二针阀，气动柜进天然气。

顺旋两级调压器，两级表调整压力。

1.25.3 井口紧急截断阀（气动）操作规程

1.25.3.1 风险提示

（1）注意用防爆工具操作，防止火花引燃气体。

（2）操作时注意姿势，防止高压气体窜出击伤。

1.25.3.2 井口紧急截断阀（气动）操作规程表

具体操作项目、内容、方法等详见表1.25。

表1.25 井口紧急截断阀（气动）操作规程表

操作顺序	操作项目、内容、方法及要求	存在风险	风险控制措施	应用辅助工具用具
1	操作前准备			
1.1	确定井口生产阀门和一级减压阀关闭	高压伤人	侧身操作	防爆F形扳手
1.2	顺时针拧动井口启动切断阀到底，让其保持全开状态	高压伤人	侧身操作	
1.3	打开井口生产阀门	高压伤人	侧身操作	防爆F形扳手
1.4	缓慢调节一级减压阀，调节至生产压力	高压伤人	侧身操作	
2	设定截断阀起跳压力			
2.1	拧开低压感测装置和高压感测装置底部两个针阀，使其处于工作状态	高压伤人	侧身操作	
2.2	拧开气源针阀，使天然气进入气动控制柜	高压伤人	侧身操作	

续表

操作顺序	操作项目、内容、方法及要求	存在风险	风险控制措施	应用辅助工具用具
2.3	顺时针旋转拧开一级调压器手轮，使一级压力表调至0.8~1.2MPa	高压伤人	侧身操作	
2.4	顺时针旋转拧开中继阀手轮，直至底部无排气声为止，同时注意观察井口安全截断阀阀杆下降和一级压力表示值恢复至0.8~1.2MPa	高压伤人	侧身操作	
2.5	顺时针旋转二级调压器旋扭使二级压力表调至0.25~0.3MPa	高压伤人	侧身操作	
2.6	必须逆时针旋转中继阀手轮至死点，才能使中继阀处于自动工作状态	高压伤人	侧身操作	

1.25.3.3　应急处置程序

（1）人员发生高压撞击伤害事故时，第一发现人应立即关闭上下游阀门，现场视伤势情况对受伤人员进行紧急包扎处理；如伤势严重，应立即拨打120求救。

（2）现场一旦发生火灾，操作人员应在保证自身安全情况下及时处理火灾险情，并在第一时间报火警。

1.26　井口紧急截断阀（液动）操作

1.26.1　井口紧急截断阀（液动）操作规程记忆歌诀

油箱液位在一半[①]，确认关闭生产阀[②]。
打开针阀关一次[③]，打开油箱出口阀[④]。
三阀手柄水平位[⑤]，逆转归零调压阀[⑥]。
手动打开达到十[⑦]，全开状态截断阀[⑧]。
压到点一锁螺母，顺时缓旋调压阀[⑨]。

缓慢打开生产阀，输气压力节流阀⑩。
二阀手柄垂直位，自动监控全靠它⑪。
搬动手柄逆时针，紧急关断截断阀⑫。

注释：①油箱液位在一半——指确认液压控制柜油箱内航空液压油液位在1/2之上；②确认关闭生产阀——指确认井口生产阀门在关闭状态；③打开针阀关一次——指打开液动截断阀的油压针阀，关闭输气管线上的一次取源阀；④打开油箱出口阀——指打开控制柜油箱出口的球阀；⑤三阀手柄水平位——指顺时针扳动控制柜表盘上的球阀、中继阀、紧急关断阀，确保手柄在水平位置保证其关断；⑥逆转归零调压阀——指逆时针旋转调压阀的手轮回零；⑦手动打开达到十——指连接手动打压泵，打压至10MPa；⑧全开状态截断阀——指同时观察液动截断阀处于全开状态（观察孔由红色变为绿色）；⑨压到点一锁螺母，顺时缓旋调压阀——指顺时针缓慢旋转调压阀，压力调至0.1MPa，锁定固定螺母；⑩缓慢打开生产阀，输气压力节流阀——指缓慢打开井口生产阀门，缓慢调节一级节流阀至所需生产输气管线压力，打开输气管线上的一次取源阀；⑪三阀手柄垂直位，自动监控全靠它——指逆时针旋转控制柜表盘上球阀、中继阀，确定手柄处于垂直位置，此时井口安全截断装置处于自动监控操作状态；⑫搬动手柄逆时针，紧急关断截断阀——指当逆时针扳动紧急关断阀手柄，即实现人工紧急关断液动截断阀。

1.26.2 井口紧急截断阀（液动）操作规程安全提示记忆歌诀

油箱液位在一半，三阀手柄位置变。
逆时针搬动手柄，截断阀紧急关断。

1.26.3 井口紧急截断阀（液动）操作规程

1.26.3.1 风险提示

（1）注意用防爆工具操作，防止火花引燃气体。

（2）操作时注意姿势，防止高压气体窜出击伤。

1.26.3.2 井口紧急截断阀（液动）操作规程表

具体操作项目、内容、方法等详见表1.26。

表 1.26　井口紧急截断阀（液动）操作规程表

操作顺序	操作项目、内容、方法及要求	存在风险	风险控制措施	应用辅助工具用具
1	启动前准备			
1.1	确认井口生产阀门在关闭状态	高压气体伤人	侧身操作	
1.2	确认液压控制柜油箱内航空液压油液位在1/2之上	高压气体伤人	侧身操作	
2	启动截断阀	高压气体伤人	侧身操作	
2.1	打开液动截断阀的油压针阀，关闭输气管线上的一次取源阀	高压气体伤人	侧身操作	
2.2	打开控制柜油箱出口的球阀	高压气体伤人	侧身操作	
2.3	顺时针扳动控制柜表盘上的球阀、中继阀、紧急关断阀，确保手柄在水平位置保证其关断	高压气体伤人	侧身操作	
2.4	逆时针旋转调压阀的手轮回零	高压气体伤人	侧身操作	
2.5	连接手动打压泵，打压至10MPa。同时观察液动截断阀处于全开状态（观察孔由红色变为绿色）	高压气体伤人	侧身操作	
2.6	顺时针缓慢旋转调压阀，压力调至0.1MPa，锁定固定螺母	高压气体伤人	侧身操作	
3	开井调试	高压气体伤人	侧身操作	
3.1	缓慢打开井口生产阀门，缓慢调节一级节流阀至所需生产输气管线压力	高压气体伤人	侧身操作	
3.2	打开输气管线上的一次取源阀	高压气体伤人	侧身操作	
3.3	逆时针旋转控制柜表盘上球阀、中继阀，确定手柄处于垂直位置，此时井口安全截断装置处于自动监控操作状态	高压气体伤人	侧身操作	
4	紧急切断操作	高压气体伤人	侧身操作	
4.1	当逆时针扳动紧急关断阀手柄，即实现人工紧急关断液动截断阀	高压气体伤人	侧身操作	

1.26.3.3　应急处置程序

（1）人员发生高压撞击伤害事故时，第一发现人应立即关闭上下游阀门，现场视伤势情况对受伤人员进行紧急包扎处理；如伤势严重，应立即拨打120求救。

（2）现场一旦发生火灾，操作人员应在保证自身安全情况下及时处理火灾险情，并在第一时间报火警。

1.27　凝液装卸操作

1.27.1　凝液装卸操作规程记忆歌诀

罐车定点即熄火，消防器材防火帽①。
连接地极对车口②，装卸过程不离场③。
完毕停泵关出口，残液接收禁排放④。

注释：①罐车定点即熄火，消防器材防火帽——指罐车到达现场指定地点，立即熄火，由当班人员检查车内必须配有消防器材，排气管必须戴有防火帽；②连接地极对车口——指由当班人员将罐车与储罐可靠地连接，接好接地极，装车鹤管对好罐车装车口，准备装卸操作。启动装车（卸车）泵，进行装卸；③装卸过程不离场——指装卸操作时，当班工人必须穿戴好劳动保护用品，在装卸过程中不许离开装车现场；④完毕停泵关出口，残液接收禁排放——指装卸完毕后，停泵，当班人员关闭储罐出口阀门，用接液桶将管线内残液接出，禁止就地排放。

1.27.2　凝液装卸操作规程安全提示记忆歌诀

罐车定点即熄火，消防器材防火帽。
连接地极对车口，装卸过程不离场。

1.27.3　凝液装卸操作规程

1.27.3.1　风险提示

（1）在操作前详细观察周围工作区域有无易燃易爆物品，并进行详细检查。

（2）按要求和规定穿戴好符合要求的劳动保护用品，站在安全区域进行操作。

（3）要定期检查安全设施、设备的安全状况。

（4）操作时要接好接地极。

（5）现场配备必要的消防器材，做到岗位无隐患，确保安全生产无事故。

1.27.3.2 凝液装卸操作规程表

具体操作项目、内容、方法等详见表1.27。

表1.27 凝液装卸操作规程表

操作顺序	操作项目、内容、方法及要求	存在风险	风险控制措施	应用辅助工具用具
1	凝液装卸操作步骤			
1.1	罐车到达现场指定地点，立即熄火，由当班人员检查车内必须配有消防器材，排气管必须戴有防火帽	罐车存在安全隐患，爆炸伤人	认真检查，排除安全隐患	灭火器、防火帽
1.2	由当班人员将罐车与储罐进行可靠的连接，接好接地极，装车鹤管对好罐车装车口，准备装卸操作	存在安全隐患，坠落，爆炸伤人	认真检查，平稳操作，排除安全隐患	接地极、扳手
1.3	启动装车（卸车）泵，进行装卸	触电伤人	佩戴绝缘手套	绝缘手套、试电笔
1.4	装卸操作时，当班工人必需穿戴好劳动保护用品，在装卸过程中不许离开装车现场	液体外泄导致环境污染	在现场守候及时关阀门	防爆扳手、棉纱
1.5	装卸完毕后，停泵，当班人员关闭储罐出口阀门，用接液桶将管线内残液接出，禁止就地排放	液体外泄导致环境污染	及时关好阀门，用接液桶接残余液体	防爆扳手、接液桶

1.27.3.3 应急处置程序

（1）人员发生机械伤害事故时，第一发现人应立即关停致害设备，现场视伤势情况对受伤人员进行紧急包扎处理；如伤势严重，应

立即拨打120求救。

（2）人员发生触电事故时，第一发现人应立即切断电源，视触电者伤势情况，采取人工呼吸、胸外心脏按压等方法现场施救；如伤势严重，应立即拨打120求救。

（3）人员发生烫伤、摔伤、烧伤事故时，第一发现人应立即拨打120求救，或立即送医院就诊。

1.28 阀门加密封圈操作

1.28.1 阀门加密封圈操作规程记忆歌诀

现场周围无杂物，确认流程选盘根。
导通旁通断压源，泄压准备要充分。
松开螺栓取压盖①，量取制作新盘根❶。
切口三十四十五②，表面涂油新盘根。
接口九十一百二③，紧固螺栓压盘根④。
试压不漏导流程⑤，收工清场松紧渗⑥。

注释：①松开螺栓取压盖——指均匀对称松开压盖紧固螺栓，取下压盖，取出旧密封圈；②切口三十四十五——指制作新密封圈切口要求整齐，切口角度为30°~45°；③接口九十一百二——指每圈密封圈的接口要错开90°~120°，数量加足；④紧固螺栓压盘根——指上密封圈压盖，均匀对称紧固螺栓，使压盖压紧密封圈；⑤试压不漏导流程——指导通流程，关闭旁通流程，试压密封圈不漏；⑥收工清场松紧渗——指调整密封圈松紧度达到不渗，清理现场，收回工具用具。

1.28.2 阀门加盘根操作规程安全提示歌诀

导通旁通断压源，泄压准备要充分。
试压不漏导流程，收工清场松紧渗。

---

❶ 盘根即密封圈或密封填料，现场作业过程中也称盘根，为歌诀压韵顺口考虑，故歌诀中盘根不改为密封圈或密封填料。

1.28.3　阀门加盘根操作规程

1.28.3.1　风险提示

（1）机械伤害。

（2）压力刺伤。

（3）环境污染。

1.28.3.2　阀门加盘根操作规程表

具体操作项目、内容、方法等详见表1.28。

表1.28　阀门加盘根操作规程表

操作顺序	操作项目、内容、方法及要求	存在风险	风险控制措施	应用辅助工具用具
1	操作前检查			
1.1	检查操作现场周围有无杂物	缠拌伤害	清理现场，方便站位	
1.2	检查确认流程			
2	操作前准备			
2.1	根据阀门压盖规格选取密封圈			
2.2	导通旁通流程，切断压源	介质刺漏，环境污染	先开后关，按高低压顺序	
2.3	打开泄压阀门	压力刺伤、环境污染	侧身平稳操作，放净余压，介质回收	污油桶
3	操作			
3.1	均匀对称松开压盖紧固螺栓，取出密封圈	磕伤、划伤	劳动保护用品齐全，小心平稳操作	250mm活动扳手、密封圈钩子
3.2	量取、制作新密封圈。切口角度为30°~45°，切口整齐	割伤、划伤	劳动保护用品齐全，小心平稳操作	切刀
3.3	加新密封圈，密封圈涂黄油，接口错开90°~120°，数量足够			

续表

操作顺序	操作项目、内容、方法及要求	存在风险	风险控制措施	应用辅助工具用具
3.4	上密封圈压盖，均匀对称紧固螺栓			250mm 活动扳手
4	试压，投产			
4.1	导通流程，关闭旁通流程	介质刺漏，环境污染	先开后关，按高低压顺序	
4.2	调整密封圈松紧度			
4.3	清理现场，回收工具			

1.28.3.3　应急处置程序

（1）发生机械伤害或压力刺伤事故时，现场视伤势情况对受伤人员进行紧急包扎处理；如伤势过重，应立即拨打 120 求救。

（2）发生环境污染事故时，应立即切断污染源并组织人员进行清理。

1.29　高压孔板阀清洗及更换孔板操作

1.29.1　高压孔板阀清洗及更换孔板操作规程记忆歌诀

平衡压力两阀腔，首先打开平衡阀①。
顺时转滑阀齿轮，操纵轴打开滑阀②。
逆转下阀腔导板，提升上阀腔孔板③。
逆转动滑阀齿轮，操纵轴关闭滑阀④。
接着关闭平衡阀，打开上体放空阀⑤。
打开排污后关闭，卸开盖板取垫圈⑥。
逆时转上腔导板，提升轴导板孔板⑦。
孔板导板密封圈，磨损变形须更换⑧。
密封圈涂油导板，上阀腔孔板导板⑨。
紧盖板装密封圈，关放空开平衡阀⑩。

顺时针转动滑阀，操纵轴全开滑阀⑪。
顺转导板提升轴，工作位置放孔板⑫。
逆时针转动滑阀，操纵轴关闭滑阀⑬。
此时注入密封脂，关开平衡放空阀⑭。
排除介质上阀腔，验漏关闭放空阀⑮。

注释：①平衡压力两阀腔，首先打开平衡阀——指开平衡阀，平衡上下阀腔压力；②顺时转滑阀齿轮，操纵轴打开滑阀——指顺时针转动滑阀齿轮操纵轴，打开滑阀；③逆转下阀腔导板，提升上阀腔孔板——指逆时针转动下阀腔导板提升轴，将孔板提至上阀腔；④逆转动滑阀齿轮，操纵轴关闭滑阀——指逆时针转动滑阀齿轮操纵轴，关闭滑阀；⑤接着关闭平衡阀，打开上体放空阀——指关闭平衡阀，打开上阀体放空阀放空；⑥打开排污后关闭，卸开盖板取垫圈——指打开排污阀，排污后关闭，卸开盖板，取出密封垫圈；⑦逆时转上腔导板，提升轴导板孔板——指逆时针转动上阀腔导板提升轴，取出导板和孔板；⑧孔板导板密封圈，磨损变形须更换——指检查清洗孔板、导板和密封圈，如有磨损、变形则更换；⑨密封圈涂油导板，上阀腔孔板导板——指在导板上和橡胶密封圈四周均匀地涂抹少许黄油，将孔板放入导板，将导板放入上阀腔内适当位置；⑩紧盖板装密封圈，关放空开平衡阀——指装入密封垫，均匀上紧盖板，关放空阀，开平衡阀；⑪顺时针转动滑阀，操纵轴全开滑阀——指顺时针转动滑阀操纵轴，全开滑阀；⑫顺转导板提升轴，工作位置放孔板——指顺时针转动导板提升轴，将孔板放入工作位置；⑬逆时针转动滑阀，操纵轴关闭滑阀——指逆时针转动滑阀操纵轴，关闭滑阀；⑭此时注入密封脂，关开平衡放空阀——指注入密封脂，关平衡阀，开放空阀；⑮排除介质上阀腔，验漏关闭放空阀——指排除上阀腔内介质后关闭，检查，验漏。

1.29.2 高压孔板阀清洗及更换孔板操作规程安全提示歌诀

滑阀齿轮顺逆转，滑阀开关细区分。
导板提升轴顺逆，孔板升放要区分。

1.29.3 高级孔板阀清洗及更换孔板操作规程

1.29.3.1 风险提示

（1）严格按照操作规程执行，操作过程中易发生高压伤人及磕碰伤、绞伤事故。

（2）所有操作要侧身操作，并且正确使用工具用具，做好流程切换工作。

（3）易损部件应轻拿轻放。

1.29.3.2 高级孔板阀清洗及更换孔板操作规程表

具体操作项目、内容、方法等详见表1.29。

表1.29 高级孔板阀清洗及更换孔板操作规程表

操作顺序	操作项目、内容、方法及要求	存在风险	风险控制措施	应用辅助工具用具
1	开平衡阀，平衡上、下阀腔压力	压力伤人	侧身、平稳操作	F形扳手、专用扳手
2	顺时针转动滑阀齿轮操纵轴，打开滑阀，逆时针转动下阀腔导板提升轴，将孔板提至上阀腔	压力伤人	侧身、平稳操作	F形扳手、专用扳手
3	逆时针转动滑阀齿轮操纵轴，关闭滑阀，关闭平衡阀，打开上阀体放空阀放空，打开排污阀，排污后关闭	压力伤人	侧身、平稳操作	F形扳手、专用扳手
4	卸开盖板，取出密封垫圈	压力伤人	侧身、平稳操作	F形扳手、专用扳手
5	逆时针转动上阀腔导板提升轴，取出导板和孔板	磕碰伤，孔板损坏	平稳操作	专用扳手
6	检查清洗孔板、导板和密封圈，如有磨损、变形则更换	磕碰伤，孔板损坏	平稳操作	棉纱、清洗剂、胶圈
7	在导板上和橡胶密封圈四周均匀地涂抹少许黄油	磕碰伤，孔板损坏	平稳操作	黄油

续表

操作顺序	操作项目、内容、方法及要求	存在风险	风险控制措施	应用辅助工具用具
8	将孔板放入导板，将导板放入上阀腔内适当位置	磕碰伤，孔板损坏	平稳操作	专用扳手
9	装入密封垫，均匀上紧盖板	磕碰伤，胶圈损坏	侧身操作	专用扳手
10	关放空阀，开平衡阀，顺时针转动滑阀操纵轴，全开滑阀	磕碰伤，孔板损坏		专用扳手
11	顺时针转动导板提升轴，将孔板放入工作位置	磕碰伤，孔板损坏	平稳操作	专用扳手
12	逆时针转动滑阀操纵轴，关闭滑阀，注入密封脂	磕碰伤，孔板损坏	平稳操作	专用扳手、密封脂
13	关平衡阀，开放空阀，排除上阀腔内介质后关闭	磕碰伤，孔板损坏	平稳操作	专用扳手
14	检查，验漏	压力伤人	平稳操作	专用扳手、肥皂水

1.29.3.3　应急处置程序

人员发生机械伤害、磕碰伤、压力伤人事故时，第一发现人员应立即关停致害设备，现场视伤势情况对受伤人员进行紧急包扎处理；如伤势严重，应立即拨打120求救。

1.30　更换油嘴操作

1.30.1　更换油嘴操作规程记忆歌诀

油嘴提前准备好，排液干净分离器。
气井油压和套压，即时准确录取记。
关闭入口生产阀①，打开放空泄压力②。
堵头油嘴清油污③，换嘴拧紧须牢记④。
关闭放空开入口⑤，缓开生产数据记⑥。

注释：①关闭入口生产阀——指关闭井口生产阀门，关闭分离器出入口阀门；②打开放空泄压力——指打开分离器放空阀门，泄压；③堵头油嘴清油污——指卸掉堵头和油嘴，清理油嘴套油污；④换嘴拧紧须牢记——指将需更换的油嘴换上，拧紧堵头；⑤关闭放空开入口——指关闭放空阀门，打开分离器出入口阀门；⑥缓开生产数据记——指缓慢打开生产阀门，恢复生产，记录相关数据。

1.30.2 更换油嘴操作规程安全提示歌诀

关闭入口生产阀，打开放空泄压力。
关闭放空开入口，缓开生产数据记。

1.30.3 更换油嘴操作规程

1.30.3.1 风险提示

（1）注意用防爆工具操作，防止火花引燃气体。

（2）操作时注意姿势，防止高压气体窜出击伤。

1.30.3.2 更换油嘴操作规程表

具体操作项目、内容、方法等详见表1.30。

表1.30 更换油嘴操作规程表

操作顺序	操作项目、内容、方法及要求	存在风险	风险控制措施	应用辅助工具用具
1	换前准备工作			
1.1	准备好要更换的油嘴			
1.2	打开分离器的排污阀，将分离器排液干净	高压伤人	侧身操作	600mm 管钳
1.3	记录气井油套压	高压伤人	平稳操作	
2	更换油嘴			
2.1	关闭井口生产阀门	高压伤人	平稳操作	
2.2	关闭分离器出入口阀门	高压伤人	平稳操作	600mm 管钳

续表

操作顺序	操作项目、内容、方法及要求	存在风险	风险控制措施	应用辅助工具用具
2.3	打开分离器放空阀门，泄压	高压伤人	平稳操作	600mm 管钳
2.4	卸掉堵头和油嘴，清理油嘴套油污	高压伤人	侧身操作	600mm 管钳、纱布
2.5	将需更换的油嘴换上，拧紧堵头	高压伤人	侧身操作	600mm 管钳
3	恢复生产	高压伤人	侧身操作	600mm 管钳
3.1	关闭放空阀门	高压伤人	侧身操作	600mm 管钳
3.2	打开分离器出入口阀门	高压伤人	侧身操作	600mm 管钳
3.3	缓慢打开生产阀门，恢复生产	高压伤人	侧身操作	600mm 管钳
3.4	记录相关数据			

1.30.3.3 应急处置程序

（1）人员发生高压撞击伤害事故时，第一发现人员应立即关闭上下游阀门，现场视伤势情况对受伤人员进行紧急包扎处理；如伤势严重，应立即拨打120求救。

（2）现场一旦发生火灾，操作人员应在保证自身安全的情况下及时处理火灾险情，并在第一时间报火警和汇报上级部门。

1.31 机抽气井洗井操作

1.31.1 机抽气井洗井操作规程记忆歌诀

关闭手机留火种①，气体浓度报警器②。
车辆进场防火帽③，上风摆放四五米④。
联系气站流程通⑤，电流温度录取记⑥。
七十水温二倍量⑦，流程正常报警器⑧。

套压放至回压平[9]，安装洗井油壬❶毕[10]。

连接泵罐及管线[11]，泵车启前须放气。

罐车供液热水打[12]，时间温度电流记[13]。

返液温度泵车停[14]，管线泄压阀门闭[15]。

指针归零脱连接[16]，停泵时间定录记[17]。

回收工具理资料[18]，上报地质告集气[19]。

注释：①关闭手机留火种——指人员进入现场前交出火种、关闭手机；②气体浓度报警器——指利用危险气体报警器测试井口、井场周围危险气体浓度；③车辆进场防火帽——指车辆进入井场前安装防火帽；④上风摆放四五米——指进入井场车辆应上风方向摆放，距离井口4~5m；⑤联系气站流程通——指联系集气站，确保该井流程正常、畅通；⑥电流温度录取记——指录取生产井电流、管线温度等数据；⑦七十水温二倍量——指检查洗井水温（不低于70℃）和水量(不少于井筒容积2倍)；⑧流程正常报警器——指检查井口流程正常观察危险气体报警器数值确定安全；⑨套压放至回压平——指操作人员打开5号（6号）阀门，将套管压力放至与回压持平；⑩安装洗井油壬毕——指关闭5号（6号）阀门，在5号（6号）阀门处安装好洗井活接头；⑪连接泵罐及管线——指连接好泵车、罐车及井口管线；⑫罐车供液热水打——指对泵车进行排气后打开罐车阀门向泵车供液，利用泵车向井筒打入热水；⑬时间温度电流记——指记录泵入起始时间，观察井口管线温度、电机电流变化情况，记录数据；⑭返液温度泵车停——指当罐存液体泵净并且井口返液温度达到要求后，停止泵车工作；⑮管线泄压阀门闭——指关闭罐车阀门和5号（6号）阀门，利用泵车泄压装置对连接管线进行泄压；⑯指针归零脱连接——指指针归零后脱开与5号（6号）阀门的连接；⑰停泵时间定录记——指记录停泵时间；⑱回收工具理资料——指回收工具用具，整理资料；⑲上报地质告集气——指上报地质组，通知集气站。

---

❶ 油壬即活接头，现场作业中也称油壬，为歌诀押韵顺口考虑，故歌诀中油壬不改为活接头。

1.31.2 机抽气井洗井操作规程安全提示歌诀

关闭手机留火种，气体浓度报警器。
车辆进场防火帽，上风摆放四五米。
回收工具理资料，上报地质告集气。

1.31.3 机抽气井洗井操作规程

1.31.3.1 风险提示

（1）在连接、拆卸管线操作时按规定操作，避免摔伤、烫伤及高压伤人、触电，防止丝杠穿出伤人。

（2）登罐测量水温和水量作业防止摔伤。

（3）井口操作按规定要求，保持侧身操作，防止丝杠穿出伤人。

（4）高压区域内禁止站人。

1.31.3.2 机抽气井洗井操作规程表

具体操作项目、内容、方法等详见表1.31。

表1.31 机抽气井洗井操作规程表

操作顺序	操作项目、内容、方法及要求	存在风险	风险控制措施	应用辅助工具用具
1	准备工作			
1.1	操作人员应穿戴好劳动保护用品，由专职安全监督进行安全教育，明确不安全因素		作业前安全教育，相互提醒、监督	
1.2	人员进入现场前交出火种、关闭手机，利用危险气体报警器测试井口、井场周围危险气体浓度	燃爆、中毒	相互提醒、检测	危险气体报警器
1.3	车辆进入井场前安装防火帽	燃爆	按要求执行	防火帽
1.4	进入井场车辆应上风方向摆放，距离井口4~5m	空间狭小	按要求站位	
1.5	联系集气站，确保该井流程正常、畅通	不通造成憋压对站内阀门产生损坏	及时沟通	电话

续表

操作顺序	操作项目、内容、方法及要求	存在风险	风险控制措施	应用辅助工具用具
2	数据录取			
2.1	录取生产井电流、管线温度等数据	触电	绝缘手套	验电笔、钳形表、温度计
2.2	检查洗井水温（不低于70℃）和水量（不少于井筒容积的2倍）。	摔伤、烫伤	防止脚下滑动摔伤和热水烫伤	温度计、液位计
3	井口操作			
3.1	准备好工具用具			
3.2	检查井口流程正常，观察危险气体报警器数值确定安全	高压伤人；刺漏伤人，危险气体泄漏	检查、监测	危险气体报警器
3.3	操作人员打开5号（6号）阀门，将套气压力放至与回压持平，关闭5号（6号）阀门，在5号（6号）阀门处安装好洗井油壬，连接好泵车、罐车及井口管线。	阀门丝杠穿出伤人	按规定站位	铜质管钳、大锤、F形扳手
3.4	对泵车进行排气后打开罐车阀门向泵车供液，利用泵车向井筒打入热水	高压伤人，有毒气体泄漏	高压区域不得站人	危险气体报警器
3.5	记录泵入起始时间，观察井口管线温度、电机电流变化情况，记录数据	触电	绝缘手套	温度计、钳形表、纸笔
4	停泵泄压			
4.1	当罐存液体泵净并且井口返液温度达到要求后，停止泵车工作			
4.2	关闭罐车阀门和5号（6号）阀门，利用泵车泄压装置对连接管线进行泄压，指针归零后脱开与5号（6号）阀门的连接，记录停泵时间	刺漏伤人、有毒气体泄漏	压力归零、监测	铜质管钳、大锤、F形扳手、危险气体报警器
5	回收工具用具，整理资料，上报地质组，通知集气站			电话

1.31.3.3 应急处置程序

（1）人员发生烧伤、摔伤、烫伤事故时，视伤势情况对受伤人员进行紧急包扎处理；如伤势严重，应立即拨打120求救。

（2）发生紧急情况时应立即启动应急措施并报告，危及人身安全时，立即避险。

1.32 气井倒计量操作

1.32.1 气井倒计量操作规程记忆歌诀

上井时间气液量①，缓慢全开生产阀②。
缓慢全关计量阀③，缓慢全开计量阀④。
缓慢全开生产阀⑤，翻动阀门标识牌⑥。
井号时间须记录⑦，操作项目都不落。

注释：①上井时间气液量——指首先记录上一口单井的计量时间和计量累计气量、累计液量；②缓慢全开生产阀——指先缓慢地打开需停止计量的单井至生产汇管的生产阀门，直至全开；③缓慢全关计量阀——指再缓慢地关闭需停止计量的单井至计量分离器的计量阀门，直至全关；④缓慢全开计量阀——指然后缓慢地打开所需计量的单井至计量分离器的计量阀门，直至全开；⑤缓慢全开生产阀——指再缓慢地关闭所需计量的单井至生产汇管的生产阀门，直至全关；⑥翻动阀门标识牌——指翻动以上阀门开关标识牌，正确标示阀门的开关状态；⑦井号时间须记录——指记录倒计量时间、井号。

1.32.2 气井倒记录操作规程安全提示歌诀

生产阀和计量阀，全开全关须缓慢。
井号时间要记录，阀门标识牌该翻。

1.32.3 气井倒计量操作规程

1.32.3.1 风险提示

（1）若操作时“先关后开”，将会造成单井入站压力超压。

（2）若作业时操作人员正对着阀门手轮，将会造成操作人员受伤。

1.32.3.2 气井倒计量操作规程表

具体操作项目、内容、方法等详见表1.32。

表1.32 气井倒计量操作规程表

操作顺序	操作项目、内容、方法及要求	存在风险	风险控制措施	应用辅助工具用具
1	首先记录上一口单井的计量时间和计量累计气量、累计液量			
2	先缓慢打开需停止计量的单井至生产汇管的生产阀门，直至全开	高压	缓慢操作	
3	再缓慢关闭需停止计量的单井至计量分离器的计量阀门，直至全关	高压	缓慢操作	
4	然后缓慢地打开所需计量的单井至计量分离器的计量阀门，直至全开	高压	缓慢操作	
5	再缓慢地关闭所需计量的单井至生产汇管的生产阀门，直至全关	高压	缓慢操作	
6	翻动以上阀门开关标识牌，正确标示阀门的开关状态			
7	记录倒计量时间、井号			

1.32.3.3 应急处置程序

（1）人员发生机械伤害事故时，第一发现人应立即关停致害设备，现场视伤势情况对受伤人员进行紧急包扎处理；如伤势严重，应立即拨打120求救。

（2）人员发生触电事故时，第一发现人应立即切断电源，视触电者伤势情况，采取人工呼吸、胸外心脏按压等方法现场施救；如伤势严重，应立即拨打120求救。

（3）人员发生窒息事故时，第一发现人员应佩戴正压式空气呼吸器进行施救，将涉险人员移动至通风处，采取人工呼吸、胸外心脏按压等方法现场施救，并拨打120求救。

（4）人员发生高处坠落事故时，第一发现人员应及时进行施救，在不影响伤势的情况下采取人工呼吸、胸外心脏按压等方法现场施救，并拨打120求救。

1.33 气井调量操作

1.33.1 气井调量操作规程记忆歌诀

根据调峰选井号①，观察压力做记录②。
待调井分离器进③，记压力流量计数④。
控制瞬时量合理⑤，调整节流阀开度⑥。
计量二时不得少⑦，汇报调度做记录⑧。

注释：①根据调峰选井号——指根据调峰表，选择合适井号以备调量；②观察压力做记录——指观察外输压力及系统压力并做好记录工作；③待调井分离器进——指把所调量井倒计量进入计量分离器；④记压力流量计数——指观察流量计示数和计量分离器压力，并做好记录；⑤控制瞬时量合理——指控制合理瞬时产量；⑥调整节流阀开度——指调整节流阀开度；⑦计量二时不得少——指计量时间不少于2h。⑧汇报调度做记录——指做好记录工作，并汇报调度。

1.33.2 气井调量操作规程安全提示歌诀

控制瞬时量合理，调整节流阀开度。
计量二时不得少，汇报调度做记录。

1.33.3 气井调量操作规程

1.33.3.1 风险提示

穿戴好劳动保护用品，观察系统压力变化，防止系统压力高发生阀门丝杆飞出伤人，防止因超压导致危险气体泄漏发生火灾爆炸事故。

1.33.3.2 气井调量操作规程表

具体操作项目、内容、方法等详见表1.33。

表 1.33　气井调量操作规程表

操作顺序	操作项目、内容、方法及要求	存在风险	风险控制措施	应用辅助工具用具
1	调量前准备工作			
1.1	穿戴好劳动保护用品、准备工具			防爆扳手
1.2	观察外输压力及系统压力并做好记录工作	压力伤人	侧身操作	笔、本
1.3	根据调峰表，选择合适井号以备调量			
2	调量步骤			
2.1	把所调量井倒计量进入计量分离器，并且观察流量计示数和计量分离器压力，并做好记录	压力伤人	侧身操作	防爆扳手
2.2	调整节流阀开度并控制合理瞬时产量，计量时间不少于 2h	压力伤人	侧身操作	防爆扳手
2.3	做好记录工作，并汇报调度			笔、本

1.33.3.3　应急处置程序

（1）人员发生机械伤害事故时，第一发现人应立即关停致害设备，现场视伤势情况对受伤人员进行紧急包扎处理；如伤势严重，应立即拨打 120 求救。

（2）人员发生触电事故时，第一发现人应立即切断电源，视触电者伤势情况，采取人工呼吸、胸外心脏按压等方法现场施救；如伤势严重，应立即拨打 120 求救。

（3）人员发生烫伤、烧伤事故时，第一发现人应立即拨打 120 求救或送医院就诊。

1.34　气井刮蜡操作

1.34.1　气井刮蜡操作规程记忆歌诀

关闭手机留火种①，气体浓度报警器②。

车辆进场防火帽③，上风摆放四五米④。

工仪器摆正对位[5]，作业前井口压力[6]。
检查七号防喷管，盘根工作无漏刺[7]。
阀门防喷管正常，系牢安全带两米[8]。
锤堵绳帽刮蜡片，入管对轮计数器[9]。
缓慢打开测试阀，喷管充满开测试[10]。
松开刹车工具串[11]，速度深度按设计[12]。
上下依次刮到位[13]，刮到顺畅往出起[14]。
拆管之前先泄压，拆除确保无压力[15]。
七号严密无刺漏[16]，回收工具交测试[17]。

注释：①关闭手机留火种——指人员进入现场前交出火种、关闭手机；②气体浓度报警器——指利用危险气体报警器测试井口、井场周围危险气体浓度，确认正常后方可进行下一步施工；③车辆进场防火帽——指车辆进入井场前安装防火帽；④上风摆放四五米——指进入井场车辆应上风方向摆放，距离井口 4～5m；⑤工仪器摆正对位——指摆正车位，对车，检查工具仪器是否完好；⑥作业前井口压力——指录取作业前气井井口压力等参数与刮蜡后形成对比；⑦检查七号防喷管，盘根工作无漏刺——指安装防喷管前检查 7 号阀门关严，防喷管密封圈在正常操作过程中无气体刺漏；⑧阀门防喷管正常，系牢安全带两米——指注意阀门无刺漏，无问题后方可安装防喷管，若作业处高于人体身高必须有操作平台，高于 2m 必须系安全带；⑨锤堵绳帽刮蜡片，入管对轮计数器——指连接刮蜡片、重锤、丝堵、绳帽，刮蜡工具串装入防喷管，上好丝堵，对正滑轮，计数器归零；⑩缓慢打开测试阀，喷管充满开测试——指缓慢打开测试阀门，待防喷管内气体充满后再全开测试阀门；⑪松开刹车工具串——指松刹车，下放刮蜡工具串；⑫速度深度按设计——指按设计要求速度和深度刮蜡；⑬上下依次刮到位——指从上到下依次刮到位；⑭刮到顺畅往出起——指刮至顺畅后起出工具，恢复生产；⑮拆管之前先泄压，拆除确保无压力——指刮蜡结束后，拆除防喷管前先将管内进行泄压，确保无压力后方可拆除；⑯七号严密无刺漏——指检查 7 号阀门严密，保证不刺漏；⑰回收工具交测试——指回收工具用具，与采气队交接测试。

1.34.2　气井刮蜡操作规程安全提示歌诀

关闭手机留火种，气体浓度报警器。
车辆进场防火帽，上风摆放四五米。
七号严密无刺漏，回收工具交测试。

1.34.3　气井刮蜡操作规程

1.34.3.1　风险提示

（1）上方避开高压线，防止钢丝绷断弹触造成电击。

（2）关闭车窗，防止钢丝断弹回伤人。

（3）防喷管安装必须牢固，否则容易拉倒造成钢丝断、仪器掉井、井喷或伤人事故。

（4）登高作业系好安全带，防止高处跌落。

（5）开关阀门侧身，防止丝杠飞出意外伤人。

（6）整理钢丝小心夹手。

（7）手摇柄使用完毕抽出，防止随滚筒转动弹伤人。

（8）井场使用防爆工具，避免火花。

（9）气井井口、管线易发生堵塞，高压易造成井口阀门刺漏或开关阀门丝杠飞出伤人。

1.34.3.2　气井刮蜡操作规程表

具体操作项目、内容、方法等详见表1.34。

表1.34　气井刮蜡操作规程表

操作顺序	操作项目、内容、方法及要求	存在风险	风险控制措施	应用辅助工具用具
1	准备工作			
1.1	操作人员应穿戴好劳动保护用品，由专职安全监督进行安全教育，明确不安全因素		作业前安全教育，相互提醒、监督	
1.2	人员进入现场前交出火种、关闭手机，利用危险气体报警器测试井口、井场周围危险气体浓度，确认正常后方可进行下一步施工	燃爆、中毒	相互提醒、检测	危险气体报警器

续表

操作顺序	操作项目、内容、方法及要求	存在风险	风险控制措施	应用辅助工具用具
1.3	车辆进入井场前安装防火帽	燃爆	按要求执行	防火帽
1.4	进入井场车辆应上风方向摆放，距离井口 4~5m	空间狭小	按要求站位	
1.5	摆正车位，对车，检查工具仪器完好	钢丝绷断弹触高压线造成电击	上方避开高压线	
2	数据录取			
2.1	录取作业前气井井口压力等参数与刮蜡后形成对比	压力表可能刺漏，高压飞出	头部避开压力表，相互提醒	呆扳手、机械压力表
3	刮蜡操作			
3.1	安装防喷管前检查 7 号阀门关严，防喷管密封圈在正常操作过程中无气体刺漏，注意阀门无刺漏，无问题后方可安装防喷管；若作业处高于人体身高，必须有操作平台，高于 2m 必须系安全带	拉倒防喷管，登高作业防止高空坠落，阀门刺漏	防喷管安装牢固，有操作平台，系安全带	安全带、活动扳手、铜质管钳等
3.2	连接刮蜡片、重锤、丝堵、绳冒			铜质管钳、大锤，F 形扳手、危险气体
3.3	刮蜡工具串装入防喷管，上好丝堵，对正滑轮，计数器归零			报警器提示：1 号阀门、2 号阀门、3 号阀门不允许操作，如遇特殊情况，必须请示总工程师
3.4	缓慢打开测试阀门，待防喷管内气体充满后再全开测试阀门	开关阀门丝杠飞出伤人	开关阀门侧身	
3.5	松刹车，下放刮蜡工具串，按设计要求的速度和深度刮蜡			
3.6	从上到下依次刮到位，刮至顺畅后起出工具，恢复生产			

续表

操作顺序	操作项目、内容、方法及要求	存在风险	风险控制措施	应用辅助工具用具
3.7	刮蜡结束后，拆除防喷管前先将管内进行泄压，确保无压力后方可拆除	登高时注意防止摔伤	使用操作平台及安全带	
3.8	检查7#阀门严密，保证不刺漏			
3.9	回收工具用具，与采气队交接测试			

1.34.3.3　应急处置程序

（1）人员发生机械伤害事故时，第一发现人员应立即关停致害设备，现场视伤势情况对受伤人员进行紧急包扎处理；如伤势严重，应立即拨打120求救。

（2）人员发生触电事故时，第一发现人员应立即切断电源，视触电者伤势情况，采取人工呼吸、胸外心脏按压等方法现场施救；如伤势严重，应立即拨打120求救。

1.35　气井技表套取气样操作

1.35.1　气井技表套取气样操作规程记忆歌诀

合格进入否则不，检测浓度进入前①。
超标佩戴空呼机，入场发现泄漏点②。
无法处理报上级，处理正常操作前③。
接口考克❶取样袋，设备问题及时换④。
记录压力考克关，泄压归零短接安⑤。
浓度超标人撤离，逃生路线泄压点⑥。

---

❶ 考克即旋塞阀，现场作业过程中也称考克，为歌诀押韵顺口考虑，故歌诀中考克不改为旋塞阀。

浓度安全继续放，考克阀门可间断[⑦]。
一人考克另连接，充满考克开关缓[⑧]。
拆卸短接装上表，取压考克开缓慢[⑨]。

注释：①合格进入否则不，检测浓度进入前——指进入前检测，即进入井场和操作区前，要对环境中有害气体浓度进行检查，监测合格方可进入，不合格不能进入；②超标佩戴空呼机，入场发现泄漏点——指上报发现处理，当检测不合格时，上报队内，然后要佩戴空呼机，进入井场或操作区发现泄漏点并进行处理；③无法处理报上级，处理正常操作前——指无法处理的上报上级部门，处理完再操作；④接口考克取样袋，设备问题及时换——指检查取样工具及设备，即取样袋无破损，取样接口完好，压力表旋塞阀完好、好用；如果设备有问题及时更换；⑤记录压力考克关，泄压归零短接安——指拆卸压力表，安装取样设备（观察并记录压力表数值，关闭旋塞阀，打开泄压阀，当压力表指针为零后，拆卸压力表，安装取样短接）；⑥浓度超标人撤离，逃生路线泄压点——指泄压排气，排杂质（先规划好逃生路线，避开泄压点，用有害气体检测仪随时检测气体浓度，超浓度停放，人员撤离井坑）；⑦浓度安全继续放，考克阀门可间断——指当浓度降低到安全值时，继续泄放，用旋塞阀控制泄放速度，缓慢开关阀门，可间断泄放；⑧一人考克另连接，充满考克开关缓——指取气样时，两人配合，一人开关旋塞阀，一人用取样胶管连接气样带和取样短接，进行取样；缓慢开关旋塞阀，气样充满袋，并保证不会爆裂破损为止；⑨拆卸短接装上表，取压考克开缓慢——指安装压力表，即拆卸取气样短接，缠绕好螺纹带或放好密封垫，压力表上紧，方便录取压力，缓慢打开旋塞阀，录取压力值。

1.35.2 气井技表套取气样操作规程安全提示歌诀

合格进入否则不，检测浓度进入前。
浓度超标人撤离，逃生路线泄压点。
浓度安全继续放，考克阀门可间断。

1.35.3 气井技表套取气样操作规程

1.35.3.1 风险提示

（1）严格按照操作规程执行，并有监护人进行监护，操作过程中易发生压力伤人、磕伤、电伤、烧伤、碰伤以及滑倒摔伤事故。

（2）所有操作过程，要采取侧身操作，按要求和规定穿戴好符合要求的劳动保护用品，还必须戴好防护眼镜、防酸碱手套、口罩等，并保持工作环境通风良好。

（3）严禁在井场内及操作区域携带明火、吸烟、接打手机等，防止闪爆、燃烧。

1.35.3.2 气井技表套取气样操作规程表

具体操作项目、内容、方法等详见表1.35。

表1.35 气井技表套取气样操作规程表

操作顺序	操作项目、内容、方法及要求	存在风险	风险控制措施	应用辅助工具用具
1	操作前准备			
1.1	穿戴好劳动保护用品			工衣、工鞋、安全帽，手套，绝缘手套
1.2	准备好操作使用的工具			气样袋、扳手、取样短接、取样胶管、记录笔
1.3	进入前检测，进入井场和操作区前，要对环境中有害气体浓度进行检测，合格方可进入，不合格不能进入	窒息	气体检测，有监护人	有害气体检测仪
1.4	上报发现处理，当检测不合格时，上报队内，然后要佩戴空呼机，进入井场或操作区发现泄漏点，进行处理，无法处理的上报上级部门，处理完再操作	高压伤人、烧伤	规划好逃生通道，按操作规程操作，有监护人	正压式空呼机

续表

操作顺序	操作项目、内容、方法及要求	存在风险	风险控制措施	应用辅助工具用具
1.5	检查取样工具及设备；取样袋无破损，取样接口完好			
2	取样操作			
2.1	拆卸压力表，安装取样设备；观察并记录压力表数值，关闭旋塞阀，打开泄压阀，当压力表指针为零后，拆卸压力表，安装取样短接	压力伤人、磕伤、闪爆、窒息	侧身操作，有监护人	活动扳手，有害气体检测仪
2.2	泄压排气，排杂质；先规划好逃生路线，避开泄压点，用有害气体检测仪随时检测气体浓度，超浓度停放，人员撤离井坑，当浓度降低到安全值时，继续泄放，用旋塞阀控制泄放速度，缓慢开关阀门，可间断泄放	压力伤人、磕伤、闪爆、窒息	侧身操作，有监护人	有害气体检测仪
2.3	取气样：两人配合，一人开关旋塞阀，一人用取样胶管连接气样带和取样短接，进行取样，缓慢开关旋塞阀，气样袋充满，并保证不会爆裂破损为止	压力伤人、磕伤	侧身操作，有监护人	有害气体检测仪
2.4	安装压力表：拆卸取气样短接，缠绕好螺纹带或放好密封垫，压力表上紧，方便录取压力，缓慢打开旋塞阀，录取压力值	压力伤人、磕伤	侧身操作，有监护人	活动扳手，有害气体检测仪
2.5	回收工具，打扫操作区域	环境污染	不随意排放、丢弃，按照规定回收到指定位置	桶，破布

1.35.3.3　应急处置程序

（1）人员发生井口设备及检查设备机械伤害事故时，第一发现人应立即关停致害设备，现场视伤势情况对受伤人员进行紧急包扎处理；如伤势严重，应立即拨打120求救。

（2）人员发生高压气窜冲蚀伤害事故时，第一发现人应立即关闭气井主阀，抢救受伤人员；如伤势严重，拨打120求救或立即送医院就诊。

1.36　气井录取油套压操作

1.36.1　气井录取油套压操作规程记忆歌诀

灵活好用不渗漏②，井口配件要齐全①。
开阀放空察畅通③，接头装表阀必关④。
开阀表头无渗漏⑤，指针稳定读数填⑥。
关阀缓松压力表，压力归零拆卸慢⑦。
注意事项莫忘记，三一三二上下限⑧。
丝头表把无渗漏⑨，三点一线压力看⑩。

注释：①井口配件要齐全——指检查井口配件齐全；②灵活好用不渗漏——指井口配件灵活好用、不渗不漏；③开阀放空察畅通——指打开取压阀门放空，观察阀门是否畅通（如果是冬季，应用热水浇，使阀门畅通）；④接头装表阀必关——指关闭取压阀门，安装压力表接头及压力表；⑤开阀表头无渗漏——指打开取压阀门，保证压力表接头及压力表连接处不渗、不漏；⑥指针稳定读数填——指观察压力表读数，待稳定后记录读数；⑦关阀缓松压力表，压力归零拆卸慢——指关闭取压阀门，缓慢拆卸压力表，看压力归零后方可拆卸；⑧三一三二上下限——指根据气井情况，选择适当量程的压力表（实际压力应在压力表量程的1/3~2/3之间；⑨丝头表把无渗漏——指变丝头、压力表连接处无渗漏；⑩三点一线压力看——指读值时要注意保持视线与压力表盘垂直；眼睛、压力表指针和表盘刻度呈“三点一线”。

1.36.2 气井录取油套压操作规程安全提示歌诀

灵活好用不渗漏，接口配件要齐全。

三一三二上下限，三点一线压力看。

1.36.3 气井录取油套压操作规程

1.36.3.1 风险提示

（1）操作过程中易发生着火爆炸、高压伤人事故，禁止携带火种到现场。

（2）开关阀门时，不能正对丝杠。

（3）开井时先开低压、后开高压。

1.36.3.2 气井录取油套压操作规程表

具体操作项目、内容、方法等详见表1.36。

表1.36 气井录取油套压操作规程表

操作顺序	操作项目、内容、方法及要求	存在风险	风险控制措施	应用辅助工具用具
1	操作步骤			
1.1	准备工具，穿戴好劳动保护用品		工具选择合适，劳动保护用品齐全	250mm活动扳手、变丝、合格压力表、排污桶、生料带、棉纱、纸笔
1.2	检查井口配件齐全、灵活好用、不渗不漏	高压气体、机械伤害	仔细观察、平稳操作	
1.3	打开取压阀门放空，观察阀门是否畅通（如果是冬季，应用热水浇，使阀门畅通）	碰伤、高压气体伤害	侧身平稳操作	250mm活动扳手、排污桶
1.4	关闭取压阀门，安装压力表接头及压力表	碰伤、压力表飞出伤人	平稳操作	250mm活动扳手、压力表、变丝、生料带

续表

操作顺序	操作项目、内容、方法及要求	存在风险	风险控制措施	应用辅助工具用具
1.5	打开取压阀门，保证压力表接头及压力表连接处不渗不漏	高压气体伤害、压力表飞出伤人	站到安全位置观察	
1.6	观察压力表读数，待稳定后记录读数	高压气体伤害、压力表飞出伤人	站到安全位置观察	纸笔
1.7	关闭取压阀门，缓慢拆卸压力表，看压力归零后方可拆卸	高压气体伤害、压力表飞出伤人	仔细观察	250mm 活动扳手
1.8	收拾工具用具，清理现场	碰伤	仔细观察	棉纱、排污桶
2	注意事项			
2.1	根据气井情况，选择适当量程的压力表（实际压力应在压力表量程的1/3~2/3之间）			
2.2	变丝头、压力表连接处无渗漏			
2.3	读值时要注意保持视线与压力表盘垂直。眼睛、压力表指针和表盘刻度“三点一线”			

1.36.3.3 应急处置程序

（1）人员发生机械伤害事故时，第一发现人应立即关停致害设备，现场视伤势情况对受伤人员进行紧急包扎处理；如伤势严重，应立即拨打120求救。

（2）人员发生高压气体、爆炸伤害时，第一发现人应立即关停致害设备，视受伤者伤势情况，采取人工呼吸、胸外心脏按压、伤口包扎等方法现场施救；如伤势严重，应立即拨打120求救。

1.37 气井取液样操作

1.37.1 气井取液样操作规程记忆歌诀

上风站位选正确①，取样弯头接着安②。

开阀放液三五分③，五百毫升取样满④。

随手关闭取样阀⑤，收工清场填标签⑥。

注释：①上风站位选正确——指选择正确位置站立，一般站在上风方向；②取样弯头接着安——指安装取样弯头；③开阀放液三五分——指开取样阀放液 3~5min；④五百毫升取样满——指开始取样(不少于 500mL)；⑤随手关闭取样阀——指关闭取样阀；⑥收工清场填标签——指收拾工具用具，清理现场，做好取样记录，填写样品标签。

1.37.2 气井取液样操作规程安全提示歌诀

上风站位选正确，取样弯头接着安。

开阀放液三五分，五百毫升取样满。

1.37.3 气井取液样操作规程

1.37.3.1 风险提示

(1) 操作过程中易发生着火爆炸、高压伤人事故，禁止携带火种到现场。

(2) 开关阀门时，不能正对丝杠。

(3) 开井时先开低压、后开高压。

1.37.3.2 气井取液样操作规程表

具体操作项目、内容、方法等详见表 1.37。

表 1.37 气井取液样操作规程表

操作顺序	操作项目、内容、方法及要求	存在风险	风险控制措施	应用辅助工具用具
1	操作步骤			
1.1	准备工具，穿戴好劳动保护用品		工具选择合适，劳动保护用品齐全	取样瓶、排污桶、棉纱
1.2	选择正确位置站立	气体伤害	站在上风口	
1.3	安装取样弯头	砸伤、碰伤	仔细观察，平稳操作	
1.4	开取样阀放液 3~5min	高压气体伤害、机械伤害	侧身、平稳操作	排污桶
1.5	开始取样（不少于 500mL）	高压气体伤害	侧身、平稳操作	排污桶、取样瓶
1.6	关闭取样阀	高压气体伤害、机械伤害	侧身、平稳操作	
1.7	收拾工具用具，清理现场	碰伤	仔细观察，平稳操作	棉纱
2	做好取样记录，填写样品标签			

1.37.3.3 应急处置程序

（1）人员发生机械伤害事故时，第一发现人应立即关停致害设备，现场视伤势情况对受伤人员进行紧急包扎处理；如伤势严重，应立即拨打 120 求救。

（2）人员发生高压气体、爆炸伤害时，第一发现人应立即停运致害设备，视受伤者伤势情况，采取人工呼吸、胸外心脏按压、伤口包扎等方法现场施救；如伤势严重，应立即拨打 120 求救。

1.38　天然气井挂片投取操作

1.38.1　天然气井挂片投取操作规程记忆歌诀

1.38.1.1　操作前准备记忆歌诀

劳动保护穿戴好①，工具配件和挂片②。
超过两米作业票，提前察看作业面③。
安全设备准备好④，检测浓度进入前⑤。
合格进入否则不⑥，超标上报应急案⑦。
无法处理厂级报，处理正常操作前⑧。

注释：①劳动保护穿戴好——指穿戴好劳动保护用品（工衣、工鞋、安全帽，手套，绝缘手套）；②工具配件和挂片——指准备好工具、配件和投放的挂片；③超过两米作业票，提前察看作业面——指提前观察登高高度，超过 2m 要开登高作业票；④安全设备准备好——指准备好安全设备；⑤检测浓度进入前——指进入前检测，即进入井场和操作区前，要对环境中有害气体浓度进行检查；⑥合格进入否则不——指监测合格方可进入，不合格不能进入；⑦超标上报应急案——指上报发现处理，当检测不合格时，上报队内，按应急预案进行处理；⑧无法处理厂级报，处理正常操作前——指无法处理的上报上级部门，处理完再操作。

1.38.1.2　取投挂片操作记忆歌诀

联系气站值班室，做好记录要详细①。
气站通知调度室，停井作业须报批②。
上游进口阀缓闭，单井出口阀关闭③。
开单井放喷泄压，无放空管网体系④。
须站内放空泄压，必保持泄压一直⑤。
井口阀门关闭后，放空系统前压力⑥。
压力表压力归零，表考克缓慢开启⑦。
拆卸丝堵取挂片，检测合格检测仪⑧。
擦干表面快称重，投放挂片固定死⑨。

注释：①联系气站值班室，做好记录要详细——指联系集气站值班室停井，并做好记录；②气站通知调度室，停井作业须报批——指集气站通知调度室，同意停井后，停井方可开始下步操作；③上游进口阀缓闭，单井出口阀关闭——指流程泄压，先缓慢关闭需要安装挂片的上游井口阀门，关闭单井管线出口阀门；④开单井放喷泄压，无放空管网体系——指再打开单井放喷泄压；⑤须站内放空泄压，必保持泄压一直——指如果没有单井放空系统，通知站内进行站内放空泄压，并保持泄压系统一直处于泄压状态；⑥井口阀门关闭后，放空系统前压力——指检查无漏气，观察井口关闭阀门后，放空系统前的压力表压力；⑦压力表压力归零，表考克缓慢开启——指压力表压力归零后，拆卸压力表，缓慢开启压力表旋塞阀；⑧拆卸丝堵取挂片，检测合格检测仪——指用气体检测仪检测合格后，再拆卸安装挂片的死堵，取出原挂片；⑨擦干表面快称重，投放挂片固定死——指挂片要擦干表面的液体并保管好，尽快称重，将需要投放的挂片安装好，紧固到位。

1.38.1.3　取投挂片后试压开井记忆歌诀

完成连接工作后，连接合标细检查①。
关闭下游进口阀，节流打开上游阀②。
细检查保无漏气，压力表和检测阀③。
如果漏气关上游，打开新阀下游阀④。
泄净压力重连接，重复操作不用怕⑤。
收工保温扫井场，浓度检测不能落。
检测合格可开井，投取挂片累计它。

注释：①完成连接工作后，连接合标细检查——指检查及开启取投挂片上游阀门，即完成所有连接工作后，检查连接处符合井口安装标准；②关闭下游进口阀，节流打开上游阀——指倒通阀门，关闭取放挂片下游的井口阀门，节流阀门关闭，缓慢打开新阀门上游的阀门；③细检查保无漏气，压力表和检测阀——指试压，有压力表的观察压力表，及有害气体检测仪检测阀门部分无漏气；④如果漏气关上游，打开新阀下游阀——指处理漏气情况，如果漏气，及时关闭投放挂片上游刚打开的阀门，并打开新阀门下游阀门，进行泄压；⑤泄净压力重连接，重复操作不用怕——指泄净压力后，进行重新连接，重复表1.38中的步骤3.1和步骤3.2操作，直到不漏气为止。

1.38.2 天然气井挂片投取操作规程安全提示歌诀

安全设备准备好，检测浓度进入前。
合格进入否则不，超标上报应急案。
无法处理厂级报，处理正常操作前。

1.38.3 天然气井挂片投、取操作规程

1.38.3.1 风险提示

（1）进入操作区提示：进入井场前踏查井场及周围环境，同时对施工区域做好风险识别工作，在无任何风险源情况下方可进入井场施工，提前规划应急逃生路线。

（2）操作风险提示：严格按照操作规程执行，并有监护人进行监护，操作过程中易发生压力伤人、磕伤、烧伤、碰伤及滑倒摔伤事故。所有操作过程都要采取侧身操作，按要求和规定穿戴好符合要求的劳动保护用品。严禁在井场内及操作区域携带明火、吸烟、接打手机等，防止闪爆、燃烧。

1.38.3.2 天然气井挂片投、取操作规程表

具体操作项目、内容、方法等详见表1.38。

井口阀门编号如图1.2所示。

表1.38 天然气井挂片投、取操作规程表

操作顺序	操作项目、内容、方法及要求	存在风险	风险控制措施	应用辅助工具用具
1	操作前准备			
1.1	穿戴好劳动保护用品（工衣、工鞋、安全帽，手套，绝缘手套）			工衣、工鞋、安全帽、手套、绝缘手套

续表

操作顺序	操作项目、内容、方法及要求	存在风险	风险控制措施	应用辅助工具用具
1.2	准备好工具、配件			防爆连接工具、螺纹带等备件
1.3	准备好投放的挂片			
1.4	提前观察登高高度，超过2m要开登高作业票			
1.5	准备好安全设备			有害气体检测仪、正压式空呼机等安全防护设备
1.6	进入前检测：进入井场和操作区前，要对环境中有害气体浓度进行检查，监测合格方可进入，不合格不能进入	窒息	气体检测、有监护人监护	有害气体检测仪
1.7	上报发现处理：当检测不合格时，上报队内，按应急预案进行处理，无法处理的上报上级部门，处理完再进行本次操作	高压伤人、烧伤	规划好逃生通道，按操作规程操作，有监护人监护	正压式空呼机
2	取投挂片操作			
2.1	停井：联系集气站值班室停井，并做好记录，集气站通知调度室，同意停井后，停井方可开始下步操作	闪爆	关闭手机或在安全区域使用	防爆通信工具
2.2	流程泄压：先缓慢关闭需要安装挂片的上游井口阀门，关闭单井管线出口阀门，再打开单井放喷泄压，如果没有单井放空系统，通知站内进行站内放空泄压，并保持泄压系统一直处于泄压状态	压力伤人，高空坠物、人员坠落	侧身操作，操作时有监护人，穿戴好劳动保护用品	单井操作平台、有害气体检测仪

续表

操作顺序	操作项目、内容、方法及要求	存在风险	风险控制措施	应用辅助工具用具
2.3	检查无漏气及拆卸挂片：观察井口关闭阀门后、放空系统前的压力表归零后，拆卸压力表，缓慢开启压力表旋塞阀，用气体检测仪检测合格后，再拆卸安装挂片的死堵，取出原挂片；挂片要擦干表面的液体并保管好，尽快称重	压力伤人，高空坠物、人员坠落	侧身操作，操作时有监护人，穿戴好劳动保护用品	单井操作平台、有害气体检测仪
2.4	安装要投放的挂片，将需要投放的挂片安装好，紧固到位	压力伤人，高空坠物、人员坠落	侧身操作，操作时有监护人，穿戴好劳动保护用品	单井操作平台
3	取投挂片后试压开井			
3.1	检查及开启取投挂片上游阀门，完成所有连接工作后，检查连接处符合井口安装标准	压力伤人，高空坠物、人员坠落	侧身操作，操作时有监护人，穿戴好劳动保护用品	单井操作平台
3.2	倒通阀门及试压：关闭取放挂片下游的井口阀门，节流阀门关闭，缓慢打开新阀门上游的阀门，有压力表的观察压力表，及检测有害气体检测仪阀门部分检查无漏气	压力伤人	侧身操作，操作时有监护人，穿戴好劳动保护用品	有害气体检测仪
3.3	处理漏气情况：如果漏气，及时关闭投放挂片上游刚打开的阀门，并打开新阀门下游阀门，进行泄压，进行重新连接，重复3.1和3.2，直到不漏气为止	压力伤人	侧身操作，操作时有监护人，穿戴好劳动保护用品	F形扳手或管钳子

续表

操作顺序	操作项目、内容、方法及要求	存在风险	风险控制措施	应用辅助工具用具
3.4	收拾工具，恢复保温，打扫井场	环境污染、伤手	不随意排放、丢弃，按照规定回收到指定位置	桶、破布、手套
3.5	开井：用气体检测仪检测合格后，按照天然气井开井操作规程进行开井			

注：本操作规程不适应气井井口的1号阀门、2号阀门及3号阀门的开关操作，进行操作或处理泄漏等问题，上报工艺所由工艺所上报上级主管领导。

1.38.3.3　应急处置程序

（1）人员发生井口设备及检查设备机械伤害事故时，第一发现人应立即关停致害设备，现场视伤势情况对受伤人员进行紧急包扎处理；如伤势严重，应立即拨打120求救。

（2）人员发生高压气窜冲蚀伤害事故时，第一发现人应立即关闭气井4号阀门，抢救受伤人员；如伤势严重，应拨打120求救或立即送医院就诊。

1.39　单井气站加气操作规程记忆安全提示歌诀

1.39.1　单井气站加气操作规程记忆歌诀

加热炉温度控制①，一二段阀门导通②。

外输阀组分离器，流程状态须导通③。

打开井口生产阀，压力节流两次控④。

开装车阀加气始，告加气站压力控⑤。

接到停令生产关，装车阀组关闭同⑥。

停止加气加热炉，二时录取数据中[7]。
发现险情关生产，关闭装车开放空[8]。
通知气站把气停，查因上报处理终[9]。

注释：①加热炉温度控制——指检查真空加热炉运行情况，温度控制在指标范围内；②一二段阀门导通——指检查加热炉一二段阀门处于导通状态，安全阀根阀处于打开状态；③外输阀组分离器，流程状态须导通——指将分离器入口至外输阀组的流程处于导通状态；④压力节流两次控——指打开井口生产阀门（翼阀），调节一次节流后压力不超过10MPa、二次截流后压力在2.5~3.2MPa范围内；⑤开装车阀加气始，告加气站压力控——指打开装车阀门，开始加气，加气过程中与加气站保持联系，及时调控装车压2.5~3.2MPa范围内；⑥接到停令生产关，装车阀组关闭同——指接到停止加气指令后，先关闭井口生产阀门（翼阀）再关闭装车阀组；⑦停止加气加热炉，二时录取数据中——指停止加气后，每2h观察一次加热炉运行情况，并录取相关数据；⑧发现险情关生产，关闭装车开放空——指发现工艺流程泄露、火灾及超压现象立即关闭井口生产阀门（翼阀），关闭装车阀门、打开外输放空阀门；⑨通知气站把气停，查因上报处理终——指通知加气站停气、查明原因、上报处理。

1.39.2 单井气站加气操作规程安全提示歌诀

发现险情关生产，关闭装车开放空。
通知气站把气停，查因上报处理终。

1.39.3 单井站加气操作规程

1.39.3.1 风险提示

（1）开关阀门，注意用防爆工具操作，防止火花引燃气体。

（2）操作时注意姿势，防止高压气体窜出击伤。

1.39.3.2 单井站加气操作规程表

具体操作项目、内容、方法等详见表1.39。

表 1.39　单井站加气操作规程表

操作顺序	操作项目、内容、方法及要求	存在风险	风险控制措施	应用辅助工具用具
1	加气前准备（接到加气指令）			对讲机
1.1	检查真空加热炉运行情况，温度控制在指标范围内		平稳运行	
1.2	检查加热炉一二段阀门处于导通状态，安全阀根阀处于打开状态	高压伤害	侧身操作	
1.3	将分离器入口至外输阀组的流程处于导通状态	高压伤害	平稳操作	
2	加气操作及调控			
2.1	打开井口生产阀门（翼阀）	磕碰伤害	平稳操作	
2.2	调节一次节流后压力不超过10MPa、二次截流后压力在2.5~3.2MPa范围内	磕碰伤害	平稳操作	
2.3	打开装车阀门，开始加气，加气过程中与加气站保持联系，及时调控装车压力在2.5~3.2MPa范围内	电弧伤害	戴绝缘手套，侧身操作	对讲机
3	停止加气			
3.1	接到停止加气指令后，先关闭井口生产阀门（翼阀）再关闭装车阀组	高压伤害	平稳操作	对讲机
3.2	停止加气后，每两小时观察一次加热炉运行情况，并录取相关数据		平稳操作	
4	紧急情况			
4.1	发现工艺流程泄露、火灾及超压现象立即关闭井口生产阀门（翼阀），关闭装车阀门，打开外输放空阀门	高压伤害、烧伤、中毒	侧身操作	正压空气呼吸器
4.2	通知加气站停气，查明原因，上报处理		平稳操作	对讲机、电话

1.39.3.3 应急处置程序

（1）人员发生高压撞击伤害事故时，第一发现人应立即关闭上下游阀门，现场视伤势情况对受伤人员进行紧急包扎处理；如伤势严重，应立即拨打120求救。

（2）现场一旦泄漏发生火灾，操作人员应在保证自身安全情况下及时处理火灾险情，并在第一时间报火警。

1.40 单井站投产停运操作

1.40.1 单井站投产停运操作规程记忆歌诀

1.40.1.1 投运前检查操作记忆歌诀

控制系统调合格，仪表灵活工作态①。

设施装置调合格，水电气热正常态②。

清水注满加热炉③，设备容器控阀开④。

安全阀工作状态⑤，压力表根阀全开⑥。

管线阀门压力表，符合设计查验该⑦。

压力温度安全阀，检验记录看过来⑧。

注释：①控制系统调合格，仪表灵活工作态——指站内自动化控制系统调试合格，确认各类仪器仪表灵活好用并进入工作状态；②设施装置调合格，水电气热正常态——指安全设施、装置调试合格；水、电、燃料气、供热、采暖等装置具备正常运转条件；③清水注满加热炉——指加热炉和循环系统注满清水，并符合水箱内热膨胀的最高水位；④设备容器控阀开——指所有设备、容器安全阀的控制阀门全开；⑤安全阀工作状态——指安全阀处于工作状态；⑥压力表根阀全开——指压力表底部根阀全部开启；⑦管线阀门压力表，符合设计查验该——指检查管线、阀门、压力表等应与设计相符；⑧压力温度安全阀，检验记录看过来——指压力表、温度表、安全阀、流量计应校验合格，并有校验记录。

1.40.1.2　工艺投产操作记忆歌诀

反输气投加热炉，全打开各进气阀[①]。

缓开站外截断阀，站内锅炉燃气阀[②]。

遵规投运加热炉[③]，手动开启关断阀[④]。

锅炉全开出入阀[⑤]，按照规程开启啦[⑥]！

缓开节流调分压[⑦]，三五分钟计量啦[⑧]！

开启锅炉循环阀，启泵投运循环啦[⑨]！

井口紧急截断阀，投入自动状态啦[⑩]！

通知站内察压力，做好记录别忘啦[⑪]！

注释：①反输气投加热炉，全打开各进气阀——指利用反输气投运加热炉，将气站内进气阀门全开；②缓开站外截断阀，站内锅炉燃气阀——指缓慢开启站外阀池截断阀、站内锅炉燃气阀组；③遵规投运加热炉——指按照加热炉投运操作规程投运加热炉；④手动开启关断阀——指将井口紧急关断阀手动开启，使之处于全开状态，以避免开井时瞬时流量波动较大而关闭，影响正常操作；⑤锅炉全开出入阀——指锅炉出入口阀门全开，分离器出入口阀门全开，将气表交通阀门（V3111）全开；⑥按照规程开启啦——指按照开井操作规程开井；⑦缓开节流调分压——指缓慢开启节流阀，调节分离器压力；⑧三五分钟计量啦——指开井3~5min后，进行计量；⑨开启锅炉循环阀，启泵投运循环啦——指投运水循环，将污水罐水循环阀门、锅炉水循环阀门开启，启动循环水泵进行水循环投运；⑩井口紧急截断阀，投入自动状态啦——指正常生产后将井口紧急截断阀投入自动运行状态；⑪通知站内察压力，做好记录别忘啦——指气井开井后及时通知站内操作人员注意观察压力变化，同时做好记录。

1.40.1.3　停产方案记忆歌诀

根据指令做记录[①]，关闭井口节流阀[②]。

由里向外查流程，关闭气树生产阀[③]。

工作状态关井后，安全截断两个阀[④]。

调节炉温排污水[⑤]，原始记录项不落[⑥]。

井口漏气产水井，油压套压防水淹[⑦]。

注释：①根据指令做记录——指根据集气站指令做好记录：关井原因、时间；②关闭井口节流阀——指关闭井口控制节流阀；③由里向外查流程，关闭气树生产阀——指再关闭采气树生产闸阀，“由里向外”地检查流程；④工作状态关井后，安全截断两个阀——指关井后，安全阀和井口安全截断阀应该处于工作状态；⑤调节炉温排污水——指适当调节站内加热炉温度，排放分离器及汇管污水；⑥原始记录项不落——指填好原始记录（关井原因、日期、时间、套压、油压）；⑦井口漏气产水井，油压套压防水淹——指对于产水井，应特别注意不能使井口漏气，及时跟踪油、套压变化情况，以防压力下降造成井被水淹。

1.40.2 单井站投产停运操作规程安全提示歌诀

泄压距离保安全，防止喷伤高压气。

灵活好用压力表，管线接点不漏气。

污染爆炸会伤人，通风防爆检测仪。

1.40.3 单井站投产停运操作规程

1.40.3.1 风险提示

（1）穿戴好劳动保护用品，泄压操作，要保持安全距离，防止高压气喷伤。

（2）压力表要保持灵活好用状态，以免损坏设备，管线及各部位连接点做到无泄漏。

（3）操作间保持良好通风，以免发生火灾爆炸伤人事故。

（4）做好环境污染防护工作。

1.40.3.2 单井站投产停运操作规程表

具体操作项目、内容、方法等详见表1.40。

表1.40 单井站投产停运操作规程表

操作顺序	操作项目、内容、方法及要求	存在风险	风险控制措施	应用辅助工具用具
1	投运前检查			
1.1	准备好工具，穿戴好劳动保护用品			

续表

操作顺序	操作项目、内容、方法及要求	存在风险	风险控制措施	应用辅助工具用具
1.2	站内自动化控制系统调试合格，确认各类仪器仪表灵活好用并进入工作状态			
1.3	安全设施、装置调试合格；水、电、燃料气、供热、采暖等装置具备正常运转条件			
1.4	加热炉和循环系统注满清水，并符合水箱内热膨胀的最高水位			
1.5	所有设备、容器安全阀的控制阀门全开，安全阀处于工作状态			
1.6	压力表底部根阀全部开启			
1.7	检查管线、阀门、压力表等应与设计相符，压力表、温度表、安全阀、流量计应校验合格，并有校验记录			纸、笔
2	工艺投产			
2.1	利用反输气投运加热炉，将气站内进气阀门全开，缓慢开启站外阀池截断阀、站内锅炉燃气阀组，按照加热炉投运操作规程投运加热炉	气体泄漏	中毒、窒息	
2.2	导通单井站生产流程			
2.2.1	将井口紧急关断阀手动开启，使之处于全开状态，以避免开井时瞬时流量波动较大而关闭，影响正常操作	机械伤人	人身伤害	
2.2.2	锅炉出入口阀门全开，分离器出入口阀门全开，将气表交通阀门（V3111）全开	气体泄漏	中毒、窒息	

续表

操作顺序	操作项目、内容、方法及要求	存在风险	风险控制措施	应用辅助工具用具
2.2.3	按照开井操作规程开井			
2.2.4	缓慢开启节流阀，调节分离器压力	机械伤害	人身伤害	
2.2.5	开井3~5min后，进行计量			
2.2.6	投运水循环，将污水罐水循环阀门、锅炉水循环阀门开启，启动循环水泵进行水循环投运	机械伤害、碰撞	人身伤害	
2.2.7	正常生产后将井口紧急截断阀投入自动运行状态			
2.2.8	气井开井后及时通知站内操作人员注意观察压力变化，同时做好记录			纸、笔
3	停产方案			
3.1	根据集气站指令做好记录（关井原因、时间）			纸、笔
3.2	关闭井口控制节流阀，再关闭采气树生产闸阀，“由里向外”地检查流程	机械伤害	人身伤害	
3.3	关井后，安全阀和井口安全截断阀应该处于工作状态			
3.4	适当调节站内加热炉温度			
3.5	排放分离器及汇管污水	机械伤害	人身伤害	
3.6	填好原始记录（关井原因、日期、时间、套压、油压）			纸、笔
3.7	对于产水井，应特别注意不使井口漏气，及时跟踪油、套压变化情况，以防压力下降造成井被水淹			

1.40.3.3 应急处置程序

（1）人员发生机械伤害事故时，第一发现人应立即关停致害设备，现场视伤势情况对受伤人员进行紧急包扎处理。如伤势严重，应立即拨打120求救。

（2）人员发生烧伤时，应立即采用各种有效的措施灭火，使伤员尽快脱离热源，尽量缩短烧伤时间；对已灭火而未脱衣服的伤员必须仔细检查全身情况，保持伤口清洁。伤员的衣服鞋袜用剪刀剪开后除去，伤口全部用清洁布片覆盖，防止污染；四肢烧伤时，先用清洁冷水冲洗，然后用清洁布片、消毒纱布覆盖并送往医院。

1.41 井间互联提升工艺操作

1.41.1 井间互联提升工艺操作规程记忆歌诀

1.41.1.1 开工检查记忆歌诀

关闭手机留火种，车辆进场防火帽。

施工设备必检测①，仪器仪表须完好②。

气体浓度检测仪③，井口阀门三项好④。

注释：①施工设备必检测——指准备好施工设备，检查施工设备是否完好待用，有检测报告；②仪器仪表须完好——指所有应用相关仪器仪表量程合理且完好待用；③气体浓度检测仪——指用可燃气体检测仪检测井场气体浓度必须合乎标准；④井口阀门三项好——指检查气井井口无漏气、阀门开关灵活，准备好三项设计。

1.41.1.2 施工准备记忆歌诀

交接关井切流程①，设备物资到现场②。

气源井被提升井，套管间要连接上③。

被提升井放喷管，连到放喷燃烧箱④。

管线流程各部位，试压合格开工让⑤。

专业部门来验收，验收合格施工放⑥。

注释：①交接关井切流程——指与采气队交接井，关井；切换流程，具备施工条件；②设备物资到现场——指吊装搬运，设备物资倒运到现场；③气源井被提升井，套管间要连接上，指按设计要求连接各种放喷管线流程，即管线连接气源井和被提升井之间的套管；④被提升井放喷管，连到放喷燃烧箱——指被提升气井油管连接放喷管线至放喷燃烧箱，所有操作必须严格按照油田公司井控细则执行；⑤管线流程各部位，试压合格开工让——指按照设计要求对井间互联管线、放喷流程各部位试压，试压合格后才可开工，不合格则进行整改；⑥专业部门来验收，验收合格施工放——指申请专业部门开工验收，验收合格后方可正式施工。

1.41.1.3　施工记忆歌诀

工作制度合理选，放喷压力随时调①。
点火规程把火点，变天停井火不点②。
如果气井出油蜡，立即停井往上报③。
放喷随时察液面，液满罐车把液倒④。
冬季施工要保温⑤，必执行井控环保⑥。
此规程未规定项，按设计与规程找⑦。
按操作规程关井，卸管线恢复原貌⑧。
完工验收后交井，资料资料该上报⑨。

注释：①工作制度合理选，放喷压力随时调——指按照井口操作规程进行开关井，按照设计要求选择合理的工作制度，进行开工作业；注意观察压力变化，随时进行调整，确保放喷施工有效进行；②点火规程把火点，变天停井火不点——指有气具备点火条件的情况，按照放喷燃烧箱点火操作规程进行点火；如遇恶劣天气，不具备点火条件的，要进行停井，待能够点火后再开井；③如果气井出油蜡，立即停井往上报——指如发现气井出油蜡，影响正常点火，应立即停井，并上报相关部门制订方案后，再按方案施工；④放喷随时察液面，液满罐车把液倒——指放喷过程中，现场作业人员要随时观察液面高度，并在液满之前联系倒液罐车；⑤冬季施工要保温——指若在冬季施工，必须在达到井控要求和温度满足放喷条件后在施工；⑥必执行井控环保——指所有涉及井控安全环保的，严格按照油田公司井控安全环保管理规定执行；⑦此规程未规定项，按设计与规程找——指此操作规程中未规定的操作，要按照相关设计要求及相关的规定和操作规程执行；⑧按操作规程关井，卸管线恢复原貌——指管线拆卸，清理井场，恢复原貌；⑨完工验收后交井，资料资料该上报——指完工验收，交井，整理资料、上报。

1.41.2　井间互联提升工艺操作规程安全提示歌诀

关闭手机留火种，车辆进场防火帽。
管线流程各部位，试压合格开工让。
放喷随时察液面，液满罐车把液倒。

1.41.3　井间互联提升工艺操作规程

1.41.3.1　风险提示

操作过程中易发生高压刺漏、手轮甩出伤人、管线砸伤等事故，应严格按照操作规程执行。

1.41.3.2　井间互联提升工艺操作规程表

具体操作项目、内容、方法等详见表1.41。

表1.41　井间互联提升工艺操作规程表

操作顺序	操作项目、内容、方法及要求	存在风险	风险控制措施	应用辅助工具用具
1	开工检查			
1.1	人员穿戴好劳动保护用品，入井场前关闭手机留下火种，施工车辆安装防火帽	砸伤、磕伤、闪爆	穿戴好劳动保护用品，关闭手机	
1.2	准备好施工设备，检查施工设备完好待用，有检测报告；确认所有应用相关仪器仪表量程合理、完好待用			
1.3	用可燃气体检测仪检测井场气体浓度必须合乎标准			

续表

操作顺序	操作项目、内容、方法及要求	存在风险	风险控制措施	应用辅助工具用具
1.4	检查气井井口无漏气、阀门是否开关灵活			
1.5	准备好三项设计	压力伤人，闪爆	关闭手机	
2	施工准备			
2.1	吊装搬运，设备物资倒运到现场	砸伤、磕伤	操作时有监护人、注意协作统一口令	
2.2	与采气队交接井，关井；切换流程，具备施工条件			
2.3	按设计要求连接各种放喷管线流程，即管线连接气源井和被提升井之间套管，被提升气井油管连接放喷管线至放喷燃烧箱，所有操作必须严格按照井控细则执行	割伤、磕伤、触电伤人	注意协作、操作时有监护人	地锚机、管钳
2.4	按照设计要求对井间互联管线、放喷流程各部位试压；试压合格后才可开工，不合格进行整改	砸伤、磕伤	操作时有监护人、注意协作统一口令	管钳、活动扳手
2.5	申请专业部门开工验收，验收合格后方可正式施工			
3	施工			
3.1	按照井口操作规程进行开关井，按照设计要求选择合理的工作制度，进行开工作业；注意观察压力变化，随时进行调整，确保放喷施工有效进行	砸伤、磕伤	操作时有监护人、注意协作统一口令	管钳

续表

操作顺序	操作项目、内容、方法及要求	存在风险	风险控制措施	应用辅助工具用具
3.2	有气具备点火条件的，按照放喷燃烧箱点火操作规程进行点火；如遇恶劣天气，不具备点火条件的，要进行停井，待能够点火后再开井；如发现气井出油蜡，影响正常点火，则立即停井，并上报相关部门制订方案后，再按方案施工	割伤、磕伤、触电伤人	注意协作、操作时有监护人	地锚机、管钳
3.3	放喷过程中，现场作业人员要随时观察液面高度，并在液满之前联系倒液罐车			
3.4	若在冬季施工，必须在达到井控要求和温度满足放喷条件后再施工	割伤、磕伤、触电伤人	注意协作、操作时有监护人	地锚机、管钳
3.5	所有涉及井控安全环保的，严格按照公司井控安全环保管理规定执行	砸伤、磕伤	操作时有监护人、注意协作统一口令	管钳、活动扳手
3.6	此操作规程中未规定的操作，要按照相关设计要求及相关的规定和操作规程执行			
4	施工收尾			
4.1	按关井操作规程关井	压力伤人	非作业人员远离操作区	
4.2	管线拆卸			
4.3	清理井场，恢复原貌	砸伤、磕伤	操作时有监护人，注意协作统一口令	管钳、活动扳手
4.4	完工验收，交井，整理资料、上报	砸伤、磕伤	操作时有监护人，注意协作统一口令	管钳子、活动扳手

1.41.3.3 应急处置程序

（1）人员发生井口设备及检查设备机械伤害事故时，第一发现人应立即关停致害设备，现场视伤势情况对受伤人员进行紧急包扎处理；如伤势严重，应立即拨打120求救。

（2）人员发生高压气窜冲蚀伤害事故时，第一发现人应立即关闭气井主阀，抢救受伤人员；如伤势严重，拨打120求救或立即送医院就诊。

1.42 气井井控更换阀门操作

1.42.1 气井井控更换阀门操作规程记忆歌诀

1.42.1.1 操作前准备记忆歌诀

准备工具和配件①，准备阀门细查检②。
安全设备准备好③，吊装设备重量考④。
提前开具作业票⑤，有害气体须测检⑥。
检测合格可入场，否则进场受阻拦⑦。
找漏处理空呼机，浓度超标队内报⑧。
无法处理厂级报，处理正常操作前⑨。
如需操作一二三⑩，一号汇报公司前⑪。
二号三号厂里报⑫，汇报程序不可瞒。

注释：①准备工具和配件——指准备好工具、配件；②准备阀门细查检——指准备一个阀门，要与原需更换阀门压力级别、材料级别、连接方式、密封方式相同的完好阀门，对准备的阀门进行检查，检查是否需要保养，开关灵活度，如需要保养则先进行保养；③安全设备准备好——指准备好安全设备；④吊装设备重量考——指根据重量等因素，考虑是否需要吊装设备；⑤提前开具作业票——指准备好非常规作业票、吊装作业票；⑥有害气体须测检——指进入前检测即进入井场和操作区前，要对环境中有害气体浓度进行检测；⑦检测合格可入场，否则进场受阻拦——指监测合格方可进入，不合格不能进入；⑧找漏处理空呼机，浓度超标队内报——指上报发现处理，当检测不合格时，上报队内，然后要佩戴空呼机，进入井场或操作区发现泄漏点，进行处理；⑨无法处理厂级报，处理正常操作前——指无法处理的上报上级部门，处理完再进行本次操作；⑩如需操作一二三——指更换阀门如需要操作1号阀门、2号阀门、3号阀门；⑪一号汇报公司前——指操作1号阀门要提前向油田公司总工程师汇报并得到允许；⑫二号三号厂里报——指操作2号阀门和3号阀门向厂总工程师汇报并得到允许。

1.42.1.2　更换阀门操作记忆歌诀

联系气站值班室，气站通知调度室[①]。
五号六号和其他，更换阀门分位置[②]。
更换五号和六号，以下四句要牢记。
拆卸下游连接处，关闭放空零压力[③]。
拆卸连接另一个，检测合格检测仪[④]。
若要更换其他阀，需要流程卸压力。
节流上游井口阀，节流放喷卸压力[⑤]。
放空系统单井无，站内放空泄一直[⑥]。
洗槽涂油换钢圈，更换螺栓对角力[⑦]。
保证钢圈不压偏，更换阀门不漏气。

注释：①联系气站值班室，气站通知调度室——指停井（联系集气站值班室停井，并做好记录，集气站通知调度室，同意停井后停井开始下步操作）；②五号六号和其他，更换阀门分位置——指根据阀门位置分类，使更换的阀门保持开启状态，如果是更换5号阀门和6号阀门，关井后直接进行表1.42中的步骤2.4，如果是其他阀门先进行表1.42中的步骤2.3；③拆卸下游连接处，关闭放空零压力——指检查无漏气及拆卸阀门，观察井口关闭阀门后、放空系统前的压力表归零后，先拆卸更换阀门的下游连接处；④拆卸连接另一个，检测合格检测仪——指拆卸完后，用气体检测仪检测合格后，再拆卸另一个连接；⑤节流上游井口阀，节流放喷卸压力——指流程泄压，先缓慢关闭节流阀，再关闭需要更换阀门的上游井口阀门，缓慢打开节流阀，再打开单井放喷泄压；⑥放空系统单井无，站内放空泄一直——指如果没有单井放空系统，通知站内进行站内放空泄压，并保持泄压系统一直处于泄压状态；⑦洗槽涂油换钢圈，更换螺栓对角力——指安装阀门，清洗钢圈槽，涂抹黄油，更换钢圈，检查和更换螺栓，保证安装合格，螺栓对角上紧，保证钢圈无压偏。

1.42.1.3　更换后试压开井记忆歌诀

完成连接细检查，符合标准开启阀①。
节流下游井口阀，缓开新阀上游阀②。
压力表与检测阀，无有漏气细检查③。
如果漏气关上游，打开下游卸掉它④。
重新连接再试压，确认不漏 OK 啦⑤！
收工保温扫井场，检测合格开井啦⑥！

注释：①完成连接细检查，符合标准开启阀——指检查及开启新阀门；完成所有连接工作后，检查连接处符合井口安装标准，并使新换的阀门保持开启；②节流下游井口阀，缓开新阀上游阀——指倒通阀门及试压；关闭新阀门下游的井口阀门，节流阀门关闭，缓慢打开新阀门上游的阀门；③压力表与检测阀，无有漏气细检查——指有压力表的观察压力表，及检测有害气体检测仪阀门部分无漏气；④如果漏气关上游，打开下游卸掉它——指处理漏气情况；如果漏气，及时关闭新阀门上游刚打开的阀门，并打开新阀门下游阀门，进行泄压；⑤重新连接再试压，确认不漏 OK 啦——指进行重新连接，重复表1.42 中的步骤 3.1 和步骤 3.2，直到不漏气为止；⑥收工保温扫井场，检测合格开井啦——指收拾工具，恢复保温，打扫井场，开井（用气体检测仪检测合格后，按照天然气井开井操作规程进行开井）。

1.42.2　气井井控更换阀门操作规程安全提示歌诀

提前开具作业票，有害气体须测检。
检测合格可入场，否则进场受阻拦。
如需操作一二三，一号汇报公司前。
二号三号厂里报，汇报程序不可瞒。

1.42.3 气井井口更换阀门操作规程

1.42.3.1 风险提示

（1）严格按照操作规程执行，并有监护人进行监护，操作过程中易发生压力伤人、磕伤、烧伤、碰伤及滑倒摔伤事故。

（2）所有操作过程都要采取侧身操作，按要求和规定穿戴好符合要求的劳动保护用品，还必须戴好防护眼镜、防酸碱手套、口罩等，并保持工作环境通风良好。

（3）严禁在井场内及操作区域携带明火、吸烟、接打手机等，防止闪爆、燃烧。

1.42.3.2 气井井口更换阀门操作规程表

具体操作项目、内容、方法等详见表1.42。

井口阀门编号如图1.2所示。

表1.42 气井井口更换阀门操作规程表

操作顺序	操作项目、内容、方法及要求	存在风险	风险控制措施	应用辅助工具用具
1	操作前准备			
1.1	穿戴好劳动保护用品			工衣、工鞋、安全帽、手套、绝缘手套
1.2	准备好工具、配件			防爆连接工具、黄油、阀门连续密封件、阀门连接件等备件
1.3	准备一个阀门，要与原需更换阀门压力级别、材料级别、连接方式、密封方式相同的完好阀门			

续表

操作顺序	操作项目、内容、方法及要求	存在风险	风险控制措施	应用辅助工具用具
1.4	对准备的阀门检查，检查是否需要保养，开关灵活度，如需要保养先进行保养	磕伤	侧身操作，操作时有监护人，佩戴好劳动保护用品	保养工具
1.5	准备好安全设备			有害气体检测仪、正压式空呼机等安全防护设备
1.6	根据重量等因素，考虑是否需要吊装设备			
1.7	准备好非常规作业票、吊装作业票			
1.8	进入前检测：进入井场和操作区前，要对环境中有害气体浓度进行检查，监测合格方可进入，不合格不能进入	窒息	有害气体检测，有监护人监护	有害气体检测仪
1.9	上报发现处理：当检测不合格时，上报队内，然后要佩戴空呼机，进入井场或操作区发现泄漏点并进行处理，无法处理的上报上级部门，处理完再进行本次操作	高压伤人、烧伤	规划好逃生通道，按操作规程操作，有监护人监护	正压式空呼机
1.10	更换阀门如需要操作1号阀门、2号阀门、3号阀门，操作1号阀门要提前向油田公司总工程师汇报得到允许，操作2号阀门和3号阀门向厂总工程师汇报允许			
2	更换阀门操作			
2.1	停井，联系集气站值班室停井，并做好记录，集气站通知调度室，同意停井后停井开始下步操作	闪爆	关闭手机或在安全区域使用	防爆通信工具

续表

操作顺序	操作项目、内容、方法及要求	存在风险	风险控制措施	应用辅助工具用具
2.2	根据阀门位置分类，使更换的阀门保持开启状态，如果是更换5号阀门和6号阀门，关井后直接进行2.4，如果是其他阀门先进行2.3			
2.3	流程泄压：先缓慢关闭节流阀，再关闭需要更换阀门的上游井口阀门，缓慢打开节流阀，再打开单井放喷泄压，如果没有单井放空系统，通知站内进行站内放空泄压，并保持泄压系统一直处于泄压状态	压力伤人，高空坠物、人员坠落	侧身操作，操作时有监护人，佩戴好劳动保护用品	单井操作平台、有害气体检测仪
2.4	检查无漏气及拆卸阀门：观察井口关闭阀门后、放空系统前的压力表归零后，先拆卸更换阀门的下游连接处，拆卸完后，用气体检测仪检测合格后，再拆卸另一个连接处	压力伤人，高空坠物、人员坠落	侧身操作，操作时有监护人，佩戴好劳动保护用品	单井操作平台、有害气体检测仪
2.5	安装阀门：清洗钢圈槽，涂抹黄油，更换钢圈，检查和更换螺栓，保证安装合格，螺栓对角上紧，保证钢圈无压偏	压力伤人，高空坠物、人员坠落	侧身操作，操作时有监护人，佩戴好劳动保护用品	单井操作平台
3	更换后试压开井			
3.1	检查及开启新阀门：完成所有连接工作后，检查连接处符合井口安装标准，并使新换的阀门保持开启	压力伤人，高空坠物、人员坠落	侧身操作，操作时有监护人，佩戴好劳动保护用品	单井操作平台
3.2	倒通阀门及试压：关闭新阀门下游的井口阀门，节流阀门关闭，缓慢打开新阀门上游的阀门，有压力表的观察压力表，及检测有害气体检测仪阀门部分无漏气	压力伤人	侧身操作，操作时有监护人，佩戴好劳动保护用品	有害气体检测仪

续表

操作顺序	操作项目、内容、方法及要求	存在风险	风险控制措施	应用辅助工具用具
3.3	处理漏气情况：如果漏气，及时关闭新阀门上游刚打开的阀门，并打开新阀门下游阀门，进行泄压，进行重新连接，重复3.1和3.2，直到不漏气为止	压力伤人	侧身操作，操作时有监护人，佩戴好劳动保护用品	F形扳手或管钳子
3.4	收拾工具，恢复保温，打扫井场	环境污染、伤手	不随意排放、丢弃，按照规定回收到指定位置	桶、破布、手套
3.5	开井（用气体检测仪检测合格后，按照天然气井开井操作进行开井			

注：本操作规程不适应气井井口的1号阀门、2号阀门及3号阀门的更换，以上三个阀门如发现刺漏或更换需要联系工艺所，请专业队伍进行操作。

1.42.3.3 应急处置程序

（1）人员发生井口设备及检查设备机械伤害事故时，第一发现人应立即关停致害设备，现场视伤势情况对受伤人员进行紧急包扎处理；如伤势严重，应立即拨打120求救。

（2）人员发生高压气窜冲蚀伤害事故时，第一发现人应立即关闭气井4号阀门，抢救受伤人员；如伤势严重，拨打120求救或立即送医院就诊。

1.43 清管阀发送清管器操作

1.43.1 清管阀发送清管器操作规程记忆歌诀

1.43.1.1 发送前准备记忆歌诀

管线阀门细检查，确认无滴漏跑冒①。

开关灵活各阀门②，开关状态检查好③。

清管器和指示仪，定位仪该正常好[4]。

压力表与流量计，检测显示正常保[5]。

瞬时流量及压力[6]，下游用户提前告[7]。

注释：①管线阀门细检查，确认无滴漏跑冒——指检查工艺管线、阀门，无“跑、冒、滴、漏”现象；②开关灵活各阀门——指确保工艺管线所有阀门开关灵活；③开关状态检查好——指检查各个阀门是否处于正常的开关状态；④清管器和指示仪，定位仪该正常好——指检查清管器、指示仪、定位仪是否正常好用；⑤压力表与流量计，检测显示正常保——指确保单元内所有现场显示和远传监测仪表（压力表、流量计）能正常工作；⑥瞬时流量及压力——指确定本次清管操作的压力和瞬时流量；⑦下游用户提前告——指发球清管前通知下游用户。

1.43.1.2　发送清管器操作记忆歌诀

压力为零开盲板，放入球筒清管器[1]。

前后控制阀打开，流程控制阀关闭[2]。

通球流程有气走，观察压力指示仪[3]。

蜂鸣清零连报警，证明通过清管器[4]。

通知收方做准备，通过参数清楚记[5]。

生产控制阀打开，前后控制阀关闭[6]。

打开放空降常压[7]，进行复位指示仪[8]。

注释：①压力为零开盲板，放入球筒清管器——指发送清管器前确定球筒内压力为零，然后打开快开盲板，将清管器放入发球筒，盖好快开盲板；②前后控制阀打开，流程控制阀关闭——指开发球装置前控制阀，缓慢打开发球装置后控制阀，关闭生产流程控制阀；③通球流程有气走，观察压力指示仪——指使天然气走通球流程，注意观察指示仪及压力变化；④蜂鸣清零连报警，证明通过清管器——指当指示仪蜂鸣并在清零状态下连续报警时，证明清管器已通过；⑤通知收方做准备，通过参数清楚记——指记录清管器通过的时间、压力、流量计底数、瞬时流量，通知接收方做好接收准备；⑥生产控制阀打开，前后控制阀关闭——指打开生产流程控制阀，关发送装置前、后控制阀；⑦打开放空降常压——指开放空阀，将发球筒压力降为常压；⑧进行复位指示仪——指将指示仪进行复位。

1.43.2 清管阀发送清管器操作规程安全提示歌诀

瞬时流量及压力，下游用户提前告。
蜂鸣清零连报警，证明通过清管器。
通知收方做准备，通过参数清楚记。

1.43.3 清管阀发送清管器操作规程

1.43.3.1 风险提示

（1）穿戴好劳动保护用品。

（2）泄压操作，要保持安全距离，防止压力伤人。

（3）管线及各部位连接点做到无泄漏。

（4）做好环境污染防护工作。

1.43.3.2 清管阀发送清管器操作规程表

具体操作项目、内容、方法等详见表1.43。

表1.43 清管阀发送清管器操作规程表

操作顺序	操作项目、内容、方法及要求	存在风险	风险控制措施	应用辅助工具用具
1	发送前准备			
1.1	检查工艺管线、阀门，无“跑、冒、滴、漏”现象	压力伤人	侧身操作	防爆F形扳手
1.2	确认工艺管线所有阀门开关灵活	压力伤人	侧身操作	防爆F形扳手
1.3	检查各个阀门是否处于正常的开关状态	压力伤人	侧身操作	防爆F形扳手
1.4	检查清管器、指示仪、定位仪是否正常好用			
1.5	确保单元内所有现场显示和远传监测仪表（压力表、流量计）能正常工作	压力伤人	侧身操作	防爆F形扳手

续表

操作顺序	操作项目、内容、方法及要求	存在风险	风险控制措施	应用辅助工具用具
1.6	确定本次清管操作的压力和瞬时流量			
1.7	发球清管前通知下游用户			
2	发送清管器			
2.1	发送清管器前确定球筒内压力为零，然后打开快开盲板，将清管器放入发球筒，盖好快开盲板	压力伤人	侧身操作	扳手、法兰垫、可燃气体检测仪
2.2	开发球装置前控制阀，缓慢打开发球装置后控制阀，关闭生产流程控制阀，使天然气走通球流程，注意观察指示仪及压力变化	压力伤人	侧身操作	扳手
2.3	当指示仪蜂鸣并在清零状态下连续报警时，证明清管器已通过，记录清管器通过的时间、压力、流量计底数、瞬时流量，通知接收方做好接收准备	压力伤人	侧身操作	笔、纸
2.4	打开生产流程控制阀，关发送装置前、后控制阀，开放空阀，将发球筒压力降为常压	压力伤人	侧身操作	扳手
2.5	将指示仪进行复位			

1.43.3.3　应急处置程序

（1）人员发生机械伤害事故时，第一发现人应立即关停致害设备，现场视伤势情况对受伤人员进行紧急包扎处理；如伤势严重，应立即拨打120求救。

（2）人员发生触电事故时，第一发现人应立即切断电源，视触电者伤势情况，采取人工呼吸、胸外心脏按压等方法现场施救；如伤势严重，应立即拨打120求救。

（3）人员发生烫伤、烧伤事故时，第一发现人应立即拨打120求救或立即送医院就诊。

1.44 收发球装置操作

1.44.1 收发球装置操作规程记忆歌诀

1.44.1.1 发球操作记忆歌诀

确定球筒压力零，快开盲板打开啦①！
放入球筒清管球，快开盲板盖好啦②！
开进气阀平压力③，开发球阀关主阀④。
开主阀关进气阀，发球须开发球阀⑤。
打开排污放空阀，准备下次把球发⑥。
通知收方做准备，时间压力记下它⑦。

注释：①确定球筒压力零，快开盲板打开啦——指发球前确定球筒内压力为零，然后打开快开盲板；②放入球筒清管球，快开盲板盖好啦——指将清管球放入发球筒，盖好快开盲板；③开进气阀平压力——指开发球装置进气阀，平衡发球阀门两端压力；④开发球阀关主阀——指打开发球阀门，关闭主阀，发射清管器；⑤开主阀关进气阀，发球须开发球阀——指打开主阀门，关闭进气阀门和发球阀门；⑥打开排污放空阀，准备下次把球发——指打开排污阀对发球筒进行排污、放空，为下次通球做准备；⑦通知收方做准备，时间压力记下它——指记录过球时间、压力，通知收球方做好收球准备。

1.44.1.2 收球操作记忆歌诀

打开收球出气阀①，部分全部关主阀②。
清管器入收球筒，开主阀关收球阀③。
关出气开排污阀④，内残液全排出它⑤。
看球筒认压力零⑥，开盲板关排污阀⑦。
关闭盲板取出球⑧，下次通球准备它⑨。

注释：①打开收球出气阀——指在清管器到达前按顺序打开收球阀门、出气阀门；②部分全部关主阀——指将主阀部分关闭或全部关闭；③清管器入收球筒，开主阀关收球阀——指清管器进入收球筒后，打开主阀，关闭收球阀；④关出气开排污阀——指关出气阀，打开收球筒排污阀；⑤内残液全排出它——指将管中残液排出；⑥看球筒认压力零——指确认收球筒内压力为零；⑦开盲板关排污阀——指关闭排污阀，然后打开快开盲板；⑧关闭盲板取出球——指取出清管球，关闭盲板；⑨下次通球准备它——指为下次通球做准备。

1.44.2 收发球装置操作规程安全提示歌诀

关闭手机留火种，侧身开关躲丝杠。
着火爆炸易发生，防爆工具来预防。

1.44.3 收发球装置操作规程

1.44.3.1 风险提示

（1）按要求和规定穿戴好符合要求的劳动保护用品，站在安全区域进行操作。

（2）操作过程中易发生着火爆炸事故，禁止携带火种到现场。

（3）操作过程中应使用防爆工具。

（4）开关阀门不能正对丝杠。

1.44.3.2 收发球装置操作规程表

具体操作项目、内容、方法等详见表1.44。

发球系统及收球系统流程图如图1.6、图1.7所示。

表1.44 收发球装置操作规程表

操作顺序	操作项目、内容、方法及要求	存在风险	风险控制措施	应用辅助工具用具
1	发球			
1.1	发球前确定球筒内压力为零，然后打开快开盲板，将清管球放入发球筒，盖好快开盲板	碰伤、扭伤	平稳操作	手套、清管球
1.2	开发球装置进气阀，平衡发球阀门两端压力	用力不当易发生扭伤	侧身、平稳操作	F形扳手
1.3	打开发球阀门，关闭主阀门，发射清管器	用力不当易发生扭伤	侧身、平稳操作	F形扳手
1.4	打开主阀门，关闭进气阀门和发球阀门	用力不当易发生扭伤	侧身、平稳操作	F形扳手

续表

操作顺序	操作项目、内容、方法及要求	存在风险	风险控制措施	应用辅助工具用具
1.5	打开排污阀对发球筒进行排污、放空，为下次通球做准备	用力不当易发生扭伤	侧身、平稳操作	F形扳手
1.6	记录过球时间、压力，通知收球方做好收球准备	离设备过近易刮伤	站到安全位置观察运	检查记录、笔
2	收球			
2.1	在清管器到达前按顺序打开收球阀门、出气阀门	用力不当易发生扭伤	侧身、平稳操作	F形扳手
2.2	将主阀部分或全部关闭	用力不当易发生扭伤	侧身、平稳操作	F形扳手
2.3	清管器进入收球筒后，打开主阀，关闭收球阀、出气阀	用力不当易发生扭伤	侧身、平稳操作	F形扳手
2.4	打开收球筒排污阀，将管中残液排出	用力不当易发生扭伤	侧身、平稳操作	F形扳手
2.5	确认收球筒内压力为零，关闭排污阀，然后打开快开盲板，取出清管球	碰伤	侧身、平稳操作	F形扳手
2.6	关闭盲板，为下次通球做准备			

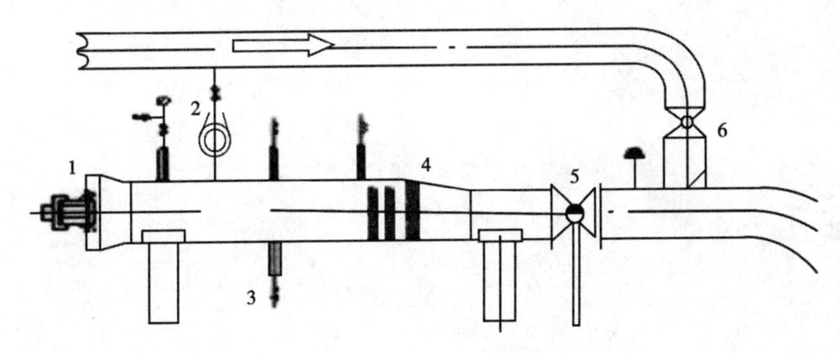

图1.6　发球系统流程图

1—盲板；2—进气阀；3—排污阀；4—清管器；5—发球阀；6—主阀

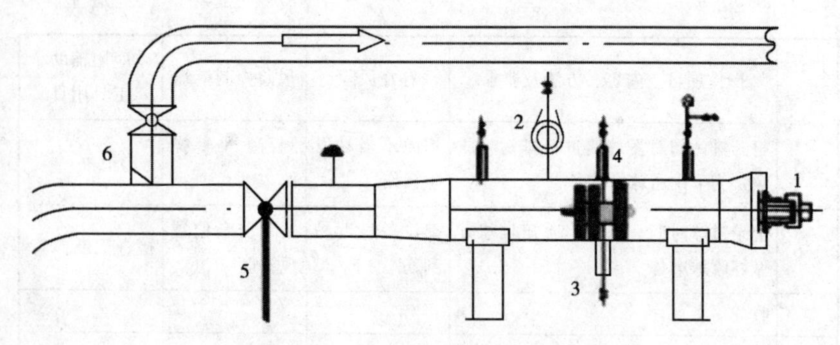

图 1.7　收球系统流程图

1—盲板；2—出气阀；3—排污阀；4—清管器；5—收球阀；6—主阀

1.44.3.3　应急处置程序

（1）人员发生机械伤害事故时，第一发现人应立即关停致害设备，现场视伤势情况对受伤人员进行紧急包扎处理；如伤势严重，应立即拨打120求救。

（2）人员发生烧伤时，应立即采用各种有效的措施灭火，使伤员尽快脱离热源，尽量缩短烧伤时间，对已灭火而未脱衣服的伤员必须仔细检查全身情况，保持伤口清洁。伤员的衣服鞋袜用剪刀剪开后除去，伤口全部用清洁布片覆盖，防止污染；四肢烧伤时，先用清洁冷水冲洗，然后用清洁布片、消毒纱布覆盖并送往医院。

2 井下作业工日常操作规程记忆歌诀

2.1 安装简易井口操作

2.1.1 安装简易井口操作规程记忆歌诀

管钳大锤和井口，准备工作做在先。
井口接到油管上①，抢下单根带油管②。
坐管挂螺钉上好③，上顶丝井口坐严。
旋塞套管阀关闭，安装压表油套管④。
观察压力做记录，简易放喷井口安。

注释：①井口接到油管上——指简易防喷井口连接到油管上部；②抢下单根带油管——指抢下单根带放喷井口油管，抢下是指在平稳、准确的前提条件下，快速地下；③坐管挂螺钉上好——指坐严油管挂，对角上井口螺钉；④安装压表油套管——指上油套压力表。

2.1.2 安装简易井口操作规程安全提示歌诀

默契配合细观察，预防刮碰掉落砸。
侧身开关躲丝杠，操作风险防范它。

2.1.3 安装简易井口操作规程

2.1.3.1 风险提示

（1）在施工时，要注意配合，认真观察，防止刮碰伤害。

（2）在操作过程中要认真仔细，防止小工具及零散物品掉落砸伤。

2.1.3.2 安装简易井口操作规程表

具体操作项目、内容、方法等详见表 2.1。

表 2.1　安装简易井口操作规程表

操作顺序	操作项目、内容、方法及要求	存在风险	风险控制措施	应用辅助工具用具
1	准备			
1.1	简易防喷井口摆放合理	砸伤	防喷井口滚落砸伤	固定架
1.2	管钳、大锤等工具摆放在工具架上			
2	安装简易防喷井口			
2.1	简易防喷井口连接到油管上部	砸伤	手扶不住落下砸伤	
2.2	抢下单根带放喷井口油管			
2.3	坐严油管挂	挤伤	蘑菇头挤伤	铁锹
2.4	对角上井口螺钉			扳手、管钳
2.5	上顶丝			扳手、管钳
3	关闭简易防喷井口			
3.1	关闭旋塞	防爆	侧身关闭	扳手、管钳
3.2	关套管阀门	防爆	侧身关闭	扳手、管钳
3.3	上油套压力表			扳手
4	详细观察压力变化，并记录	防爆	侧身打开阀门	扳手、管钳、笔和本

2.1.3.3　应急处置程序

人员发生机械伤害事故时，第一发现人应立即关停致害设备，现场视伤势情况对受伤人员进行紧急包扎处理；如伤势严重，应立即拨打 120 求救。

2.2　摆放油管操作

2.2.1　摆放油管操作规程记忆歌诀

铺防渗布平井场，摆管桥座要整齐。
三个一组三五米[①]，两组行距六七米[②]。
横担放置管桥上，调整平稳要牢记。
先固定一根油管，井口旁定点远离[③]。
十根一组整齐排[④]，末根接箍突出记[⑤]。
排放油管过两层，层间油管须隔离[⑥]。
隔离油管用三根，两端固定莫忘记[⑦]。

注释：①三个一组三五米——指摆放油管桥座，油管桥座 3 个为一组，间隔 3.0~3.5m；②两组行距六七米——指两组行距为 6~7m；③先固定一根油管，井口旁定点远离——指首先将一根油管固定在远离井口的一旁；④十根一组整齐排——指将油管按每 10 根一组整齐地排在油管桥上；⑤末根接箍突出记——指每组第 10 根油管的接箍要突出来；⑥排放油管过两层，层间油管须隔离——指如果排放的油管数量多，要排放两层以上，层与层之间用油管隔开；⑦隔离油管用三根，两端固定莫忘记——指层与层之间用三根油管隔开，并在两端固定。

2.2.2　摆放油管操作规程安全提示歌诀

管桥摆放要平稳，预防跑排把人伤。
劳保手套不离手，避免螺纹把手伤。

2.2.3　摆放油管操作规程

2.2.3.1　风险提示

（1）在摆放油管时，注意使油管桥平稳，避免油管造成跑排伤人事件。

（2）佩戴劳保手套，避免油管螺纹伤手。

2.2.3.2　摆放油管操作规程表

具体操作项目、内容、方法等详见表 2.2。

表 2.2　摆放油管操作规程表

操作顺序	操作项目、内容、方法及要求	存在风险	风险控制措施	应用辅助工具用具
1	平整井场后，铺放好防渗布			
2	摆放油管桥座。油管桥座 3 个为一组，间距 3.0~3.5m，两组行距为 6~7m	用力不当导致扭伤、挤伤	平稳操作	
3	将两根横担分别放置在两组油管桥座上，要求调整平稳	用力不当导致扭伤	仔细观察，平稳操作	
4	首先将一根油管固定在远离井口的一旁	碰伤、砸伤	仔细观察，平稳操作	手钳
5	将油管按每 10 根一组整齐地排在油管桥上，每组第 10 根油管的接箍要突出来，如果排放的油管数量多，要排放两层以上，层与层之间用三根油管隔开，并在两端固定	用力不当导致扭伤、挤伤、砸伤	仔细观察，平稳操作	管钩

2.2.3.3　应急处置程序

（1）人员发生机械伤害事故时，第一发现人应立即关停致害设备，现场视伤势情况对受伤人员进行紧急包扎处理；如伤势严重，应立即拨打 120 求救。

（2）人员发生触电事故时，第一发现人应立即切断电源，视触电者伤势情况，采取人工呼吸、胸外心脏按压等方法现场施救；如伤势严重，应立即拨打 120 求救。

2.3 摆驴头操作

2.3.1 摆驴头操作规程记忆歌诀

2.3.1.1 停抽、施准、立架子操作记忆歌诀

验电停抽拉空开①，刹车灵活确认记②。

检查设备大小脚③，放下千斤立架子④。

杆管架子防渗布⑤，打好绷绳锁销子⑥。

注释：①验电停抽拉空开——指验电，按停机按钮，拉下空气开关；②刹车灵活确认记——指刹紧刹车，将抽油机停在便于操作的位置，检查刹车系统；③检查设备大小脚——指检查设备各部分运行情况，放下大小脚；④放下千斤立架子——指放下千斤板，立架子；⑤杆管架子防渗布——指现场铺好防渗布及管杆方的架子；⑥打好绷绳锁销子——指打好绷绳，锁好安全销子。

2.3.1.2 摘毛辫子、弯转驴头操作记忆歌诀

首先关闭回压阀，刹车停抽下死点。

上提光杆卸螺钉①，摘掉固定绑毛辫②。

轻拿轻放传感器③，刹车游梁水平线④。

爬上驴头安全带⑤，大锤砸下驴头销⑥。

下来人把棕绳栓⑦，打驴头把大钩牵⑧。

爬上驴头固定牢⑨，转摆驴头操作完。

注释：①上提光杆卸螺钉——指大钩上提光杆，卸掉固定毛辫子的螺钉；②摘掉固定绑毛辫——指摘掉毛辫子，并固定好；③轻拿轻放传感器——指摘毛辫子时，传感器要轻放；④刹车游梁水平线——指把抽油机停到水平位置，刹好刹车；⑤爬上驴头安全带——指爬驴头人穿戴好劳动保护用品及系上安全带，爬驴头时注意防滑（冬季驴头有冰或雨季有雨水），到工作位置时先系好安全带；⑥大锤砸下驴头销——指用大锤砸驴头销子，并放好；⑦下来人把棕绳栓——指爬驴头人用棕绳拴牢驴头，安全下来；⑧打驴头把大钩牵——指众人用绷绳牵引大钩将驴头打过来；⑨爬上驴头固定牢——指爬上驴头固定

好驴头。

2.3.1.3　回正驴头操作记忆歌诀

刹车配电查架子[①]，牵引大钩摆驴头[②]。

大锤打入驴头销，系安全带爬驴头[③]。

上人下来松刹车[④]，合上空开启动抽。

驴头停在下死点，操作项目全都有。

注释：①刹车配电查架子——指检查抽油机刹车、配电、架子运行状况；②牵引大钩摆驴头——指用绷绳牵引大钩将驴头摆正过来；③大锤打入驴头销，系安全带爬驴头——指爬驴头人穿戴好劳动保护用品及系上安全带，爬驴头时注意防滑（冬季驴头冰或雨季有雨水），到工作位置时先系好安全带，用大锤将驴头销子打好；④上人下来松刹车——指爬驴头人安全下来，松刹车，准备启动抽油机。

2.3.2　摆驴头操作规程安全提示歌诀

默契配合细观察，刮碰坠落和砸伤。

安全带预防坠落，毛辫子规避挤伤。

2.3.3　摆驴头操作规程

2.3.3.1　风险提示

（1）在操作时，要注意配合，认真观察，防止刮碰伤害。

（2）注意高空落物；防止毛辫子挤伤。

（3）在操作过程中要认真仔细，防止小工具及零散物品掉落砸伤。

2.3.3.2　摆驴头操作规程表

具体操作项目、内容、方法等详见表2.3。

表2.3　摆驴头操作规程表

操作顺序	操作项目、内容、方法及要求	存在风险	风险控制措施	应用辅助工具用具
1	停抽油机			
1.1	验电，按停机按钮，拉下空气开关	电弧光灼伤	戴绝缘手套，侧身送电	绝缘手套、试电笔

续表

操作顺序	操作项目、内容、方法及要求	存在风险	风险控制措施	应用辅助工具用具
1.2	刹紧刹车，将抽油机停在便于操作位置	碰伤或刮伤	站姿准确，手握牢	
1.3	检查刹车系统	碰伤	仔细观察	活动扳手、螺丝刀
2	施准			
2.1	检查设备各部分运行情况	设备故障	影响生产及造成事故	
2.2	放下大小脚和千斤板	碰伤、设备损坏	锁帽调到适当位置，防碰伤	安全帽
2.3	立架子	刮坏架子	看好绷绳别挂坏架子	安全帽
2.4	打好绷绳，锁好安全销子	刮伤、碰伤	地锚机碰伤，绷绳刮伤	紧绳器、地锚机
2.5	现场铺好防渗布及管杆方的架子	砸伤	管架子砸伤	安全帽
3	摘毛辫子			
3.1	关回压或生产阀门	扭伤	侧身平稳操作	管钳
3.2	把抽油机停到下死点，刹好刹车	防触电、防坠落	戴绝缘手套，小心坠落	绝缘手套、电笔
3.3	大钩上提光杆，卸掉固定毛辫子的螺钉	防挤压	摘毛辫子时，面向抽油机以防止挤伤	螺丝刀
3.4	摘掉毛辫子，并固定好	防落物砸伤	防止毛辫子掉下砸伤	
3.5	摘毛辫子时，传感器要轻放	防落物砸伤	防止传感器掉下砸伤手	
4	弯转驴头			
4.1	把抽油机停到水平位置，刹好刹车	防触电、防坠落	戴绝缘手套，小心坠落	绝缘手套、电笔

续表

操作顺序	操作项目、内容、方法及要求	存在风险	风险控制措施	应用辅助工具用具
4.2	爬驴头人穿戴好劳动保护用品及系上安全带	高空坠落	检查好安全带，定期更换	安全带
4.3	爬驴头时注意防滑（冬季驴头有冰或雨季有雨水）	防滑到	冬季把冰刨掉，雨季擦干雨水	钎子或破布、大锤
4.4	到工作位置时先系好安全带			
4.5	用大锤砸驴头销子，并放好	落物砸伤	严禁从上面往地上扔东西	
4.6	爬驴头人用棕绳拴牢驴头，安全下来			
4.7	众人用绷绳牵引大钩将驴头打过来	防倾倒	工作时，严禁抽油机附近站人	
4.8	爬上驴头固定好驴头	撞击事故	风大天驴头翻转撞击大钩	棕绳
5	回正驴头			
5.1	检查抽油机刹车、配电	电弧光灼伤	戴绝缘手套，侧身送电	绝缘手套、试电笔
5.2	检查架子运行状况			
5.3	用绷绳牵引大钩将驴头摆正过来	防倾倒	工作时，严禁抽油机附近站人	
5.4	爬驴头人穿戴好劳动保护用品及系上安全带	高空坠落	检查好安全带，定期更换	安全带
5.5	爬驴头时注意防滑（冬季驴头有冰或雨季）	防滑到	冬季把冰刨掉，雨季擦干雨水	钎子、破布、打锤
5.6	到工作位置时先系好安全带	高空坠落	检查好安全带，定期更换	安全带

续表

操作顺序	操作项目、内容、方法及要求	存在风险	风险控制措施	应用辅助工具用具
5.7	用大锤将驴头销子打好	高空落物	严禁从上面往地上扔东西	大锤
5.8	爬驴头人安全下来			
5.9	松刹车，准备启动抽油机	碰伤或刮伤	站姿准确，手握牢	
5.10	合上空开开关，按启动按钮开抽	电弧光灼伤	侧身送电，戴绝缘手套	绝缘手套、电笔
5.11	开抽，将驴头停至下死点	防触电、防坠落	戴绝缘手套、小心坠落	绝缘手套、电笔

2.3.3.3　应急处置程序

（1）人员发生机械伤害事故时，第一发现人应立即关停致害设备，现场视伤势情况对受伤人员进行紧急包扎处理；如伤势严重，应立即拨打120求救。

（2）人员发生触电事故时，第一发现人应立即切断电源，视触电者伤势情况，采取人工呼吸、胸外心脏按压等方法现场施救；如伤势严重，应立即拨打120求救。

2.4　搬迁操作

2.4.1　搬迁操作规程记忆歌诀

2.4.1.1　道路井场、修井机搬迁记忆歌诀

勘察道路和井场，平稳驾驶控时速。

公路三十不能高①，乡间十五不超速②。

注释：①公路三十不能高——指公路行驶最高时速不高于30km；②乡间十五不超速——指乡村便道行驶最高时速不高于15km。

2.4.1.2　板房及拖车搬迁记忆歌诀

绳套规格过五分[①]，紧固完好绳卡子[②]。

挂卸牵引防挤伤，搬迁过程须注意。

注释：①绳套规格过五分——指检查保险绳，绳套规格为⅝in 以上；②紧固完好绳卡子——指保险绳上绳卡子紧固完好。

2.4.1.3　设备在井场摆放记忆歌诀

对正井口修井机，板房二十侧上风[①]。

布局合理道畅通，设备井场摆放正。

注释：①板房二十侧上风——指板房放置位置距井口 20m 以外的侧上风向。

2.4.2　搬迁操作规程安全提示歌诀

机械伤害咋预防，默契配合在一路。

道路行驶控时速，注意观察避事故。

2.4.3　搬迁操作规程

2.4.3.1　风险提示

（1）搬迁过程中，要注意配合，防止机械伤害。

（2）道路行驶中要控制车速，注意观望，防止交通事故。

2.4.3.2　搬迁操作规程表

具体操作项目、内容、方法等详见表 2.4。

表 2.4　搬迁操作规程表

操作顺序	操作项目、内容、方法及要求	存在风险	风险控制措施	应用辅助工具用具
1	勘查道路和井场			
1.1	勘查道路	刮碰、交通	注意行驶	
1.2	勘查井场	刮碰	注意观察	管钳
2	修井机搬迁			
2.1	道路行驶，要求控制时速，平稳驾驶	交通安全	认真驾驶	

续表

操作顺序	操作项目、内容、方法及要求	存在风险	风险控制措施	应用辅助工具用具
2.2	公路行驶最高时速不高于30km，乡村便道行驶最高时速不高于15km			
3	板房及拖车搬迁			
3.1	检查保险绳，绳套规格为5/8in以上，保险绳上绳卡子紧固完好	脱拽	认真检查	活动扳手
3.2	挂卸牵引	砸伤、碰伤	注意配合操作	
4	设备在井场摆放			
4.1	修井机对井口	刮碰	注意观察	
4.2	板房放置位置距井口20m以外的侧上风向			
4.3	井场布局合理有序，确保安全通道畅通			

2.4.3.3　应急处置程序

人员发生机械伤害事故时，第一发现人应立即关停致害设备，现场视伤势情况对受伤人员进行紧急包扎处理；如伤势严重，应立即拨打120求救。

2.5　冲砂操作

2.5.1　冲砂操作规程记忆歌诀

2.5.1.1　冲砂前准备记忆歌诀

砂面设计及笔尖①，笔尖连接第一管②。

冲砂管线细检查，准备冲砂操作前。

注释：①砂面设计及笔尖——指根据探砂面数据及设计要求准备工具管及笔尖；②笔尖连接第一管——指将笔尖连接到第一根管

底部。

2.5.1.2 下冲砂记忆歌诀

七十一百冲砂管，装好自封封井器①。

笔尖二十小三米②，悬重下降一二十③。

两次误差零点五④，砂面位置须牢记⑤。

注释：①七十一百冲砂管，装好自封封井器——指下管 70~100m 后，装好自封井封井器；②笔尖二十小三米——指在笔尖距砂面位置 20m 时，下放速度应小于 3m/min；③悬重下降一二十——指大钩悬重下降 10~20kN 为标准；④两次误差零点五——指连探两次，误差小于 0.5m；⑤砂面位置须牢记——指记录砂面位置。

2.5.1.3 冲砂记忆歌诀

软管弯头须连接①，弯头连接油管上②。

软管油壬接泵车③，提管冲砂三米上④。

开泵循环下管柱⑤，扫完一根十分上⑥。

备好单根把泵停⑦，快接单根管加长⑧。

开泵继续把砂冲，重复连接管柱上⑨。

冲到设计深度后，出口二五保排量⑩。

出口含砂小于一，合格上提二十上⑪。

沉降三时再复探，砂面深度不能忘⑫。

冲砂过程要停泵，扫钻管柱砂面上⑬。

三十五十动管柱⑭，安全冲砂记心上。

注释：①软管弯头须连接——指连接冲砂地面管线，需要将冲砂软管线与冲砂弯头进行连接；②弯头连接油管上——指将冲砂弯头连接在一根油管上部；③软管油壬接泵车——指将软管线的另一头通过活接头与泵车连接；④提管冲砂三米上——指提冲砂管至离砂面 3m 以上；⑤开泵循环下管柱——指开泵循环正常后下放管柱；⑥扫完一根十分上——指一根油管扫完后，循环洗井 10min 以上；⑦备好单根把泵停——指同时准备好下一单根，停泵；⑧快接单根管加长——指停泵后，迅速连接好单根，开泵继续冲砂；⑨重复连接管柱上——指按表 2.5 中步骤 3.3 重复接单根冲砂，直到人工井底或预计位置；

⑩冲到设计深度后，出口二五保排量——指冲砂至设计深度后，保持循环至出口排量25m^3/h；⑪出口含砂小于一，合格上提二十上——指出口含砂量小于1%，视为冲砂合格，并上提油管20m以上；⑫沉降三时再复探，砂面深度不能忘——指沉降3h左右复探砂面，记录深度；⑬冲砂过程要停泵，扫钻管柱砂面上——指冲砂过程中，如有情况要停泵，要马上上提扫钻管柱至原砂面位置以上30~50m；⑭三十五十动管柱——指上提扫钻管柱至原砂面位置以上30~50m，并活动管柱。

2.5.1.4　起冲砂记忆歌诀

首先拆冲砂弯头，接着卸地面管线。
正常速度起管柱，进行操作起油管。

2.5.2　冲砂操作规程安全提示歌诀

遵规守纪稳操作，避免绞挂碰砸伤。
冲到设计深度后，出口二五保排量。
出口含砂小于一，合格上提二十上。

2.5.3　冲砂操作规程

2.5.3.1　风险提示

（1）冲砂操作时，注意液压钳操作，防止绞伤。

（2）提放管柱时，注意观察，防止落物砸伤。

（3）使用管钳时，注意认真操作，防止挂伤、碰伤和砸伤。

2.5.3.2　冲砂操作规程表

具体操作项目、内容、方法等详见表2.5。

表2.5　冲砂操作规程表

操作顺序	操作项目、内容、方法及要求	存在风险	风险控制措施	应用辅助工具用具
1	冲砂操作前准备			
1.1	根据探砂面数据，及设计要求准备工具管及笔尖			

续表

操作顺序	操作项目、内容、方法及要求	存在风险	风险控制措施	应用辅助工具用具
1.2	将笔尖连接到第一根管底部	挤压、碰伤	认真操作，注意观察	管钳
1.3	检查冲砂管线	绞伤	仔细操作，注意观察	
2	下冲砂			
2.1	下管 70~100m 后，装好自封井封井器	刮碰，落物	平稳操作，注意观察	液压钳、管钳
2.2	在笔尖距砂面位置 20m 时下放速度应小于 3m/min，大钩悬重下降 10~20kN 为标准，连探两次，误差小于 0.5m，记录砂面位置	碰挤，落物	平稳操作，注意观察	液压钳、管钳、管钩、数据尺
3	冲砂			
3.1	连接冲砂地面管线，需要将冲砂软管线与冲砂弯头进行连接，并将冲砂弯头连接在一根油管上部，以及将软管线的另一头通过活接头与泵车连接	刮碰、砸伤、碰挤	平稳操作，注意观察	管钳、大锤、手钳、8 号铁线
3.2	提冲砂管至离砂面 3m 以上开泵循环正常后下放管柱	刮碰、砸伤、碰挤	平稳操作，注意观察	液压钳、管钳、管钩
3.3	一根油管扫完后，循环洗井 10min 以上，同时准备好下一单根，停泵后，迅速连接好单根，开泵继续冲砂	刮碰、砸伤、碰挤	平稳操作，注意观察	液压钳、管钳、管钩
3.4	按步骤 3.3 重复接单根冲砂，直到人工井底或预计位置	刮碰、砸伤、碰挤	平稳操作，注意观察	液压钳、管钳、管钩
3.5	冲砂至设计深度后，保持循环至出口排量 $25m^3/h$，出口含砂量小于 1%，视冲砂合格，并上提油管 20m 以上，沉降 3h 左右复探砂面，记录深度	刮碰、砸伤、碰挤	平稳操作，注意观察	液压钳、管钳、管钩

续表

操作顺序	操作项目、内容、方法及要求	存在风险	风险控制措施	应用辅助工具用具
3.6	冲砂过程中，如有情况，要停泵，要马上上提扫钻管柱至原砂面位置以上30~50m，并活动管柱	刮碰、砸伤、碰挤	平稳操作，注意观察	液压钳、管钳
4	起冲砂			
4.1	拆卸冲砂弯头和冲砂地面管线	刮碰、落物、碰挤	平稳操作，注意观察	液压钳、管钳、手钳
4.2	正常速度起管柱，进行起油管操作	刮碰、落物	平稳操作，注意观察	液压钳、管钳

2.5.3.3 应急处置程序

人员发生机械伤害事故时，第一发现人应立即关停致害设备，现场视伤势情况对受伤人员进行紧急包扎处理；如伤势严重，应立即拨打120求救。

2.6 处理大绳跳槽操作

2.6.1 处理大绳跳槽操作规程记忆歌诀

2.6.1.1 处理大绳在天车跳槽，但大绳可以自由活动操作记忆歌诀

游动滑车卡井架①，卸掉负荷定滑车②。

撬杠拨绳进滑轮③，大绳负荷提滑车④。

卸下固定钢丝绳⑤，上提下放看滑车⑥。

注释：①游动滑车卡井架——指上井架将游动滑车用钢丝绳卡在井架上；②卸掉负荷定滑车——指卸掉大绳负荷，游动滑车固定不动；③撬杠拨绳进滑轮——指上井架，用撬杠把大绳拨进天车滑轮内；④大绳负荷提滑车——指慢慢上提游动滑车，使大绳承受负荷；⑤卸下固定钢丝绳——指卸下固定游动滑车的钢丝绳；⑥上提下放看滑车——指慢慢上提、下放游动滑车，验证处理效果。

2.6.1.2 处理大绳卡死天车两轮之间，且大绳不能自由活动操作记忆歌诀

游动滑轮固活绳①，上提松绳刹死车②。

撬出大绳拨进轮③，大绳负荷放滑车④。

游动滑车卸固定⑤，上提下放看滑车⑥。

注释：①游动滑轮固活绳——指把游动滑车固定在活绳上；②上提松绳刹死车——指慢慢上提游动滑车，使提升大绳放松，刹死刹车；③撬出大绳拨进轮——指用撬杠把大绳撬出并拨进天车滑轮槽内；④大绳负荷放滑车——指慢慢下放游动滑车，使各股承受负荷；⑤游动滑车卸固定——指卸掉固定在活绳上的游动滑车；⑥上提下放看滑车——指慢慢上提、下放游动滑车，验证处理效果。

2.6.2 处理大绳跳槽操作规程安全提示歌诀

高空作业上井架，提前开具作业票。

必须系好安全带，安全防坠靠它保。

2.6.3 处理大绳跳槽操作规程

2.6.3.1 风险提示

（1）在作业施工时时，要注意配合，认真观察，防止刮碰伤害。

（2）防止高空坠落、防止挤伤。

（3）在操作过程中要认真仔细，防止小工具及零散物品掉落砸伤。

2.6.3.2 处理大绳跳槽操作规程表

具体操作项目、内容、方法等详见表2.6。

表2.6 处理大绳跳槽操作规程表

操作顺序	操作项目、内容、方法及要求	存在风险	风险控制措施	应用辅助工具用具
1	准备工作			
1.1	管钳、钎子、绳套、绳卡子、撬杠、安全带、穿好劳动保护			
2	处理大绳在天车跳槽，但大绳可自由活动			

续表

操作顺序	操作项目、内容、方法及要求	存在风险	风险控制措施	应用辅助工具用具
2.1	上井架将游动滑车用钢丝绳卡在井架上	高空坠落，挤伤，落物砸伤	用好安全带以防止坠落	安全带、绳卡子、管钳、扳手
2.2	卸掉大绳负荷，游动滑车固定不动	碰伤，落物砸伤	认真操作，注意观察	扳手
2.3	上井架，用撬杠把大绳拨进天车滑轮内	高空坠落，挤伤，落物砸伤	用好安全带以防止坠落	安全带、撬杠
2.4	慢慢上提游动滑车，使大绳承受负荷	落物砸伤	认真操作，注意观察	
2.5	卸下固定游动滑车的钢丝绳	高空坠落，挤伤，落物砸伤	用好安全带以防止坠落	安全带、管钳、扳手
2.6	慢慢上提、下放游动滑车，验证处理效果	落物砸伤	认真操作，注意观察	
3	处理提升大绳卡死在天车两滑轮之间，且大绳不能自由活动			
3.1	把游动滑车固定在活绳上	高空坠落，挤伤，落物砸伤	用好安全带以防止坠落	安全带、绳卡子、管钳、扳手
3.2	慢慢上提游动滑车，使提升大绳放松，刹死刹车	落物砸伤	认真操作，注意观察	
3.3	用撬杠把大绳撬出并拨进天车滑轮槽内	高空坠落，挤伤，落物砸伤	用好安全带以防止坠落	安全带、撬杠
3.4	慢慢下放游动滑车，使各股承受负荷	落物砸伤	认真操作，注意观察	
3.5	卸掉固定在活绳上的游动滑车	高空坠落，挤伤，落物砸伤	用好安全带以防止坠落	安全带、管钳、扳手
3.6	慢慢上提、下放游动滑车，验证处理效果	落物砸伤	认真操作，注意观察	
3.7	该项目系高空作业，操作人员上井架必须系好安全带，所需工具要拴牢			

2.6.3.3　应急处置程序

人员发生机械伤害事故时，第一发现人应立即关停致害设备，现场视伤势情况对受伤人员进行紧急包扎处理；如伤势严重，应立即拨打120求救。

2.7　穿大绳操作

2.7.1　穿大绳操作规程记忆歌诀

2.7.1.1　准备工作记忆歌诀

大绳提前把劲松①，松股断折少五丝②。
整齐紧密缠滚筒③，游动滑车正位置④。

注释：①大绳提前把劲松——指穿大绳前应松劲；②松股断折少五丝——指提升大绳不得有松股、断折，每一扭矩断丝不超过5丝；③整齐紧密缠滚筒——指把提升大绳整齐、紧密地缠在作业机滚筒上；④游动滑车正位置——指地面操作人员将游动滑车摆正位置。

2.7.1.2　穿引绳操作记忆歌诀

爬上顶端天车处①，必须系牢安全带②。
轮组右边第一轮，穿过引绳落地面③。
井架后边引绳头，提升大绳端头连④。
引绳顺着大绳绕，环绕五次绳坯缠⑤。
井架前边引绳末，大绳端头一起栓⑥。

注释：①爬上顶端天车处——指由一名操作人员（系好安全带）携带引绳沿井架梯子爬向井架顶端天车位置处；②必须系牢安全带——指将安全带保险绳系在天车牢固处；③轮组右边第一轮——穿过引绳落地面，指井架顶端的操作人员，将引绳从天车滑轮组右边第一个滑轮穿过，使引绳的两端分别从井架前后落到地面上；④井架后边引绳头，提升大绳端头连——指地面人员把井架后边的引绳端头与提升大绳端头连接；⑤引绳顺着大绳绕，环绕五次绳坯缠——指引绳顺着提升大绳环形缠绕五次以上，用绳坯捆牢；⑥井架前边引绳末，大绳端头一起栓——指同时将井架前引绳末端拴在提升大绳端头部。

2.7.1.3 穿大绳操作记忆歌诀

拉动引绳井架前，提升大绳向天车①。

大绳引绳连接处，天车人员五指伸②。

扶住大绳用手掌，扶入天车右一轮③。

拉动引绳带大绳，大绳天车向地面④。

到达地面解引绳，大绳端头麻绳捆⑤。

游动滑车右一轮，自上而下麻绳穿⑥。

拉动麻绳另一端，大绳进入右一轮⑦。

天车人员调引绳，引绳从前顺地面⑧。

游动滑车第一轮，引绳大绳环形缠⑨。

扎牢须用棕绳坯，顺下引绳大绳栓⑩。

拉动引绳带大绳，提升大绳向天车⑪。

天车二轮穿大绳，然后依次各轮穿⑫。

前面方法穿大绳，穿过滑车四个轮⑬。

穿过四轮到地面⑭，安装指重滚筒连⑮。

注释：①拉动引绳井架前，提升大绳向天车——指地面操作人员缓慢拉动井架前的引绳（通井机操作手同时缓慢下放大绳），将提升大绳拉向井架天车；②大绳引绳连接处，天车人员五指伸——指提升大绳与引绳连接处到达天车后，天车处的操作人员五指伸开；③扶住大绳用手掌，扶入天车右一轮——指用手掌把提升大绳扶入天车右边第一个滑轮内；④拉动引绳带大绳，大绳天车向地面——指地面人员继续拉动引绳，将提升大绳从天车拉向地面；⑤到达地面解引绳，大绳端头麻绳捆——指提升大绳到达地面后解开引绳，再用长 115cm 的细麻绳将提升大绳端头捆紧；⑥游动滑车右一轮，自上而下麻绳穿——指将细麻绳从游动滑车右边第一个滑轮自上而下地穿过；⑦拉动麻绳另一端，大绳进入右一轮——指拉动麻绳的另一端，使提升大绳进入游动滑车右边第一个滑轮内；⑧天车人员调引绳，引绳从前顺地面——指天车上的人员调整引绳，使位于井架后的引绳从井架前顺至地面；⑨游动滑车第一轮，引绳大绳环形缠——指地面人员将后引绳与游动滑车第一个滑轮穿过的提升大绳端头用环形扣缠绕；⑩扎牢须用棕绳坯，顺下引绳大绳栓——指并用棕绳坯扎牢，将从天车前顺下的引绳拴在提升大绳端部；⑪拉动引绳带大绳，提升大绳向天车——指慢拉动前引绳带动提升大绳升向井架天车；⑫天车二轮穿大绳，然后依次各轮穿——指提升大绳带动井架天车后，从天车右边第二个滑轮穿过，天车操作人员将引绳穿入天车右边第三个滑轮内，地面人员继续拉动引绳，使提升大绳从井架天车降到地面；⑬前面方法穿大绳，穿过滑车四个轮——指用表 2.7 中的步骤 3.2 至步骤 3.5 的方法将提升大绳从游动滑车的第二个、第三个滑轮及天车的第三个、第四个滑轮穿过；⑭穿过四轮到地面——指当提升大绳端头从天车的第三个滑轮穿过后，将引绳的一端从井架中间系到地面，提升大绳从井架天车的第四个滑轮穿过，并沿井架中间到达地面后；⑮安装指重滚筒连——指将大绳一头用四个卡子固定在拉力表一头，用同样的钢丝绳把拉力表和架子指定连接死绳头位置。

2.7.2 穿大绳操作规程安全提示歌诀

默契配合细观察，预防挤砸刮碰伤。

登高系牢安全带，高空坠落可预防。

2.7.3 穿大绳操作规程

2.7.3.1 风险提示

（1）操作时，要注意配合，认真观察，防止刮碰伤害。

（2）防止高空坠落。

（3）在操作过程中要认真仔细，防止小工具及零散物品掉落砸伤。

2.7.3.2 穿大绳操作规程表

具体操作项目、内容、方法等详见表 2.7。

表 2.7 穿大绳操作规程表

操作顺序	操作项目、内容、方法及要求	存在风险	风险控制措施	应用辅助工具用具
1	准备			
1.1	穿大绳前应松劲	刮倒	注意观察	板车、绳卡子、扳手

续表

操作顺序	操作项目、内容、方法及要求	存在风险	风险控制措施	应用辅助工具用具
1.2	提升大绳不得有松股、断折，每一扭矩断丝不超过5丝			
1.3	地面操作人员将游动滑车摆正位置			
1.4	把提升大绳整齐、紧密地缠在作业机滚筒上	挤伤	认真操作	
1.5	准备安全带、麻绳，穿戴好劳动保护用品			
2	穿引绳			
2.1	由一名操作人员（系好安全带）携带引绳沿井架梯子爬向井架顶端天车位置处，将安全带保险绳系在天车牢固处	高空坠落	注意操作，系好安全带	安全带、绳卡子、扳手
2.2	井架顶端的操作人员，将引绳从天车滑轮组右边第一个滑轮穿过，使引绳的两端分别从井架前后落到地面上	高空坠落	注意操作，系好安全带	安全带
2.3	地面人员把井架后边的引绳端头与提升大绳端头连接，引绳顺着提升大绳环形缠绕5次以上，用绳坯捆牢；同时，将井架前引绳末端拴在提升大绳端头部。	高空坠落	注意操作，系好安全带	安全带
3	穿大绳			
3.1	地面操作人员缓慢拉动井架前的引绳（通井机操作手同时缓慢下放大绳），将提升大绳拉向井架天车	踩伤	注意配合	
3.2	提升大绳与引绳连接处到达天车后，天车处的操作人员五指伸开，用手掌把提升大绳扶入天车右边第一个滑轮内	刮伤	注意大绳刮伤	

续表

操作顺序	操作项目、内容、方法及要求	存在风险	风险控制措施	应用辅助工具用具
3.3	地面人员继续拉动引绳，将提升大绳从天车拉向地面，提升大绳到达地面后解开引绳，再用长 115cm 的细麻绳将提升大绳端头捆紧	踩伤	注意配合	
3.4	将细麻绳从游动滑车右边第一个滑轮自上而下穿过，拉动麻绳的另一端，使提升大绳进入游动滑车右边第一个滑轮内	刮伤	注意大绳刮伤	
3.5	天车上的人员调整引绳，使位于井架后的引绳从井架前顺至地面，地面人员将后引绳与游动滑车第一个滑轮穿过的提升大绳端头用环形扣缠绕，并用棕绳坯扎牢，将从天车前顺下的引绳拴在提升大绳端部	刮伤	注意大绳刮伤	
3.6	慢拉动前引绳带动提升大绳升向井架天车	踩伤	注意配合	
3.7	提升大绳带动井架天车后，从天车右边第二个滑轮穿过，天车操作人员将引绳拔入天车右边第三个滑轮内，地面人员继续拉动引绳，使提升大绳从井架天车降到地面	踩伤	注意配合	
3.8	用操作步骤 3.2 至步骤 3.5 的方法将提升大绳从游动滑车的第二个、第三个滑轮及天车的第三个、第四个滑轮穿过。当提升大绳端头从天车的第三个滑轮穿过后，将引绳的一端从井架中间系到地面	踩伤	注意配合	

续表

操作顺序	操作项目、内容、方法及要求	存在风险	风险控制措施	应用辅助工具用具
3.9	提升大绳从井架天车的第四个滑轮穿过，并沿井架中间到达地面后，安装指重表			
4	安装指重表（俗称拉力表）			
4.1	将大绳一头用四个卡子固定在拉力表一头	刮伤	注意大绳刮伤	
4.2	用同样钢丝绳把拉力表和架子指定连接死绳头位置	刮伤	注意大绳刮伤	

2.7.3.3　应急处置程序

人员发生机械伤害事故时，第一发现人应立即关停致害设备，现场视伤势情况对受伤人员进行紧包扎处理；如伤势严重，应立即拨打120。

2.8　打捞操作

2.8.1　打捞操作规程记忆歌诀

地质资料施工井，井身结构及套管①。
鱼顶深度须了解②，落鱼深度准备管③。
通井深度到鱼顶④，确认鱼顶铅印看⑤。
根据鱼顶选工具⑥，鱼顶上方打捞管⑦。
打捞管柱缓慢下⑧，活动提起要缓慢⑨。
打捞管柱全起出，操作规程起油管⑩。

注释：①地质资料施工井，井身结构及套管——指了解施工井地质资料，搞清井结构及套管完好情况；②鱼顶深度须了解——指了解落鱼情况及深度；③落鱼深度准备管——指根据落鱼深度，按照设计要求，准备管柱；④通井深度到鱼顶——指用标准通井规通井至鱼顶深度，应防止损坏鱼顶，并冲洗干净；⑤确认鱼顶铅印看——指下铅印，打印，确认鱼顶情况；⑥根据鱼顶选工具——指根据落鱼鱼顶情况，选择打捞工具，并上在第一根油管下方；⑦鱼顶上方打捞管——指根据下油管操作规范，下打捞管柱至鱼顶上方1~2m；⑧打捞管柱缓慢下——指缓慢下放打捞管柱，注意观察大钩载荷，捞住落鱼；⑨活动提起要缓慢——指采用活动管柱方法，缓慢提起管柱；⑩打捞管柱全起出，操作规程起油管——指根据起油管操作规范，起打捞管柱，直至全部起出。

2.8.2 打捞操作规程安全提示歌诀

注意操作液压钳，平稳操作防绞伤。

进入现场细观察，规避刮碰砸挤伤。

2.8.3 打捞操作规程

2.8.3.1 风险提示

(1) 打捞操作时，注意液压钳操作，防止绞伤。

(2) 提放管柱时，注意观察，防止落物砸伤。

(3) 使用管钳时，注意认真操作，防止挂伤、碰伤和砸伤。

2.8.3.2 打捞操作规程表

具体操作项目、内容、方法等详见表2.8。

表2.8 打捞操作规程表

操作顺序	操作项目、内容、方法及要求	存在风险	风险控制措施	应用辅助工具用具
1	打捞操作前准备			
1.1	了解施工井地质资料，搞清井身结构及套管完好情况			
1.2	了解落鱼情况及深度			
1.3	根据落鱼深度，按照设计要求，准备管柱	装卸及运输油管过程中注意砸碰伤和挤伤	平稳操作，注意观察	

续表

操作顺序	操作项目、内容、方法及要求	存在风险	风险控制措施	应用辅助工具用具
2	用标准通井规通井至鱼顶深度，应防止损坏鱼顶，并冲洗干净	刮碰，落物	平稳操作，注意观察	液压钳、管钳
3	下铅印，打印，确认鱼顶情况	碰挤，落物	平稳操作，注意观察	液压钳、管钳、管钩、数据尺
4	打捞			
4.1	根据落鱼鱼顶情况，选择打捞工具，并上在第一根油管下方	刮碰、砸伤、碰挤	平稳操作，注意观察	管钳、大锤
4.2	根据下油管操作规范，下打捞管柱至鱼顶上方 1~2m	刮碰、砸伤、碰挤	平稳操作，注意观察	液压钳、管钳、管钩
4.3	缓慢下放打捞管柱，注意观察大钩载荷，捞住落鱼	刮碰、砸伤、碰挤	平稳操作，注意观察	液压钳、管钳、管钩
4.4	采用活动管柱方法，缓慢提起管柱	刮碰、砸伤、碰挤	平稳操作，注意观察	液压钳、管钳、管钩
4.5	根据起油管操作规范，起打捞管柱，直至全部起出	刮碰、砸伤、碰挤	平稳操作，注意观察	液压钳、管钳、管钩

2.8.3.3　应急处置程序

人员发生机械伤害事故时，第一发现人应立即关停致害设备，现场视伤势情况对受伤人员进行紧急包扎处理；如伤势严重，应立即拨打 120 求救。

2.9　打捞丢手操作

2.9.1　打捞丢手操作规程记忆歌诀

选择捞筒要好用①，设计鱼顶位置看②。

坐好井口起油杆③，倒管硬探起油管④。

计算阻位看砂埋⑤，冲砂设计高砂面⑥。

软探鱼顶够用否⑦？计算管数捞筒连⑧。

捞筒二次带紧扣，鱼顶十米停下管⑨。

泵车冲砂两罐后，慢下鱼顶边冲砂⑩。

上提管柱遇阻后，负荷不变续冲砂⑪

负荷增加是捞上，起出丢手封井完⑫。

注释：①选择捞筒要好用——指选择好打捞丢手的捞筒，检查是否好用；②设计鱼顶位置看——指看好设计的鱼顶所在位置；③坐好井口起油杆——指坐好防喷井口，起出井内油杆；④倒管硬探起油管——指倒管硬探，下放速度一定要慢，遇阻时起出油管；⑤计算阻位看砂埋——指起管时计算好遇阻位置，查看丢手封隔器是否砂埋；⑥冲砂设计高砂面——指如果砂面高冲砂至设计要求为止；⑦软探鱼顶够用否——指打捞前先软探一下，看鱼顶是否够用；⑧计算管数捞筒连——指地面连接好捞筒上好扣，计算好下井管数；⑨捞筒二次带紧扣，鱼顶十米停下管——指捞筒在井口二次带紧扣，下管至鱼顶10m处停；⑩泵车冲砂两罐后，慢下鱼顶边冲砂——指泵车冲砂两罐后，边冲砂边缓慢下放捞筒到鱼顶；⑪上提管柱遇阻后，负荷不变续冲砂——指遇阻后上提管柱，如果负荷不变，则继续冲砂；⑫负荷增加是捞上，起出丢手封井完——指冲砂后打捞，负荷增加时捞上，起出丢手封井。

2.9.2 打捞丢手操作规程安全提示歌诀

默契配合细观察，坐好井口防井喷。

刮碰砸挤避伤害，察看环境须认真。

2.9.3 打捞丢手操作规程

2.9.3.1 风险提示

（1）操作时，要注意配合，认真观察，防止刮碰伤害。

（2）防止高空坠落。

（3）在操作过程中要认真仔细，坐好防喷井口防止井喷，防止小工具及零散物品掉落砸伤。

2.9.3.2 打捞丢手操作规程表

具体操作项目、内容、方法等详见表2.9。

表2.9 打捞丢手操作规程表

操作顺序	操作项目、内容、方法及要求	存在风险	风险控制措施	应用辅助工具用具
1	施工前准备			
1.1	选择好打捞丢手的捞筒，检查好用	砸伤	互相配合好	
1.2	看好设计的鱼顶所在位置			
2	起出井内管杆			
2.1	坐好防喷井口	砸伤、挤伤	互相配合好	管钳、扳手、钢丝绳
2.2	起出井内油杆	砸伤、挤伤	互相配合好	管钳、扳手、
2.3	倒管硬探，下放速度一定要慢，遇阻时起出油管	砸伤、挤伤	互相配合好	管钳、扳手、钢丝绳
2.4	起管时计算好遇阻位置，查看丢手封隔器是否砂埋	砸伤、挤伤	互相配合好	管钳、扳手、
2.5	如果砂面高冲砂至设计要求为止	砸伤、挤伤	互相配合好	管钳、扳手、钢丝绳
3	下工具打捞丢手			
3.1	打捞前先软探一下，看鱼顶是否够用	砸伤、挤伤	互相配合好	管钳、扳手、钢丝绳
3.2	地面连接好捞筒上好扣，计算好下井管数	砸伤、挤伤	互相配合好	管钳、扳手、钢丝绳
3.3	捞筒在井口二次带紧扣，下管至鱼顶10m处停	砸伤、挤伤	互相配合好	管钳、扳手、钢丝绳

续表

操作顺序	操作项目、内容、方法及要求	存在风险	风险控制措施	应用辅助工具用具
3.4	泵车冲砂两罐后，边冲砂边慢慢下放捞筒到鱼顶	砸伤、挤伤	互相配合好，冲砂注意管线“要龙”❶	管钳、扳手、钢丝绳
3.5	遇阻后上提管柱，如果负荷不变，继续冲砂后打捞，负荷增加时捞上，起出丢手封井	砸伤、挤伤	互相配合好，冲砂注意管线要龙	管钳、扳手、钢丝绳

2.9.3.3 应急处置程序

人员发生机械伤害事故时，第一发现人应立即关停致害设备，现场视伤势情况对受伤人员进行紧急包扎处理；如伤势严重，应立即拨打120求救。

2.10 打铅印操作

2.10.1 打铅印操作规程记忆歌诀

选择铅印要合格①，井径阻位鱼顶看②。

计算负荷查设备③，坐好井口铅印连④。

井口二次紧铅印⑤，提放油管二十慢⑥。

五十阻位五到十⑦，二米冲砂下放慢⑧。

遇阻之后起铅印，二十三十上提慢⑨。

注释：①选择铅印要合格——指按照设计要求选择合格的铅印；②井径阻位鱼顶看——指了解此井的井径情况、遇阻位置、鱼顶是否砂埋；③计算负荷查设备——指检查好设备运行情况，计算好遇阻达

❶ 管线“要龙”是指管线未固定牢靠，管线充压后在径向上360°自由摆动，现场俗称“要龙”；此时若有人靠近管线，极易伤人。

到的最大负荷；④坐好井口铅印连——指坐好防喷井口，地面连好油管和铅印上紧扣；⑤井口二次紧铅印——指铅印二次在井口上紧扣；⑥提放油管二十慢——指下放上提油管速度一定要慢，要控制下入速度在20~30m/min之间；⑦五十阻位五到十——指到达遇阻位置以上50m时速度在5~10m/min之间；⑧二米冲砂下放慢——指下铅印速度一定要慢，距离鱼顶到遇阻位置以上2m时开泵循环，循环正常后，边冲洗边慢放铅印遇阻后起出铅印；⑨二十三十上提慢——指上提油管速度一定要慢要控制下入速度在20~30m/min之间。

2.10.2 打铅印操作规程安全提示歌诀

默契配合细观察，坐好井口防井喷。

刮碰砸挤避伤害，察看环境须认真。

2.10.3 打铅印操作规程

2.10.3.1 风险提示

（1）在打铅印时，要注意配合，认真观察，防止刮碰伤害。

（2）在操作过程中要认真仔细，坐好防喷井口防止井喷，防止小工具及零散物品掉落砸伤。

2.10.3.2 打铅印操作规程表

具体操作项目、内容、方法等详见表2.10。

表2.10 打铅印操作规程表

操作顺序	操作项目、内容、方法及要求	存在风险	风险控制措施	应用辅助工具用具
1	施工前准备			
1.1	按照设计要求选择合格的铅印			
1.2	了解此井的井径情况、遇阻位置、鱼顶是否砂埋			
1.3	检查好设备运行情况，计算好遇阻达到的最大负荷			

续表

操作顺序	操作项目、内容、方法及要求	存在风险	风险控制措施	应用辅助工具用具
2	下打印前准备			
2.1	坐好防喷井口	挤伤、砸伤	互相配合好，注意观察	管钳、扳手、液压钳、钢丝绳
2.2	地面连好油管和铅印上紧扣	挤伤、砸伤	互相配合好，注意观察	管钳、扳手、液压钳、钢丝绳
3	打铅印			
3.1	铅印二次在井口上紧扣	挤伤、砸伤	互相配合好，注意观察	管钳、扳手、液压钳
3.2	下放上提油管速度一定要慢要控制下入速度在20~30m/min之间，到达遇阻位置以上50m时速度在5~10m/min之间	挤伤、砸伤，井喷	互相配合好，注意观察	管钳、扳手、液压钳、压力表
3.3	下铅印速度一定要慢，距离鱼顶到遇阻位置以上2m时开泵循环，循环正常后，边冲洗边慢放铅印遇阻后起出铅印	挤伤、砸伤，井喷	互相配合好，注意观察	管钳、扳手、液压钳、压力表
3.4	上提油管速度一定要慢，要控制下入速度在20~30m/min之间	挤伤、砸伤，井喷	互相配合好，注意观察	管钳、扳手、液压钳、压力表

2.10.3.3　应急处置程序

（1）人员发生机械伤害事故时，第一发现人应立即关停致害设备，现场视伤势情况对受伤人员进行紧急包扎处理；如伤势严重，应立即拨打120求救。

（2）人员发生触电事故时，第一发现人应立即切断电源，视触电者伤势情况，采取人工呼吸、胸外心脏按压等方法现场施救；如伤势严重，应立即拨打120求救。

2.11 打压查漏操作

2.11.1 打压查漏操作规程记忆歌诀

试压合格深井泵①，加满清水备泵罐②。
尾管以及深井泵，泵上二十下油管③。
打压管线接泵车，油壬井口接箍连④。
井口情况摆管线⑤，泵车管线油壬连⑥。
人员远离高压区，泵车试压小排量。
点三点五三五分⑦，压力不降合格管。
否则重复前三步，直到找出漏失管。

注释：①试压合格深井泵——指准备好深井泵，要求深井泵试压合格；②加满清水备泵罐——指准备好打压泵罐，罐内加清水；③尾管以及深井泵，泵上二十下油管——指根据下管操作规程，将尾管和深井泵，以及泵上 20 根油管下入井；④油壬井口接箍连——指将活接头上在井口第一根管接箍上，上紧，要求不刺、不漏；⑤井口情况摆管线——指根据井口情况，摆好泵车打压管线；⑥泵车管线油壬连——指将泵车打压管线，上在活接头上，并用大锤将活接头连接砸紧，保证不刺、不漏；⑦点三点五三五分——指泵车逐渐加压至 0.3～0.5MPa，稳压 3～5min。

2.11.2 打压查漏操作规程安全提示歌诀

人员远离高压区，泵车试压小排量。
平稳操作细观察，规避刮碰砸挤伤。

2.11.3 打压查漏操作规程

2.11.3.1 风险提示

(1) 打压查漏操作时，注意摆承压管线操作，防止绞伤。

(2) 打压时，注意观察，防止高压伤人。

(3) 使用管钳时，注意认真操作，防止挂伤、碰伤和砸伤。

2.11.3.2　打压查漏操作规程表

具体操作项目、内容、方法等详见表2.11。

表2.11　打压查漏操作规程表

操作顺序	操作项目、内容、方法及要求	存在风险	风险控制措施	应用辅助工具用具
1	打压查漏操作前准备			
1.1	准备好深井泵，要求深井泵试压合格	砸伤、挤伤	注意观察，小心配合	
1.2	准备好打压泵罐，罐内加清水			
2	根据下管操作规程，将尾管和深井泵及泵上20根油管下入井	注意砸碰伤和挤伤	平稳操作，注意观察	液压钳、管钳、管钩
3	岗位员工配合接泵车打压管线			
3.1	将活接头上在井口第一根管接箍上，上紧，要求不刺、不漏	碰挤，落物	平稳操作，注意观察	液压钳、管钳
3.2	根据井口情况，摆好泵车打压管线	绞伤	注意配合	
3.3	将泵车打压管线，上在活接头上，并用大锤将活接头连接砸紧，保证不刺不漏	刮碰、砸伤、碰挤	平稳操作，注意观察	管钳、大锤
4	泵车打压			
4.1	要求操作人员远离高压区			
4.2	泵车小排量试压	高压伤人	平稳操作，注意观察	
4.3	泵车逐渐加压至0.3~0.5MPa，稳压3~5min	高压伤人	平稳操作，注意观察	
4.4	如果压力稳住不降为合格。否则重复步骤2、步骤3、步骤4，直至找出漏管			

2.11.3.3　应急处置程序

人员发生机械伤害事故时，第一发现人员应立即关停致害设备，现场视伤势情况对受伤人员进行紧急包扎处理；如伤势严重，应立即拨打120求救。

2.12 倒扣套起油杆操作

2.12.1 倒扣套起油杆操作规程记忆歌诀

2.12.1.1 准备工作记忆歌诀

搭建井口操作台，一二三岗和司钻①。

铺垫环保隔离布，一二三岗和司钻②。

钢丝绳套挂大钩，务必锁好保险销③。

注释：①搭建井口操作台，一二三岗和司钻——指一岗人员、二岗人员、三岗人员、司钻人员搭建井口操作台，二岗、三岗人员摆放抽油杆与油管枕，要求高度合适且平稳；②铺垫环保隔离布，一二三岗和司钻——指一岗人员、二岗人员、三岗人员、司钻岗人员铺垫好环保隔离布，摆放抽油杆与油管桥；③钢丝绳套挂大钩，务必锁好保险销——指司钻操作机车，一岗人员、二岗人员将提升环钢丝绳套挂进游车大钩内或双耳内，锁好保险销。

2.12.1.2 倒扣起油杆操作记忆歌诀

光杆扣上提升环，全井杆重八九十①。

卡牙装在倒扣器，液钳打在倒扣器②。

液钳卸口四五十，退出液钳卸停止③。

上提杆柱看重量，全井杆柱重量比④。

起杆开始不超重⑤，超重倒扣起杆继⑥。

司钻配合三个岗，全部起出作业止⑦。

注释：①光杆扣上提升环，全井杆重八九十——指司钻下放大钩至合适位置，二岗人员将提升环扣在光杆上缓慢上提，同时司钻注意观察指重表，当指重表显示重量达到全井杆柱重量的80%~90%时停止上提；②卡牙装在倒扣器，液钳打在倒扣器——指一岗人员、二岗人员准备起杆倒扣器，将合适卡牙装在倒扣器上，然后将液压钳打在倒扣器上；③液钳卸口四五十，退出液钳卸停止——指开始操纵液压钳向卸扣方向旋转，当旋转40~50圈时停止并退出液压钳；④上提杆柱看重量，全井杆柱重量比——指上提杆柱，观察指重表，看重量是否超过全井杆柱重量；⑤起杆开始不超重——指如不超过全井杆柱重量，则开始起杆；⑥超重倒扣起杆继——指如果超过，则重复以上作业，继续倒扣起杆；⑦司钻配合三个岗，全部起出作业止——指起杆过程中一岗人员、二岗人员、三岗人员、司钻人员注意配合，当把倒扣倒开的杆全部起出后停止作业。

2.12.1.3 起油管切断油杆操作记忆歌诀

换上吊环拧接箍，打上吊卡可起管①。
倒开油杆位置停，一二三岗和司钻②。
上提大钩最高位，油杆能否脱出管③？
脱出打上倒杆器，开始倒扣起出杆④。
不能脱出管柱时，开始准备断油杆⑤。
露出油杆打卡子，卡子油管铁丝连⑥。
油管上端半米处，钢锯锯断抽油杆⑦。
提起油管下放缓，观察管内油杆牢⑧。
断杆打上倒杆器，起出井内杆和管⑨。

注释：①换上吊环拧接箍，打上吊卡可起管——指司钻下放大钩，将提升环从大钩中摘掉，换上吊环，并把大钩两侧耳头锁好；拆掉井口，拧上合适的提升短接，打上合适吊卡准备起管；②倒开油杆位置停，一二三岗和司钻——指起管过程中，一岗人员、二岗人员、三岗人员、司钻人员注意配合，当起到倒开油杆位置时停止作业；③上提大钩最高位，油杆能否脱出管——指司钻人员与各岗人员注意观察留在管柱中的油杆长度；④脱出打上倒杆器，开始倒扣起出杆——指如果露出长度在上提大钩到最高位置时能脱出管柱，则放下油管，在露出的油杆上打上倒杆器，重复以上作业，开始倒扣起杆，直至把井内油杆管全部起出后停止作业；⑤不能脱出管柱时，开始准备断油杆——指司钻人员与各岗人员注意观察看留在管柱中的油杆长度，如果露出长度在上提大钩到最高位置时不能脱出管柱。则开始准备切断油杆；⑥露出油杆打卡子，卡子油管铁丝连——指切断油杆时，首先在露出油杆上部打上卡子，用铁丝把卡子与悬着油管相连；⑦油管上端半米处，钢锯锯断抽油杆——指然后用钢锯在井内油管上端面以上

0.5m处锯断油杆；⑧提起油管下放缓，观察管内油杆牢——指提起油管，缓慢下放，在下放过程中注意观察管内油杆是否固定牢靠，防止掉下伤人；⑨断杆打上倒杆器，起出井内杆和管——指在井内露出断杆合适位置打上倒杆器，继续倒扣起杆，直至起出井内全部油杆管，停止作业。

2.12.2 倒扣套起油杆操作规程安全提示歌诀

观察大钩天车位，安全距离须预留。

尾绳牢固液压钳，规避砸伤碰挤扭。

2.12.3 倒扣套起油杆操作规程

2.12.3.1 风险提示

（1）井喷失控、环境污染、上顶下砸、在倒扣时，必须使液压钳尾绳固定牢靠，套起管杆时注意观察大钩与天车位置。

（2）注意留有安全距离。

（3）注意挤伤、碰伤、砸伤等人身伤害。

2.12.3.2 倒扣套起油杆操作规程表

具体操作项目、内容、方法等详见表2.12。

表2.12 倒扣套起油杆操作规程表

操作顺序	操作项目、内容、方法及要求	存在风险	风险控制措施	应用辅助工具用具
1	倒扣套起管杆准备			
1.1	一岗人员、二岗人员、三岗人员、司钻人员搭建井口操作台，二岗人员、三岗人员摆放抽油杆与油管枕，要求高度合适且平稳	碰伤、扭伤	注意观察，平稳操作	
1.2	一岗人员、二岗人员、三岗人员、司钻人员铺垫好环保隔离布，摆放抽油杆与油管桥	碰伤、扭伤	注意观察，平稳操作	

续表

操作顺序	操作项目、内容、方法及要求	存在风险	风险控制措施	应用辅助工具用具
1.3	司钻操作机车，一岗人员、二岗人员将提升环钢丝绳套挂进游车大钩内或双耳内，锁好保险销	砸伤、碰伤、刺伤	注意观察，平稳操作	修井起重设备、安全帽、提升环
2	倒扣起杆			
2.1	司钻下放大钩至合适位置，二岗人员将提升环扣在光杆上缓慢上提，同时司钻注意观察指重表，当指重表显示重量达到全井杆柱重量的80%~90%时停止上提	砸伤、碰伤	注意观察，平稳操作	修井起重设备、安全帽、提升环
2.2	一岗人员、二岗人员准备起杆倒扣器，将合适卡牙装在倒扣器上，然后将液压钳打在倒扣器上，开始操纵液压钳向卸扣方向旋转，当旋转40~50圈时停止并退出液压钳	砸伤、碰伤、挤伤	注意观察，平稳操作	修井起重设备、安全帽、油杆倒扣器、液压钳
2.3	上提杆柱，观察指重表，看重量是否超过全井杆柱重量；如不超过全井杆柱重量，则开始起杆，如果超过，则重复以上作业，继续倒扣起杆	砸伤、碰伤、挤伤	注意观察，平稳操作	修井起重设备、安全帽、油杆倒扣器、900mm管钳、液压钳、提升环
2.4	起杆过程中一岗人员、二岗人员、三岗人员、司钻人员注意配合；当把倒扣倒开的杆全部起出后停止作业	碰伤、扭伤	注意观察，平稳操作	修井起重设备、安全帽、600mm管钳和900mm管钳、液压钳、提升环
3	起管			
3.1	司钻人员下放大钩，将提升环从大钩中摘掉，换上吊环，并把大钩两侧耳头锁好；拆掉井口，拧上合适的提升短接，打上合适吊卡准备起管	砸伤、碰伤、挤伤	注意观察，平稳操作	修井起重设备、吊卡、提升环、吊环、900mm管钳

续表

操作顺序	操作项目、内容、方法及要求	存在风险	风险控制措施	应用辅助工具用具
3.2	起管过程中，一岗人员、二岗人员、三岗人员、司钻人员注意配合，当起到倒开油杆位置时停止作业	砸伤、碰伤、挤伤	注意观察，平稳操作	修井起重设备、油杆倒扣器、液压钳
3.3	司钻人员与各岗人员注意观察看留在管柱中的油杆长度，如果露出长度在上提大钩到最高位置时能脱出管柱，则放下油管，在露出的油杆上打上倒杆器，重复以上作业，开始倒扣起杆，直至把井内油杆管全部起出停止作业	砸伤、碰伤、挤伤	注意观察，平稳操作	修井起重设备、油杆倒扣器、900mm管钳、液压钳
3.4	司钻人员与各岗人员注意观察看留在管柱中的油杆长度，如果露出长度在上提大钩到最高位置时不能脱出管柱，则开始准备切断油杆	砸伤、碰伤、挤伤	注意观察，平稳操作	修井起重设备、油杆倒扣器
4	切断油杆			
4.1	切断油杆时，首先在露出油杆上部打上卡子，用铁丝把卡子与悬着油管相连，然后用钢锯在井内油管上端面以上0.5m处锯断油杆，提起油管，缓慢下放，在下放过程中注意观察管内油杆是否固定牢靠，防止掉下伤人	砸伤、碰伤、挤伤、锯伤	注意观察，平稳操作	修井起重设备、钢锯、铁丝
4.2	在井内露出断杆合适位置打上倒杆器，继续倒扣起杆，直至起出井内全部油杆管，停止作业	砸伤、碰伤、挤伤	注意观察，平稳操作	修井起重设备、油杆倒扣器、900mm管钳、液压钳

2.12.3.3 应急处置程序

（1）人员发生机械伤害事故时，第一发现人员应立即关停致害设备，现场视伤势情况对受伤人员进行紧急包扎处理；如伤势严重，应立即拨打120求救。

（2）人员发生触电事故时，第一发现人员应立即切断电源，视触电者伤势情况，采取人工呼吸、胸外心脏按压等方法现场施救；如伤势严重，应立即拨打120求救。

2.13 吊环操作

2.13.1 吊环操作规程记忆歌诀

磨损变形查吊环①，挂上大头锁好销②。
两支大头弧度对③，绳套挂钩锁好销④。
两人拉动两吊环，挂上两耳插上销⑤。

注释：①磨损变形查吊环——指使用前检查吊环两端是否磨损超标，吊环是否等长无变形；②挂上大头锁好销——指安装吊环时将吊环大头挂在大钩上，锁好固定销子；③两支大头弧度对——指将两支吊环小头有弧度那头相对；④绳套挂钩锁好销——指用合适的钢丝绳将两支吊环相连并打上三个卡子，将绳套一头也挂在大钩上锁好销子；⑤两人拉动两吊环，挂上两耳插上销——指起下油管时，由两名操作人员分别拉动大钩上的两支吊环，在分别挂在吊卡两个耳头内，插上吊卡销子。

2.13.2 吊环操作规程安全提示歌诀

必须戴好安全帽，防止碰伤和砸伤。
动作一致挂吊环，平稳操作防夹伤。

2.13.3 吊环操作规程

2.13.3.1 风险提示

（1）摘挂吊环时，操作人员动作要一致，司钻人员注意配合，严禁挂单吊环。

（2）必须戴好安全帽。

（3）防止碰伤、扭伤、砸伤。

2.13.3.2 吊环操作规程表

具体操作项目、内容、方法等详见表2.13。

表2.13 吊环操作规程表

操作顺序	操作项目、内容、方法及要求	存在风险	风险控制措施	应用辅助工具用具
1	使用前检查吊环两端是否磨损超标，吊环是否等长无变形	用力不当易发生扭伤	平稳操作	吊环
2	安装吊环时将吊环大头挂在大钩上，锁好固定销子，并且将两支吊环小头有弧度的那头相对	用力不当易发生扭伤	平稳操作	修井起重设备、吊环
3	用合适的钢丝绳将两支吊环相连并打上三个卡子，将绳套一头也挂在大钩上，锁好销子	用力不当易发生扭伤	平稳操作	修井起重设备、吊环、钢丝绳、卡子
4	起下油管时，由两名操作人员分别拉动大钩上的两支吊环，在分别挂在吊卡两个耳头内，插上吊卡销子	用力不当易发生扭伤、碰伤、砸伤	平稳操作	修井起重设备、吊环、钢丝绳、卡子

2.13.3.3 应急处置程序

（1）人员发生机械伤害事故时，第一发现人应立即关停致害设备，现场视伤势情况对受伤人员进行紧急包扎处理；如伤势严重，应立即拨打120求救。

（2）人员发生触电事故时，第一发现人应立即切断电源，视触电者伤势情况，采取人工呼吸、胸外心脏按压等方法现场施救；如伤势严重，应立即拨打120求救。

2.14 封隔器找水操作

2.14.1 封隔器找水操作规程记忆歌诀

清水洗井又压井，卸去井口管柱起①。

下入油管刮削器，孔段上下刮削洗②。

油层以下五十米，三五刮削管柱起③。

设计要求配管柱④，预定深度管柱至⑤。

求产测试采油树，先是坐好封隔器⑥。

正压井捞配产器，洗压井投堵塞器⑦。

求产测试第二层，找出水层分析比⑧。

注释：①清水洗井又压井，卸去井口管柱起——指接正反循环管线，用清水洗压井，卸井口起出井内全部管柱；②下入油管刮削器，孔段上下刮削洗——指下油管，底部带套管刮削器，用刮削器在油层射孔段上下反复刮削，同时反洗井；③油层以下五十米，三五刮削管柱起——指刮削 3~5 次后，下至油层以下 50m 深，起出刮削管柱；④设计要求配管柱——指按设计要求，组配好下井找水管柱，用管钳上紧；⑤预定深度管柱至——指将找水管柱下至预定深度；⑥求产测试采油树，先是坐好封隔器——指坐好封隔器，装好全套采油树，求产测试；⑦正压井捞配产器，洗压井投堵塞器——指正挤压井，捞出配产器，用清水洗压井，从油管内投入 ϕ48mm 的堵塞器；⑧求产测试第二层，找出水层分析比——指对第二层进行求产测试，对两层测试资料进行对比分析，找出出水层。

2.14.2 封隔器找水操作规程安全提示歌诀

观察瞭望平稳操，更换钳牙停动力。

井口司钻配合好，大钩摆动须防止。

2.14.3 封隔器找水操作规程

2.14.3.1 风险提示

（1）平稳操作，防止大钩摆动，注意观察瞭望。

(2) 井口工和司钻注意配合，吊卡销子必须系安全绳，严禁单销子作业。

(3) 尾绳两侧严禁站人，长度适当，操作或更换钳牙严禁把手放入钳口，更换钳牙时停止动力输出系统，管线破损要及时更换。

(4) 注意防止挤伤、碰伤、砸伤等人身伤害。

2.14.3.2 封隔器找水操作规程表

具体操作项目、内容、方法等详见表2.14。

表2.14 封隔器找水操作规程表

操作顺序	操作项目、内容、方法及要求	存在风险	风险控制措施	应用辅助工具用具
1	接正反循环管线，用清水洗压井，卸井口起出井内全部管柱；下油管，底部带套管刮削器，用刮削器在油层射孔段上下反复刮削，同时反洗井，刮削3~5次后，下至油层以下50m深，起出刮削管柱	砸伤、碰伤、扭伤	注意观察，平稳操作	修井起重设备、液压钳、900mm管钳、泵车、罐车、刮削器、数据尺
2	按设计要求，组配好下井找水管柱，用管钳上紧	砸伤、碰伤、扭伤	注意观察，平稳操作	修井起重设备、液压钳、900mm管钳、泵车、罐车、数据尺、封隔器、配产器
3	将找水管柱下至预定深度，坐好封隔器，装好全套采油树，求产测试	砸伤、碰伤、扭伤	注意观察，平稳操作	数据尺、修井起重设备、液压钳、900mm管钳、封隔器、配产器
4	正挤压井，捞出配产器，用清水洗压井，从油管内投入ϕ48mm的堵塞器，对第二层进行求产测试，对两层测试资料进行对比分析，找出出水层	砸伤、碰伤、扭伤	注意观察，平稳操作	修井起重设备、液压钳、900mm管钳、泵车、罐车、堵塞器

2.14.3.3 应急处置程序

(1) 人员发生机械伤害事故时，第一发现人员应立即关停致害设备，现场视伤势情况对受伤人员进行紧急包扎处理；如伤势严重，应立即拨打120求救。

（2）人员发生触电事故时，第一发现人员应立即切断电源，视触电者伤势情况，采取人工呼吸、胸外心脏按压等方法现场施救；如伤势严重，应立即拨打120求救。

2.15 刮削操作

2.15.1 刮削操作规程记忆歌诀

井径变径刮削位，井底落物查仔细①。
设备最大提升力，井控合格刮削器②。
防喷井口先坐好③，地面连好刮削器④。
二次上紧刮削器⑤，提放速度二三十⑥。
五十以上五到十⑦，开泵循环上二米⑧。
转动缓慢下管柱，反复上提刮多次⑨。
直到悬重正常止⑩，管柱遇阻禁顿击⑪。
循环旋转缓慢放，悬重下降二三十⑫。
反复活动看悬重，正常之后方继续⑬。
设计深度打清水，一二一五倍数记⑭。
刮削合格须确认，起管时速二三十⑮。

注释：①井径变径刮削位，井底落物查仔细——指了解好设计要求刮削位置、井径数据、最小变径位置及井底是否有落物等；②设备最大提升力，井控合格刮削器——指选择好符合设计要求的刮削器、计算好如果遇阻产生的最大提升力及设备是否达到要求，以及井控合格；③防喷井口先坐好——指坐好防喷井口；④地面连好刮削器——指地面连好刮削器上紧；⑤二次上紧刮削器——指井口二次上紧刮削器；⑥提放速度二三十——指下放上提油管速度一定要慢，要控制下入速度在20~30m/min之间；⑦五十以上五到十——指到达变径以上50m时，速度在5~10m/min之间；⑧开泵循环上二米——指到变径位置以上2m时开泵循环；⑨转动缓慢下管柱，反复上提刮多次——指循环正常后，一边顺管柱螺纹方向转动管柱，一边缓慢下放管柱，然后在上提管柱反复多次刮削；⑩直到悬重正常止——指直到下放时悬重正常为止；⑪管柱遇阻禁顿击——指刮削过程中如出现管柱遇阻现象，严禁顿击硬下；⑫循环旋转缓慢放，悬重下降二三十——指当管柱悬重下降20~30kN时应停止下管柱，开泵循环然后顺管柱螺纹旋转方向转动管柱缓慢下放；⑬反复活动看悬重，正常之后方继续——指反复活动管柱到悬重正常后再继续下管柱；⑭设计深度打清水，一二一五倍数记——指管柱下到设计刮削深度后，打入井筒容积1.2~1.5倍的清水，彻底清除井筒内杂物；⑮刮削合格须确认，起管时速二三十——指刮削合格，起管时速度要在20~30m/min之间。

2.15.2 刮削操作规程安全提示歌诀

坐好井口防井喷，配合操作细观察。
操作过程要认真，碰砸挤伤规避它。

2.15.3 刮削操作规程

2.15.3.1 风险提示

（1）操作时，要注意配合，认真观察，防止刮碰伤害。

（2）在操作过程中要认真仔细，坐好防喷井口防止井喷，防止小工具及零散物品掉落砸伤。

2.15.3.2 刮削操作规程表

具体操作项目、内容、方法等详见表2.15。

表2.15 刮削操作规程表

操作顺序	操作项目、内容、方法及要求	存在风险	风险控制措施	应用辅助工具用具
1	施工前准备			
1.1	了解好设计要求刮削位置、井径数据、最小变径位置及井底是否有落物等			

续表

操作顺序	操作项目、内容、方法及要求	存在风险	风险控制措施	应用辅助工具用具
1.2	选择好符合设计要求的刮削器、计算好如果遇阻产生的最大提升力及设备是否达到要求，以及井控合格			
2	刮削前准备			
2.1	坐好防喷井口	挤伤、砸伤	互相配合好，注意观察	刮削器、管钳、扳手、液压钳、钢丝绳
2.2	地面连好刮削器上紧	碰伤、砸伤	互相配合好，注意观察	管钳
3	下刮削器			
3.1	井口二次上紧刮削器	碰伤、砸伤	互相配合好，注意观察	管钳、液压钳
3.2	下放上提油管速度一定要慢，要控制下入速度在20~30m/min之间，到达变径以上50m时，速度在5~10m/min之间	挤伤、砸伤，井喷	互相配合好，注意观察	管钳、扳手、液压钳、压力表
3.3	到变径位置以上2m时开泵循环，循环正常后，一边顺管柱螺纹方向转动管柱，一边缓慢下放管柱，然后在上提管柱反复多次刮削，直到下放时悬重正常为止	砸伤、挤伤	互相配合好，注意观察	管钳、液压钳、泵车、罐车
3.4	刮削过程中如出现管柱遇阻现象，严禁顿击硬下，当管柱悬重下降20~30kN时应停止下管柱。开泵循环然后顺管柱螺纹旋转方向转动管柱缓慢下放，反复活动管柱到悬重正常后再继续下管柱			泵车、罐车

续表

操作顺序	操作项目、内容、方法及要求	存在风险	风险控制措施	应用辅助工具用具
3.5	管柱下到设计刮削深度后，打入井筒容积1.2~1.5倍清水，彻底清除井筒内杂物			泵车、罐车
3.6	刮削合格，起管时速度要在20~30m/min之间	砸伤、挤伤，井喷	互相配合好，注意观察	管钳、液压钳

2.15.3.3　应急处置程序

（1）人员发生机械伤害事故时，第一发现人员应立即关停致害设备，现场视伤势情况对受伤人员进行紧急包扎处理；如伤势严重，应立即拨打120求救。

（2）人员发生触电事故时，第一发现人员应立即切断电源，视触电者伤势情况，采取人工呼吸、胸外心脏按压等方法现场施救；如伤势严重，应立即拨打120求救。

2.16　挂毛辫子操作

2.16.1　挂毛辫子操作规程记忆歌诀

2.16.1.1　检查抽油机、回正驴头操作记忆歌诀

刹车配电架子查①，牵引大钩驴头摆②。

爬上驴头要防滑③，到位系牢安全带④。

大锤打入驴头销⑤，人员安全下地来⑥。

注释：①刹车配电架子查——指检查刹车系统、配电系统、架子运行状况；②牵引大钩驴头摆——指用绷绳牵引大钩将驴头摆正；③爬上驴头要防滑——指爬驴头人系好安全带，穿戴好劳动保护用品，爬驴头时注意防滑（冬季驴头有冰或雨季有雨水）；④到位系牢安全带——指到工作位置时先系好安全带；⑤大锤打入驴头销——指用大锤将驴头销子打好；⑥人员安全下地来——指爬驴头人安全下来。

2.16.1.2　开抽、挂毛辫子操作记忆歌诀

送电启抽松刹车①，停抽刹车下死点②。

挂上毛辫扣光杆③，适当位置提光杆④。

解毛辫子捆绑绳⑤，安传感器挂绳辫⑥。

调防冲距打卡子⑦，查方卡子下钩缓⑧。

摘提升环提大钩⑨，启抽油机按钮按⑩。

注释：①送电启抽松刹车——指松刹车，准备启动抽油机；②停抽刹车下死点——指将抽油机停到下死点，刹好；③挂上毛辫扣光杆——指挂毛辫子，爬上驴头的人把提升环扣在光杆上；④适当位置提光杆——指用大钩上提光杆到适当位置；⑤解毛辫子捆绑绳——指解开捆绑毛辫子的绳；⑥安传感器挂绳辫——指将传感器安到合适位置，挂上毛辫绳，上好螺钉；⑦调防冲距打卡子——指调好防冲距，打好方卡子；⑧查方卡子下钩缓——指缓慢放下大钩，检查方卡子是否卡牢；⑨摘提升环提大钩——指爬上驴头的人将提升环摘掉，提起大钩至合适位置；⑩启抽油机按钮按——指松刹车，准备启动抽油机。

2.16.2　挂毛辫子操作规程安全提示歌诀

防止毛辫挤伤人，绝缘手套电弧光。

登高系牢安全带，规避高空坠落伤。

2.16.3　挂毛辫子操作规程

2.16.3.1　风险提示

（1）在操作时，要注意配合，认真观察，防止刮碰伤害。

（2）注意高空落物。

（3）防止毛辫子挤伤。

（4）在操作过程中要认真仔细，防止小工具及零散物品掉落砸伤。

（5）登高作业系牢安全带，防止高空坠落。

2.16.3.2　挂毛辫子操作规程表

具体操作项目、内容、方法等详见表2.16。

表 2.16　挂毛辫子操作规程表

操作顺序	操作项目、内容、方法及要求	存在风险	风险控制措施	应用辅助工具用具
1	抽油机检查			
1.1	检查刹车系统	碰伤	仔细观察	活动扳手、螺丝刀
1.2	检查配电系统	电弧光灼伤	戴绝缘手套，侧身送电	绝缘手套、试电笔
2	回正驴头			
2.1	检查架子运行状况			
2.2	用绷绳牵引大钩将驴头摆正	防倾倒	工作时严禁抽油机附近站人	
2.3	爬驴头人系好安全带，穿戴劳动保护用品	高空坠落	检查好安全带，定期更换	安全带
2.4	爬驴头时注意防滑（冬季驴头有冰或雨季有雨水）	防滑到	冬季把冰刨掉，雨季擦干雨水	钎子或破布、大锤
2.5	到工作位置时先系好安全带	高空坠落	检查好安全带，定期更换	安全带
2.6	用大锤将驴头销子打好	高空落物、高空坠落	严禁从上面往地上扔东西	大锤
2.7	爬驴头人安全下来			
3	开抽			
3.1	松刹车，准备启动抽油机	碰伤或刮伤	站姿准确，手握牢	
3.2	将抽油机停到下死点，刹好	电弧光灼伤	侧身送电	绝缘手套
3.3	挂毛辫子			
3.4	爬上驴头的人把提升环扣在光杆上	挤伤	操作者面向抽油机	

续表

操作顺序	操作项目、内容、方法及要求	存在风险	风险控制措施	应用辅助工具用具
3.5	用大钩上提光杆到适当位置			
3.6	解开捆绑毛辫子的绳	刮伤	毛辫子刮伤	
3.7	将传感器安到合适位置	砸伤	传感器下落砸伤手	
3.8	挂上毛辫绳，上好螺钉	挤伤	操作者面向抽油机	活动扳手
3.9	调好防冲距，打好方卡子	碰伤	站姿准确，手握牢	管钳
3.10	缓慢放下大钩，检查方卡子是否卡牢			
3.11	爬上驴头的人将提升环摘掉，提起大钩至合适位置	挤伤	操作者面向抽油机	
3.12	松刹车，准备启动抽油机	碰伤或刮伤	站姿准确，手握牢	

2.16.3.3　应急处置程序

（1）人员发生机械伤害事故时，第一发现人应立即关停致害设备，现场视伤势情况对受伤人员进行紧急包扎处理；如伤势严重，应立即拨打120求救。

（2）人员发生触电事故时，第一发现人应立即切断电源，视触电者伤势情况，采取人工呼吸、胸外心脏按压等方法现场施救；如伤势严重，应立即拨打120求救。

2.17　换光杆操作

2.17.1　换光杆操作规程记忆歌诀

停抽断电查刹车①，泄压回收污染物②。

松卡子摘毛辫子③，卸盒下对扣卡箍④。

吊出光杆打垫叉[5]，卸开两杆连接箍[6]。

对扣卡箍盒下紧[7]，方卡原位打牢固[8]。

挂好毛辫放大钩[9]，生产流程先恢复[10]。

清场送电开启抽[11]，盘根不渗查温度[12]。

注释：①停抽断电查刹车——指验电，按停机按钮，拉下空气开关；刹紧刹车，将抽油机停在便于操作位置，检查刹车系统；②泄压回收污染物——指关回压或生产阀门，打开取样阀门，打开套管阀门，回收泄压产生的污染物；③松卡子摘毛辫子——指把提升环挂到光杆上部，用大钩提起20cm，刹住刹车，松开光杆卡子与毛辫子，放下大钩；④卸盒下对扣卡箍——指卸开密封盒对扣卡箍；⑤吊出光杆打垫叉——指上提大钩吊出光杆，在接箍处打上垫叉放下；⑥卸开两杆连接箍——指松开光杆下部与油杆连接接箍，吊起大钩调换新光杆，拧紧光杆下部与油杆连接接箍，下放大钩；⑦对扣卡箍盒下紧——指拧紧密封盒对扣卡箍；⑧方卡原位打牢固——指上提大钩，按原先位置打好光杆卡子；⑨挂好毛辫放大钩——指挂好毛辫子，放下大钩；⑩生产流程先恢复——指关闭取样阀门、套管阀门，打开回压阀门或生产阀门；⑪清场送电开启抽——指清除抽油机周围的障碍物和垃圾，松刹车，准备启动抽油机，合上空气开关，按启动按钮开抽；⑫盘根不渗查温度——指检查光杆温度、密封盒渗漏情况。

2.17.2 换光杆操作规程安全提示歌诀

拉合空开戴手套，预防弧光灼伤人。

手握光杆定严禁，开关阀门要侧身。

油水回收不落地，刮碰砸挤远离身。

2.17.3 换光杆操作规程

2.17.3.1 风险提示

（1）启、停抽油机时要戴绝缘手套；停抽后要切断电源总开关。

（2）松开光杆卡子时，用手扶着缓慢下放，以防下落伤人。

（3）操作时严禁手握光杆。

（4）开关阀门时要侧身。

2.17.3.2　换光杆操作规程表

具体操作项目、内容、方法等详见表2.17。

表2.17　换光杆操作规程表

操作顺序	操作项目、内容、方法及要求	存在风险	风险控制措施	应用辅助工具用具
1	将抽油机停在下死点			
1.1	验电，按停机按钮，拉下空气开关	电弧光灼伤	戴绝缘手套，侧身送电	绝缘手套、试电笔
1.2	刹紧刹车，将抽油机停在便于操作的位置	碰伤或刮伤	站姿准确，手握牢	
1.3	检查刹车系统	碰伤	仔细观察	250mm 活动扳手、螺丝刀
2	泄压			
2.1	关回压阀门或生产阀门	用力不当易发生扭伤	侧身平稳操作	600mm 管钳
2.2	打开取样阀门	碰伤	侧身平稳操作	250mm 活动扳手
2.3	打开套管阀门	碰伤	侧身平稳操作	600mm 管钳
2.4	回收泄压产生的污染物	油水污染地表土壤	使用排污桶接排放物	排污桶
3	换光杆			
3.1	把提升环挂到光杆上部，用大钩提起20cm，刹住刹车，松开光杆卡子与毛辫子，放下大钩	坠物砸伤、扭伤	平稳操作	修井架子车、250mm 活动扳手、900mm 管钳
3.2	卸开密封盒对扣卡箍	用力不当易发生扭伤	平稳操作	600mm 管钳
3.3	上提大钩吊出光杆，在接箍处打上垫叉放下	坠物砸伤	平稳操作	修井架子车

续表

操作顺序	操作项目、内容、方法及要求	存在风险	风险控制措施	应用辅助工具用具
3.4	松开光杆下部与油杆连接接箍，吊起大钩调换新光杆	坠物砸伤、碰伤、扭伤	平稳操作	修井架子车、600mm 管钳
3.5	拧紧光杆下部与油杆连接接箍，下放大钩	用力不当易发生扭伤	平稳操作	修井架子车、600mm 管钳
3.6	拧紧密封盒对扣卡箍	用力不当易发生扭伤	侧身平稳操作	600mm 管钳
3.7	上提大钩，按原先位置打好光杆卡子、毛辫子，放下大钩	坠物砸伤、碰伤、扭伤	平稳操作	修井架子车、900mm 管钳
3.8	关闭取样阀门	碰伤	侧身平稳操作	250mm 活动扳手
3.9	关闭套管阀门	碰伤	侧身平稳操作	600mm 管钳
3.10	打开回压阀门或生产阀门	用力不当易发生扭伤	侧身平稳操作	600mm 管钳
4	开抽			
4.1	清除抽油机周围的障碍物和垃圾	碰伤	仔细观察	排污桶
4.2	松刹车，准备启动抽油机	碰伤或刮伤	站姿准确，手握牢	
4.3	合上空气开关，按启动按钮开抽	电弧光灼伤	侧身送电	绝缘手套
4.4	检查光杆温度、密封盒渗漏情况	离设备过近易刮伤	站到安全位置观察运行情况	检查记录、测温仪或笔

2.17.3.3　应急处置程序

（1）人员发生机械伤害事故时，第一发现人应立即关停致害设备，现场视伤势情况对受伤人员进行紧急包扎处理；如伤势严重，应立即拨打 120 求救。

（2）人员发生触电事故时，第一发现人应立即切断电源，视触电者伤势情况，采取人工呼吸、胸外心脏按压等方法现场施救；如伤势

严重，应立即拨打120求救。

2.18 加深泵挂操作

2.18.1 加深泵挂操作规程记忆歌诀

2.18.1.1 操作前准备记忆歌诀

打开套阀关回压，首先卸掉油套压[1]。

打卡卸载摘毛辫[2]，翻转驴头项不落[3]。

注释：①打开套阀关回压，首先卸掉油套压——指打开套管阀门，泄掉套压，无压力后进行下一步施工；关闭回压阀门后放掉油压，如果放不净或压力高于1MPa时采取压井措施；②打卡卸载摘毛辫——指停抽（按抽油机开、停操作规程执行）有二次刹车的将二次刹车锁死，驴头接近下死点位置刹死后用符合光杆规范的方卡子卡在防喷盒上平面的光杆上，根据摘毛辫子操作规程，摘毛辫子；③翻转驴头项不落——指按照摆驴头操作规程，翻转驴头。

2.18.1.2 加深泵挂操作记忆歌诀

起出光杆拆法兰[1]，四个顶丝退法兰[2]。

提升短节油管挂，连接上紧用管钳[3]。

井口卸下油管挂[4]，提起放下摆地面[5]。

下井管柱要清蜡[6]，守规下入加深管[7]。

检查完好密封圈，提升短节管挂连[8]。

下入管挂和油管，提起下放须缓慢[9]。

大钩卸载去短节，四个顶丝入法兰[10]。

安装法兰上螺钉[11]，下杆速度应缓慢[12]。

大钩卸载可对扣[13]，起出全部加深杆[14]。

上紧螺纹重下回[15]，调防冲距提光杆[16]。

摆正驴头挂毛辫[17]，试抽合格交井严[18]。

注释：①起出光杆拆法兰——指按照起光杆操作规程起出光杆，按照拆卸采油树操作规程，拆下井口上法兰；②四个顶丝退法兰——指井口工用活动扳手将套管大四通上法兰4个顶丝的椎体退至法兰内；

③提升短节油管挂，连接上紧用管钳——指：a. 将提升短接与油管挂连接好并用管钳上紧螺纹；b. 将吊卡扣在提升短接上，并锁好月牙活门，指挥司钻人员下放大钩，将调环放入吊卡吊耳内，并插好防脱吊卡销子；c. 人员撤离井口，边观察指重表边指挥司钻人员缓慢、平稳上提，当井内第一根油管接箍提出井口 30cm 以上时，指挥司钻人员停止上提；d. 井口工将油管吊卡扣在起出的第一根油管本体上，并关紧月牙活门；e. 指挥司钻下放管柱，使油管接箍坐在油管吊卡上，直至提升吊卡离开接箍 5~10cm，指挥司钻人员停止下放大钩；④井口卸下油管挂——指井口工配合好用管钳将油管挂卸下；⑤提起放下摆地面——指指挥司钻人员上提油管短接 30cm 左右，下放大钩，将油管挂摆放在工具架上或井口附近不影响施工作业的位置；⑥下井管柱要清蜡——指按照清蜡操作规程，对待下井管杆进行清蜡；⑦守规下入加深管——指按照下油管操作，下加深油管；⑧检查完好密封圈，提升短节管挂连——指检查密封圈完好，将已接好的油管悬挂器的提升短节扣入吊环内的提升吊卡内，并锁紧吊卡月牙活门；⑨下入管挂和油管，提起下放须缓慢——指：a. 指挥司钻缓慢上提游车大钩，当油管悬挂器至井口上方 0.3m 左右时，停止上提，并缓慢下放；b. 当油管悬挂器的外螺纹兑入井口油管内螺纹，提升吊卡下移离开提升短节接箍 0.05~0.1m 时，刹车，用管钳卡住油管悬挂器上面的提升短节上扣，并检查油管悬挂器与连接短节间螺纹的上紧程度，按规定上紧扣位置；c. 指挥司钻人员上提油管 0.3m 左右，停止上提，迅速取下井口吊卡，放置操作台上；d. 指挥司钻人员缓慢下放油管悬挂器，同时用工具扶正提升短节，并保持油管悬挂器居中井口，将油管悬挂器平稳地坐入大四通内；⑩大钩卸载去短节，四个顶丝入法兰——指：a. 当游车大钩卸载后，将吊卡从提升短节上摘掉，并上提游车大钩，当吊卡距井口上平面 2m 以上刹车；b. 用管钳将提升短节从油管悬挂器上卸掉，然后用扳手将大四通上法兰处 4 只顶丝锥体对角均匀上紧，至卡住油管悬挂器为止；⑪安装法兰上螺钉——指装上法兰，上井口螺钉；⑫下杆速度应缓慢——指：a. 将一只油杆垫叉扣在待下井的第一根油杆或拉杆上，指挥司钻人员缓慢下放抽油杆小大钩，当其下端

距油杆垫叉 0.3cm 左右时，停止下放；b. 井口工将抽油杆垫叉挂入小大钩内并锁好保险后，指挥司钻人员缓慢上提，场地工配合司钻人员把活塞提至合适位置后，井口工接过且扶稳，当活塞提至井口上平面 0.3cm 左右时，指挥司钻人员停止上提；c. 场地工配合司钻人员将油杆送至井口合适位置，一名井口工接过油杆扶稳并对正井口，指挥司钻人员平稳下放，并随游车缓慢下放至油管内，将另一只油杆垫叉扣在待下井的第二根油杆上，指挥司钻人员缓慢下放抽油杆小大钩，当其下端距油杆吊卡 0.3cm 左右时，停止下放；d. 井口工将抽油杆垫叉挂入小大钩内并锁好保险后，指挥司钻人员缓慢上提，场地工配合司钻人员把油杆提至合适位置后，井口工接过且扶稳，当油杆提至井口上平面 0.3cm 左右时，指挥司钻人员停止上提；e. 场地工配合司钻人员将油杆送至井口合适位置，一名井口工接过油杆扶稳并对正井口油杆接箍螺纹，指挥司钻人员平稳下放，并随游车的缓慢下放对好扣，随即手动旋入 2~3 扣，待另一名井口工打好备钳后，共同用管钳旋紧扣；f. 指挥司钻人员缓慢上提，当接箍下部台肩离开油杆吊卡上平面 0.1~0.3cm，指挥司钻人员停止上提，待井口工将抽油杆吊卡从油杆本体上摘下并扣在另一根油杆上，指挥司钻人员缓慢下放油杆；g. 重复以上步骤将要加深的油杆下入井内；⑬大钩卸载可对扣——指当大钩没有负荷时，井口工用管钳打在油杆本体上进行上扣，直到上不动为止；⑭起出全部加深杆——指将加深的油杆全部起出；⑮上紧螺纹重下回——指起到对扣的那根油杆时，上紧螺纹下回，直至将加深的全部油杆下回；⑯调防冲距提光杆——指调好防冲距；⑰摆正驴头挂毛辫——指按照摆驴头操作规程，摆正驴头，按照挂毛辫子操作规程，挂毛辫子；⑱试抽合格交井严——指启动抽油机、卸光杆卡子试抽合格交井。

2.18.2 加深泵挂操作规程安全提示歌诀

登高系牢安全带，有效规避坠落伤。

开关阀门要侧身，丝杠飞出不受伤。

绝缘手套须戴好，预防弧光把咱伤。

不刺不漏蒸汽枪，防止高温蒸汽伤。

平稳操作液压钳，避免操作手夹伤。

2.18.3 加深泵挂操作规程

2.18.3.1 风险提示

（1）加深泵挂操作时，注意液压钳操作，防止绞伤。

（2）提放管柱时，注意观察，防止落物砸伤。

（3）使用管钳时，注意认真操作，防止挂伤、碰伤和砸伤。

2.18.3.2 加深泵挂操作规程表

具体操作项目、内容、方法等详见表2.18。

表2.18 加深泵挂操作规程表

操作顺序	操作项目、内容、方法及要求	存在风险	风险控制措施	应用辅助工具用具
1	加深泵挂操作前准备			
1.1	操作人员应持证上岗，岗位人员按规定穿戴劳动保护用品			
1.2	打开套管阀门，泄掉套压，无压力后方可进行下一步施工	①手轮飞出伤人； ②打开套管阀门时，井口高压气体冲出伤人（即套气伤人）； ③着火爆炸	①侧身开阀门、缓慢平稳，耳朵做好防护； ②其他人员不能正对阀门出口； ③禁止明火	阀门扳手
1.3	关闭回压阀门后放掉油压，如果放不净或压力高于1MPa时采取压井措施	①油压伤人； ②油污落地污染环境	①人员不能正对阀门出口，耳朵做好防护； ②接液、铺设彩条布或定向排放	阀门扳手

续表

操作顺序	操作项目、内容、方法及要求	存在风险	风险控制措施	应用辅助工具用具
1.4	停抽按抽油机开、停操作规程执行，有二次刹车的将二次刹车锁死；驴头接近下死点位置刹死后，用符合光杆规范的方卡子卡在防喷盒上平面的光杆上	①触电； ②旋转部位伤人； ③卡子滑落伤人	①侧身启动抽油机； ②锁死二次刹车装置； ③打紧卡子，严禁用手扶光杆	绝缘手套
1.5	根据摘毛辫子操作规程，摘毛辫子	①滑落跌伤； ②刹车不灵毛辫子夹手	在摘挂毛辫子时有专人指挥，操作人员要站在驴头对面操作，并站稳把牢，同时严禁用手扶光杆	450mm 活动扳手
1.6	按照摆驴头操作规程，翻转驴头	①坠落伤人； ②落物伤人	系好安全带，翻或摘驴头时，下面严禁站人	手锤、安全带
2	加深泵挂			
2.1	按照起光杆操作规程起出光杆	①工具不合适造成杆脱落伤人或者井下事故； ②光杆卡子滑落伤人	①选用适合的油杆吊卡、小大钩，确保工具灵活好用，小大钩必须有防脱吊卡销子，上提或下放时，井口人员后撤； ②不能用手扶光杆本体	管钳

续表

操作顺序	操作项目、内容、方法及要求	存在风险	风险控制措施	应用辅助工具用具
2.2	按照拆卸采油树操作规程，拆下井口上法兰	砸伤		
2.3	①井口工用活动扳手将套管大四通上法兰4个顶丝的椎体退至法兰内； ②将提升短接与油管挂连接好并用管钳上紧螺纹； ③将吊卡扣在提升短接上，并锁好月牙活门，指挥司钻下放大钩，将调环放入吊卡吊耳内，并插好防脱吊卡销子； ④人员撤离井口，边观察指重表边指挥司钻人员缓慢、平稳上提，当井内第一根油管接箍提出井口30cm以上时，指挥司钻人员停止上提； ⑤井口工将油管吊卡扣在起出的第一根油管本体上，并关紧月牙活门； ⑥指挥司钻人员下放管柱，使油管接箍坐在油管吊卡上，直至提升吊卡离开接箍5~10cm，指挥司钻人员停止下放大钩； ⑦井口工配合好用管钳将油管挂卸下； ⑧指挥司钻上提油管短接30cm左右，下放大钩，将油管挂摆放在工具架上或井口附近不影响施工作业的位置	①顶丝卸不到位； ②提升短接断脱； ③活门未到位，未锁死，吊卡未插保险销子； ④摘取吊卡砸伤； ⑤上提碰挂驴头； ⑥管钳断，飞出伤害	①仔细卸到位； ②仔细检查螺纹完好，上到位； ③活动活门和销子好用，上提示仔细检查，确保配备齐全完好； ④轻拿轻放，协调配合； ⑤平稳操作，注意观察； ⑥检查管钳牙板完好，如损坏及时更换，平稳操作	

续表

操作顺序	操作项目、内容、方法及要求	存在风险	风险控制措施	应用辅助工具用具
2.4	按照清蜡操作规程，对待下井管杆进行清蜡	①清蜡时管线打折憋压造成管线破裂烫伤人； ②带加长管清扫死油管时管线憋压或油管反喷油蜡伤人； ③人的不安全行为造成人员烫伤； ④蒸汽在井口周围形成雾团，阻碍视线，造成伤害； ⑤蒸汽管线接头刺漏、管线爆裂或蒸汽枪与管线分离造成人员烫伤	①清蜡前理顺管线，清蜡时保持管线畅通，较长距离移动管线时，停泵后再操作； ②严禁高温清蜡枪口对人或在没有断电情况下清扫电器设备； ③平稳操作，防止管线憋压，人员注意配合，油管另一出口严禁站人； ④严禁人员站在管杆上操作或走动、思想集中，握紧蒸汽枪，严禁用蒸汽来清洗穿戴在身上的劳保鞋、工作服、安全帽等劳动保护用品； ⑤如形成雾团视线不清应停止作业； ⑥蒸汽管线各处接头连接必须紧密可靠，不刺不漏；蒸汽管线必须完好，符合规范，不得有裂纹或老化现象	

续表

操作顺序	操作项目、内容、方法及要求	存在风险	风险控制措施	应用辅助工具用具
2.5	按照下油管操作，下加深油管	①活门未到位，未锁死，吊卡未插保险销子； ②摘取吊卡砸伤； ③上提碰挂驴头； ④管钳断，飞出伤害； ⑤收放液压钳砸伤、碰伤、压伤、绞手； ⑥液压钳尾绳断； ⑦挂单吊环造成人员伤害、设备损坏，甚至井下事故； ⑧液压钳尾绳伤人、操作或更换钳牙伤人，带压管线伤人； ⑨场地工拉送油管不当，油管刮井口撅起伤人，管拉送角度不当刮碰井架或抽油机配件造成落物伤人； ⑩井口工砸伤	①活动活门和销子好用，上提时仔细检查，确保配备齐全完好； ②轻拿轻放，协调配合； ③平稳操作，注意观察； ④检查管钳牙板完好，如有损坏及时更换平稳操作； ⑤手和身体不得接触危险部位，仔细检查悬吊部位是否完好； ⑥仔细检查钢丝绳紧固磨损现象，尾绳直径长度适中，绳卡子符合匹配要求； ⑦协调配合平稳操作； ⑧尾绳两侧严禁站人，长度适当，操作或更换钳牙严禁把手放入钳口，更换钳牙时停止动力输出系统，管线破损要及时更换； ⑨拉送管杆时平稳操作，保持适宜的角度，保持与井口的协调性	

续表

操作顺序	操作项目、内容、方法及要求	存在风险	风险控制措施	应用辅助工具用具
2.6	①检查密封圈完好，将已接好的油管悬挂器的提升短节扣入吊环内的提升吊卡内，并锁紧吊卡月牙活门； ②指挥司钻人员缓慢上提游车大钩，当油管悬挂器至井口上方0.3m左右时，停止上提，并缓慢下放； ③当油管悬挂器的外螺纹兑入井口油管内螺纹中，提升吊卡下移离开提升短节接箍0.05~0.1m时，刹车；用管钳卡住油管悬挂器上面的提升短节上扣，并检查油管悬挂器与连接短节间螺纹的上紧程度，按规定上紧扣位置； ④指挥司钻人员上提油管0.3m左右，停止上提，迅速取下井口吊卡，放置于操作台上； ⑤指挥司钻缓慢下放油管悬挂器，同时用工具扶正提升短节，并保持油管悬挂器居中井口，将油管悬挂器平稳地坐入大四通内； ⑥当游车大钩卸载后，将吊卡从提升短节上摘掉，并上提游车大钩，当吊卡距井口上平面2m以上刹车； ⑦用管钳将提升短节从油管悬挂器上卸掉，然后用扳手将大四通上法兰处4只顶丝锥体对角均匀上紧，至卡住油管悬挂器为止	①摘取吊卡砸伤； ②上提碰挂驴头； ③管钳断飞出伤害		
2.7	装上法兰，上井口螺钉	砸伤		

续表

操作顺序	操作项目、内容、方法及要求	存在风险	风险控制措施	应用辅助工具用具
2.8	下杆对扣： ①将一只油杆垫叉扣在待下井的第一根油杆或拉杆上，指挥司钻人员缓慢下放抽油杆小大钩，当其下端距油杆垫叉0.3cm左右时，停止下放； ②井口工将抽油杆垫叉挂入小大钩内并锁好保险后，指挥司钻人员缓慢上提，场地工配合司钻人员把油杆提至合适位置后，井口工接过且扶稳，当油杆提至井口上平面0.3m左右时，指挥司钻人员停止上提； ③场地工配合司钻人员将油杆送至井口合适位置，一名井口工接过油杆扶稳并对正井口，指挥司钻人员平稳下放，并随游车缓慢下放至油管内，将另一只油杆垫叉扣在待下井的第二根油杆上，指挥司钻人员缓慢下放抽油杆小大钩，当其下端距油杆吊卡0.3m左右时，停止下放； ④井口工将抽油杆垫叉挂入小大钩内并锁好保险后，指挥司钻人员缓慢上提，场地工配合司钻人员把油杆提至合适位置后，井口工接过且扶稳，当油杆提至井口上平面0.3m左右时，指挥司钻人员停止上提； ⑤场地工配合司钻人员将油杆送至井口合适位置，一名井口工接过油杆扶稳并对正井口油杆接箍螺纹，指挥司钻人员平稳下放，并随游车的缓慢下放对好扣，随即手动旋入2~3扣，待另一名井口工打好备钳后，共同用管钳旋紧扣； ⑥指挥司钻人员缓慢上提，当接箍下部台肩离开油杆吊卡上平面0.1~0.3m，指挥司钻人员停止上提，待井口工将抽油杆吊卡从油杆本体上摘下并扣在另一根油杆上，指挥司钻人员缓慢下放油杆； ⑦重复以上步骤将要加深的油杆下入井内； ⑧当大钩没有负荷时，井口工用管钳打在油杆本体上进行上扣，直到上不动为止； ⑨将加深的油杆全部起出，起到对扣的那根油杆时，上紧螺纹下回，直至将加深的全部油杆下回； ⑩调好防冲距	①砸手； ②滑倒、磕碰	集中注意力	

续表

操作顺序	操作项目、内容、方法及要求	存在风险	风险控制措施	应用辅助工具用具
3	按照摆驴头操作规程，摆正驴头	①坠落伤人；②落物伤人	系好安全带	手锤
4	按照挂毛辫子操作规程，挂毛辫子	①滑落跌伤；②刹车不好使毛辫子夹手	站牢把稳，确保刹车刹死	
5	启动抽油机、卸光杆卡子试抽合格可交井	①触电；②磕碰；③光杆卡子滑脱伤人	①侧身启动；②选用合适的工具；③不能用手抓光杆本体	450mm 活动扳手或 600mm 管钳

2.18.3.3　应急处置程序

人员发生机械伤害事故时，第一发现人应立即关停致害设备，现场视伤势情况对受伤人员进行紧急包扎处理；如伤势严重，应立即拨打 120 求救。

2.19　井场铺防渗布操作

2.19.1　井场铺防渗布操作规程记忆歌诀

平整井场铺上布，布上缓行修井机[①]。
杆管横担围堰架，稳固安好管凳子[②]。
井口接头防渗布，防渗熔接热风机[③]。
驴头支架防渗布，捆绑牢固用铁丝[④]。

注释：①平整井场铺上布，布上缓行修井机——指铺设修井机底部防渗布，平整井场，按照修井机缓慢倒车靠近井口的方向抻平防渗布，修井机缓慢行驶至防渗布上，防止防渗布渗漏，造成环境污染；②杆管横担围堰架，稳固安好管凳子——指铺设管杆底部防渗布，平整井场，按照修井机缓慢倒车靠近井口的方向抻平防渗布，安装围堰支架、管杆凳子和管杆横担时要轻拿轻放，防止破坏防渗布造成渗漏，造成环境污染；③井口接头防渗布，防渗熔接热风机——指铺设井口周围防渗布，平整井口周围，按照修井机缓慢倒车靠近井口的方向抻平防渗布，用热风机熔好防渗布接头，防止防渗布渗漏，造成环境污染；④驴头支架防渗布，捆绑牢固用铁丝——指铺设抽油机驴头防渗布，按照打驴头操作规程打好驴头，作业人员系好安全带，按照修井机缓慢倒车靠近井口的方向抻平防渗布，用铁丝固定防渗布，铺设抽油机支架防渗布，按照修井机缓慢倒车靠近井口的方向抻平防渗布，用铁丝固定防渗布；防止防渗布渗漏，造成环境污染。

2.19.2 井场铺防渗布操作规程安全提示歌诀

登高系牢安全带，有效规避坠落伤。

平稳操作有监护，砸碰扭烫不受伤。

2.19.3 井场铺防渗布操作规程

2.19.3.1 风险提示

(1) 平稳操作，严禁渗漏，造成环境污染。

(2) 注意挤伤、碰伤、砸伤、坠落等人身伤害，监护人应做好风险提示。

2.19.3.2 井场铺防渗布操作规程表

具体操作项目、内容、方法等详见表2.19。

表2.19 井场铺防渗布操作规程表

操作顺序	操作项目、内容、方法及要求	存在风险	风险控制措施	应用辅助工具用具
1	铺设修井机底部防渗布，平整井场，按照修井机缓慢倒车靠近井口的方向抻平防渗布，修井机缓慢行驶至防渗布上，防止防渗布渗漏，造成环境污染	砸伤、碰伤、扭伤	穿戴好劳动保护用品，注意观察，平稳操作	修井起重设备、防渗布、围堰架

续表

操作顺序	操作项目、内容、方法及要求	存在风险	风险控制措施	应用辅助工具用具
2	铺设管杆底部防渗布，平整井场，按照修井机缓慢倒车靠近井口的方向抻平防渗布，安装围堰支架，管杆凳子和管杆横担要轻拿轻放，防止破坏防渗布造成渗漏，造成环境污染	砸伤、碰伤、扭伤	穿戴好劳动保护用品，注意观察，平稳操作	防渗布、围堰架、管杆凳子、管杆横担
3	铺设井口周围防渗布，平整井口周围，按照修井机缓慢倒车靠近井口的方向抻平防渗布，用热风机熔好防渗布接头，防止防渗布渗漏，造成环境污染	砸伤、碰伤、烫伤、触电、扭伤	穿戴好劳动保护用品，注意观察，平稳操作	防渗布、围堰架、热风机
4	铺设抽油机驴头防渗布，按照打驴头操作规程打好驴头，作业人员系好安全带，按照修井机缓慢倒车靠近井口的方向抻平防渗布，用铁丝固定防渗布，防止防渗布渗漏，造成环境污染	砸伤、碰伤、扭伤、坠落	穿戴好劳动保护用品，注意观察，平稳操作	防渗布、铁丝、钢丝钳、安全带
5	铺设抽油机支架防渗布，按照修井机缓慢倒车靠近井口的方向抻平防渗布，用铁丝固定防渗布，防止防渗布渗漏，造成环境污染	砸伤、碰伤、扭伤、坠落	穿戴好劳动保护用品，注意观察，平稳操作	防渗布、铁丝、钢丝钳、安全带

2.19.3.3　应急处置程序

（1）人员发生机械伤害事故时，第一发现人应立即关停致害设备，现场视伤势情况对受伤人员进行紧急包扎处理；如伤势严重，应立即拨打120求救。

（2）人员发生触电事故时，第一发现人应立即切断电源，视触电者伤势情况，采取人工呼吸、胸外心脏按压等方法现场施救；如伤势严重，应立即拨打120求救。

2.20 井下工具检修操作

2.20.1 井下工具检修操作规程记忆歌诀

螺纹接头和销钉，擦洗校准再检查[①]。
顺序拆卸再清洗[②]，零件编号细检查[③]。
测量修复更换件[④]，按照要求组装它[⑤]。
测试工具检修后[⑥]，入库登记检修单[⑦]。

注释：①螺纹接头和销钉，擦洗校准再检查——指擦洗工具，校准工具，检查外螺纹、接头、销钉、外表等外部零件；②顺序拆卸再清洗——指按顺序拆卸零件、清洗零部件；③零件编号细检查——指检查零部件并编号；④测量修复更换件——指测量、修复、更换零部件；⑤按照要求组装它——指按要求组装工具；⑥测试工具检修后——指测试检修完的井下工具；⑦入库登记检修单——指填好检修单，登记入库。

2.20.2 井下工具检修操作规程安全提示歌诀

机械绞伤防触电，碰伤刮伤和扭伤。
合理站位巧躲避，高压液体刺漏伤。

2.20.3 井下工具检修操作规程

2.20.3.1 风险提示

（1）操作液压拧扣机防止机械绞伤，防止触电。

（2）试压过程小心操作，防止触电和高压液体对人体造成伤害。

2.20.3.2 井下工具检修操作规程表

具体操作项目、内容、方法等详见表2.20。

表 2.20　井下工具检修操作规程表

操作顺序	操作项目、内容、方法及要求	存在风险	风险控制措施	应用辅助工具用具
1	外部清洗检查			
1.1	擦洗工具，校准工具			旧布、油盆及柴油、游标卡尺
1.2	检查外螺纹、接头、销钉、外表等外部零部件	碰伤、刮伤	站姿准确，扶牢把稳	螺纹规
2	拆卸工具、检查零部件			
2.1	按顺序拆卸零部件	触电、绞伤、碰伤、扭伤	加强检查，平稳操作	900mm 管钳
2.2	清洗零部件	划伤、碰伤	集中精神，扶牢把稳	旧布、油盆及柴油、游标卡尺
2.3	检查零部件并编号			
3	组装工具			
3.1	测量、修复、更换零部件	划伤、碰伤	集中精神，平稳操作	游标卡尺
3.2	按要求组装工具	碰伤、扭伤	侧身、平稳操作	900mm 管钳、平板锉
4	测试登记			
4.1	测试检修完的井下工具	触电、碰伤高压液体刺伤	集中精神，平稳操作	试压泵
4.2	填好检修单，登记入库			

2.20.3.3　应急处置程序

（1）人员发生机械伤害事故时，第一发现人立即关停致害设备，现场视伤势情况对受害人进行紧急包扎处理；如伤势严重，立即拨打120求救。

（2）人员发生触电事故时，第一发现人应立即切断电源，视触电者伤势情况，采取人工呼吸、胸外心脏按压等方法现场施救；如伤势严重，立即拨打120求救。

2.21 捞油井封井操作

2.21.1 捞油井封井操作规程记忆歌诀

立放井架细检查，系统部位防护全①。
立放井架看风向，五级风速不安全②。
想要卸去井口帽，先卸法兰取钢圈③。
短节螺纹刷干净，螺纹损坏不能安④。
确认完好涂黄油⑤，钥匙打开井口帽⑥。
公扣[1]对上套接箍，逆时对扣一两圈⑦。
顺时手转把扣上，上紧井帽用管钳⑧。
钥匙锁上井口帽，封井操作才算完。

注释：①立放井架细检查，系统部位防护全——指检查滑轮、固定螺栓、钢丝绳、绳卡、紧绳器、千斤脚、垫木、制动离合、传动部分、液压系统、电路系统、防护设施是否齐全可靠；②立放井架看风向，五级风速不安全——指注意风级、风向，五级以上风及井架上有用电线路等障碍时，不得立放井架；③想要卸去井口帽，先卸法兰取钢圈——指卸去井口帽，取下钢圈槽内的钢圈，放置在不易磕碰的地方；④短节螺纹刷干净，螺纹损坏不能安——指卸去井口帽后，用钢丝刷将套管短节螺纹刷干净，并检查是否完好，螺纹损坏则不能安装；⑤确认完好涂黄油——指确认螺纹完好，涂好黄油或密封脂；⑥钥匙打开井口帽——指用钥匙将井口帽子门打开；⑦公扣对上套接箍，逆时对扣一两圈——指将井口帽外螺纹对在井口套管接箍上（两手端平，慢放在套管接箍上）逆时针转1~2圈对扣；⑧顺时手转把扣上，

---

[1] 公扣即外螺纹，现场作业过程中也称公扣，母扣即内螺纹，现场作业过程中也称母扣；为歌诀押韵顺口考虑，故歌诀中公扣不改为外螺纹。

上紧井帽用管钳——指对好扣后，按顺时针方向正转上扣，当用手转不动时，用管钳平卡在井口帽上用一根长 4~6m 的加力杠一头插在管钳外，推动加力杠顺时针旋转将井口帽上紧。

2.21.2 捞油井封井操作规程安全提示歌诀

刮扭砸伤机械伤，平稳操作不受伤。

立放井架防倾倒，禁止操作五级风。

2.21.3 捞油井封井操作规程

2.21.3.1 风险提示

（1）在捞油井封井时，要注意配合，认真观察，防止刮碰伤害。

（2）在操作过程中要认真仔细，防止小工具及零散物品掉落砸伤。

2.21.3.2 捞油井封井操作规程表

具体操作项目、内容、方法等详见表 2.21。

表 2.21 捞油井封井操作规程表

操作顺序	操作项目、内容、方法及要求	存在风险	风险控制措施	应用辅助工具用具
1	立放井架前检查			
1.1	检查滑轮、固定螺栓、钢丝绳、绳卡、紧绳器、千斤脚、垫木、制动离合、传动部分、液压系统、电路系统、防护设施是否齐全可靠	机械伤害事故时	注意观察	
1.2	注意风级、风向，五级以上风及井架上有用电线路等障碍时，不得立放井架	防倾倒	风大天严谨操作	
2	卸井口			
2.1	在套管短节法兰处和大四通上法兰处卸开	扭伤	操作平稳，注意配合	管钳、加力杠

续表

操作顺序	操作项目、内容、方法及要求	存在风险	风险控制措施	应用辅助工具用具
2.2	取下钢圈槽内的钢圈，放置在不易磕碰的地方			
2.3	卸去井口帽	刮伤		
2.4	卸去井口帽后，用钢丝刷将套管短节螺纹刷干净，并检查是否完好，螺纹损坏则不能安装，涂好黄油或密封脂	刮伤	注意钢刷刮伤	钢刷
3	安装井口帽			
3.1	用钥匙将井口帽子门打开			
3.2	将井口帽外螺纹对在井口套管接箍上（两手端平，慢放在套管接箍上）逆时针转1~2圈对扣	砸伤	平稳操作	
3.3	对好扣后，按顺时针方向正转上扣，当用手转不动时，用管钳平卡在井口帽上用一根长4~6m的加力杠一头插在管钳外，推动加力杠顺时针旋转将井口帽上紧	扭伤	操作平稳，注意配合	管钳、加力杠
3.4	用钥匙将井口帽子锁上			

2.21.3.3　应急处置程序

人员发生机械伤害事故时，第一发现人应立即关停致害设备，现场视伤势情况对受伤人员进行紧急包扎处理；如伤势严重，应立即拨打120求救。

2.22　立放修井机井架操作

2.22.1　立放修井机井架操作规程记忆歌诀

立放井架细检查，系统部位防护全①。

立放井架看风向，五级风速不安全②。

千斤脚板要锁死[3]，专人指挥保安全。

试起井架无障碍，起架绷绳不得刮[4]。

绷绳挂好并紧固，先选锚位打好钎[5]。

下放架子松绷绳，液压系统要循环[6]。

游车上提须缓慢，落架收绳收脚板[7]。

注释：①立放井架细检查，系统部位防护全——指检查滑轮、固定螺栓、钢丝绳、绳卡、紧绳器、千斤脚、垫木、制动离合、传动部分、液压系统、电路系统、防护设施是否齐全可靠；②立放井架看风向，五级风速不安全——指注意风级、风向，五级以上风及井架上有用电线路等障碍时，不得立放井架；③千斤脚板要锁死——指放下千斤板和千斤脚，并锁死；④试起井架无障碍，起架绷绳不得刮——指先试起井架，检查无障碍时，平稳起井架，不得刮绷绳；⑤绷绳挂好并紧固，先选锚位打好钎——指拉绷绳选择好地锚位置，打好地锚钎子，挂好绷绳，并紧固绷绳；⑥下放架子松绷绳，液压系统要循环——指松绷绳，充分循环液压系统；⑦游车上提须缓慢，落架收绳收脚板——指缓慢上提游车，平稳降落井架，将井架放到托架上，收起绷绳，收起千斤脚和千斤板。

2.22.2 立放修井机井架操作规程安全提示歌诀

刮扭砸伤机械伤，平稳操作不受伤。

立放井架防倾倒，禁止操作五级风。

2.22.3 立放修井机井架操作规程

2.22.3.1 风险提示

（1）在立放井架时，要注意配合，认真观察，防止刮碰伤害。

（2）在操作过程中要认真仔细，防止小工具及零散物品掉落砸伤。

2.22.3.2 立放修井机井架操作规程表

具体操作项目、内容、方法等详见表2.22。

表 2.22　立放修井机井架操作规程表

操作顺序	操作项目、内容、方法及要求	存在风险	风险控制措施	应用辅助工具用具
1	立放井架前检查			
1.1	检查滑轮、固定螺栓、钢丝绳、绳卡、紧绳器、千斤脚、垫木、制动离合、传动部分、液压系统、电路系统、防护设施是否齐全可靠	机械伤害	注意观察	
1.2	注意风级、风向，五级以上风及井架上有用电线路等障碍时，不得立放井架			
2	立井架			
2.1	有专人指挥			
2.2	放下千斤板和千斤脚，并锁死	刮碰、砸伤	注意观察	
2.3	先试起井架，检查无障碍时，平稳起井架，不得刮绷绳	刮碰	注意观察	
2.4	拉绷绳选择好地锚位置	刮碰、拉伤	注意观察、配合	
2.5	打好地锚钎子，挂好绷绳，并紧固绷绳	挤压、拉伸	注意观察，认真配合	地锚机、加力管
3	放架子			
3.1	松绷绳	刮碰	注意观察	
3.2	充分循环液压系统			
3.3	缓慢上提游车，平稳降落井架，将井架放到托架上	刮碰	注意观察，认真操作	
3.4	收起绷绳	刮碰	注意观察，仔细配合	
3.5	收起千斤脚和千斤板	坠落	注意观察	

2.22.3.3　应急处置程序

人员发生机械伤害事故时，第一发现人员应立即关停致害设备，现场视伤势情况对受伤人员进行紧急包扎处理；如伤势严重，应立即拨打120求救。

2.23　连卸压裂地面管线操作

2.23.1　连卸压裂地面管线操作规程记忆歌诀

钎子迫盖套管阀①，备品合格无损点②。
迫盖球阀油管挂③，由壬球阀短管连④。
压裂管汇油壬头⑤，压裂管汇油管连⑥。
锚定油管压裂车⑦，井口管汇捆绑牢⑧。
地面管线连接牢，检查连接锚定点⑨。

注释：①钎子迫盖套管阀——指根据压裂排车要求准备足够的油管在现场备用，准备压裂管汇及短管、球阀、绳套、锚定钎子、迫盖；②备品合格无损点——指检查所备物品，要求合格无损点；③迫盖球阀油管挂——指将迫盖通过螺栓压在油管挂上，保证不刺、不漏，将球阀通过短管连接在油管挂上，并上紧，保证不刺、不漏；④由壬球阀短管连——指将压裂管汇一端的活接头通过短管连接在球阀上，保证不刺、不漏；⑤压裂管汇油壬头——指将压裂管汇，通过大钩吊起上在油壬头上，并用大锤砸紧，保证不刺、不漏；⑥压裂管汇油管连——指将一根油管按照指定方向，通过活接头连在压裂管汇上，并上紧；⑦锚定油管压裂车——指根据压裂排车情况将油管连接至指定位置，按照锚定操作规程，将油管锚定；⑧井口管汇捆绑牢——指用绳套将压裂管汇与井口捆绑在一起，要求捆绑牢固；⑨地面管线连接牢，检查连接锚定点——指连卸压裂地面管线操作完成后，仔细检查各个连接点及锚定点，保证连接紧固合格。

2.23.2　连卸压裂地面管线操作规程安全提示歌诀

平稳操作细观察，规避挤压刮碰伤。
集中精力去配合，预防挂伤和砸伤。

2.23.3 连卸压裂地面管线操作规程

2.23.3.1 风险提示

（1）连卸压裂地面管线操作时，注意观察，防止落物砸伤。

（2）使用管钳时，注意认真操作，防止挂伤、碰伤和砸伤。

2.23.3.2 连卸压裂地面管线操作规程表

具体操作项目、内容、方法等详见表2.23。

表2.23 连卸压裂地面管线操作规程表

操作顺序	操作项目、内容、方法及要求	存在风险	风险控制措施	应用辅助工具用具
1	连卸压裂地面管线操作前准备			
1.1	根据压裂排车要求准备足够的油管，在现场备用			
1.2	准备压裂管汇及短管、球阀、绳套、锚定钎子、迫盖	挤压、碰伤	认真操作，注意观察	
1.3	检查所备物品，要求合格无损点			
2	连卸压裂地面管线			
2.1	将迫盖通过螺栓压在油管挂上，保证不刺、不漏	刮碰，落物伤人	平稳操作，注意观察	管钳、井口螺丝扳手
2.2	将球阀通过短管连接在油管挂上，并上紧，保证不刺、不漏	碰伤，落物伤人	平稳操作，注意观察	管钳
2.3	将压裂管汇一端的活接头通过短管连接在球阀上，保证不刺、不漏	碰伤，落物伤人	平稳操作，注意观察	管钳
2.4	将压裂管汇，通过大钩吊起上在活接头上，并用大锤砸紧，保证不刺、不漏	刮碰、砸伤、碰挤	平稳操作，注意观察，小心配合	管钳、大锤、绳套
2.5	将一根油管按照指定方向，通过活接头连在压裂管汇上，并上紧	刮碰、砸伤、碰挤	平稳操作，注意观察	管钳、管钩
2.6	根据压裂排车情况将油管连接至指定位置	刮碰、砸伤、碰挤	平稳操作，注意观察	液压钳、管钳、管钩

续表

操作顺序	操作项目、内容、方法及要求	存在风险	风险控制措施	应用辅助工具用具
2.7	按照锚定操作规程，将油管锚定	刮碰、砸伤、碰挤	平稳操作，注意观察	
2.8	用绳套将压裂管汇与井口捆绑在一起，要求捆绑牢固	刮碰、砸伤、碰挤	平稳操作，注意观察	管钳
3	连卸压裂地面管线操作完成后，仔细检查各个连接点及锚定点，保证连接紧固合格	刮碰、砸伤、碰挤	平稳操作，注意观察	

2.23.3.3　应急处置程序

人员发生机械伤害事故时，第一发现人应立即关停致害设备，现场视伤势情况对受伤人员进行紧急包扎处理；如伤势严重，应立即拨打120求救。

2.24　锚定操作

2.24.1　锚定操作规程记忆歌诀

钎子绳套绳卡子[①]，冬备高温夏钻机[②]。
每根管线一根钎[③]，钎子位置转合适[④]。
穿过钎孔缠管线[⑤]，绳套两端打卡子[⑥]。
绳套牢固连接点，锚定效果查仔细[⑦]。

注释：①钎子绳套绳卡子——指锚定钎子、绳套，绳卡子；②冬备高温夏钻机——指夏季准备地锚钻机、冬季准备高温车待命；③每根管线一根钎——指根据地面管线位置，打锚定钎子，夏季按照地锚钻操作规程打眼，冬季利用高温刺钎子，要求每根地面管线，对应一根锚定钎子；④钎子位置转合适——指将地锚钎子位置旋转到合适位置；⑤穿过钎孔缠管线——指用备好的钢丝绳穿过地锚钎子上的孔，并缠绕在地面管线；⑥绳套两端打卡子——指按照绳卡子操作规程，用绳卡子将钢丝绳套两端卡住；⑦绳套牢固连接点，锚定效果查仔细——指锚定完成后，要仔细检查各连接点，及绳套要牢固。

2.24.2 锚定操作规程安全提示歌诀

平稳操作细观察，规避挤压刮碰伤。

集中精力去配合，冬季预防高温伤。

2.24.3 锚定操作规程

2.24.3.1 风险提示

（1）锚定操作时，注意观察，防止钢丝绳套挤伤。

（2）使用扳手时，注意认真操作，防止挂伤、碰伤和砸伤。

（3）打钎子时，注意配合，小心刮碰、烫伤。

2.24.3.2 锚定操作规程表

具体操作项目、内容、方法等详见表2.24。

表2.24 锚定操作规程表

操作顺序	操作项目、内容、方法及要求	存在风险	风险控制措施	应用辅助工具用具
1	锚定操作前准备			
1.1	锚定钎子、绳套，绳卡子			
1.2	夏季准备地锚钻机、冬季准备高温车待命			
2	锚定操作			
2.1	根据地面管线位置，打锚定钎子，夏季按照地锚钻机操作规程打眼，冬季利用高温刺钎子，要求每根地面管线，对应一根锚定钎子	碰伤、烫伤	小心操作，注意配合	
2.2	将地锚钎子位置旋转到合适位置	刮碰	平稳操作，注意观察，默契配合	撬棍

续表

操作顺序	操作项目、内容、方法及要求	存在风险	风险控制措施	应用辅助工具用具
2.3	用备好的钢丝绳穿过地锚钎子上的孔，并缠绕在地面管线上	挤伤	平稳操作，注意观察	
2.4	按照绳卡子操作规程，用绳卡子将钢丝绳套两端卡住	碰伤，挤伤	平稳操作，注意观察	活动扳手
3	锚定完成后，要仔细检查各连接点及绳套要牢固			

2.24.3.3　应急处置程序

人员发生机械伤害事故时，第一发现人应立即关停致害设备，现场视伤势情况对受伤人员进行紧急包扎处理；如伤势严重，应立即拨打120求救。

2.25　起下分注管柱操作

2.25.1　起下分注管柱操作规程记忆歌诀

2.25.1.1　准备工作记忆歌诀

吊卡管钳指重表，准备管钩液压钳①。
地质方案数据准，工程设计资料全②。
提升载荷满要求，刹车灵活好运转③。
地锚井架游天车，三绳一卡细查检④。
校正井架操作台，滑道装置拉油管⑤。
布置现场封井器，要求合格准备完⑥。

注释：①吊卡管钳指重表，准备管钩液压钳——指准备好所用工具，即吊卡、管钳、管钩，要求合格好用，并检查液压钳、指重表应满足起下油管规范要求；②地质方案数据准，工程设计资料全——指施工井地质方案和工程设计必须资料齐全、数据准确；③提升载荷满要求，刹车灵活好运转——指修井机或通井机必须满足施工提升载荷的技术要求，运转正常、刹车系统灵活可靠；④地锚井架游天车，三绳一卡细查检——指检查井架、天车、游动滑车、大绳、绷绳、绳卡、死绳头和地锚等，均符合技术要求；⑤校正井架操作台，滑道装置拉油管——指按照校正井架操作规程，校正井架，搭好井口操作台（防滑踏板）、拉油管装置及滑道。井口操作台上除必需的工具、用具外，不准堆放其他杂物；⑥布置现场封井器，要求合格准备完——指按照摆放油管操作规程，布置现场，准备好自封封井器，要求合格完好。

2.25.1.2 起分注管操作记忆歌诀

拆卸井口上法兰①，提升短节油管挂②。

缓提管柱未解封，串动管柱应上下③。

分注管柱全起出④，井口溢流管清蜡⑤。

注释：①拆卸井口上法兰——指按照拆卸注水井操作规程，拆井口上法兰；②提升短节油管挂——指将提升短接上在管挂上方；③缓提管柱未解封，串动管柱应上下——指操作人员远离井口，司钻缓慢上提管柱，要注意大钩载荷，如不能正常解封，采用活动解卡方式，上下窜动管柱解封，要求不可超过大钩最大额定载荷；④分注管柱全起出——指按照起下油管操作规程，起出全部的分注管柱；⑤井口溢流管清蜡——指由于分注管柱中有大直径配件，要密切关注井口溢流情况，操作人员按照清蜡操作规程，对起出油管进行清蜡。

2.25.1.3 下分注管操作记忆歌诀

丈量数据连配件①，全部下井分注管②。

大径配件射孔段，下放五米溢流观③。

注释：①丈量数据连配件——指根据设计要求，丈量好数据，连接配件；②全部下井分注管——指按照起下油管操作，将全部分注管下入井内，并坐好井口；③大径配件射孔段，下放五米溢流观——指由于下井分注管柱中有大直径配件，在进入射孔段时，下放速度要不大于5m/min，并密切观察井口溢流情况。

2.25.2 起下分注管柱操作规程安全提示歌诀

平稳默契细观察，规避挤压刮碰伤。

摔伤砸伤免烫伤，预防扭伤落物伤。

2.25.3 起下分注管柱操作规程

2.25.3.1 风险提示

(1) 起下分注管柱操作时，注意观察，防止落物砸伤。

(2) 使用管钳时，注意认真操作，防止挂伤、碰伤和砸伤。

2.25.3.2 起下分注管柱操作规程表

具体操作项目、内容、方法等详见表2.25。

表2.25 起下分注管柱操作规程表

操作顺序	操作项目、内容、方法及要求	存在风险	风险控制措施	应用辅助工具用具
1	操作准备			
1.1	操作人员穿戴好劳动保护用品			
1.2	准备好所用工具，即吊卡、管钳、管钩，要求合格好用，并检查液压钳，指重表应满足起下油管规范要求			
1.3	施工井地质方案和工程设计必须资料齐全、数据准确			
1.4	修井机或通井机必须满足施工提升载荷的技术要求，运转正常，刹车系统灵活可靠			
1.5	检查井架、天车、游动滑车、大绳、绷绳、绳卡、死绳头和地锚等，均符合技术要求	刮碰	平稳操作，注意观察，默契配合	
1.6	按照校正井架操作规程，校正井架	落物伤人	平稳操作，注意观察	
1.7	搭好井口操作台（防滑踏板）、拉油管装置及滑道，井口操作台上除必需的工具、用具外，不准堆放其他杂物	碰伤、挤伤	平稳操作，注意观察	
2	起分注油管准备			

续表

操作顺序	操作项目、内容、方法及要求	存在风险	风险控制措施	应用辅助工具用具
2.1	按照摆放油管操作规程，布置现场	用力不当导致扭伤、挤伤	平稳操作	
2.2	准备好自封封井器，要求合格完好	砸伤	默契配合	
3	起分注管			
3.1	按照拆卸注水井操作规程，拆卸井口上法兰	砸伤、挤伤	平稳操作，注意观察	管钳、活动扳手、井口螺丝扳手
3.2	将提升短接上在管挂上方	砸伤	平稳操作，注意观察	管钳
3.3	操作人员远离井口，司钻人员缓慢上提管柱，要注意大钩载荷，如不能正常解封，采用活动解卡方式，上下窜动管柱解封，要求不可超过大钩最大额定载荷	落物伤人	平稳操作，注意观察	
3.4	按照起下油管操作规程，起出全部的分注管柱	落物伤人，砸伤、挤伤	平稳操作、注意观察	吊卡、管钩、管钳
3.5	由于分注管柱中有大直径配件，要密切关注井口溢流情况			
4	操作人员按照清蜡操作规程，对起出油管进行清蜡	烫伤、摔伤	注意观察，小心操作	
5	下分注管			
5.1	根据设计要求，丈量好数据，连接配件	砸伤、摔伤、挤伤	注意观察，默契配合	数据尺、管钳
5.2	按照起下油管操作，将全部分注管下入井内，并坐好井口	砸伤、挤伤，落物伤人	注意观察，小心操作	吊卡、管钩、管钳
5.3	由于下井分注管柱中有大直径配件，在进入射孔段时，下放速度要不大于 5m/min，并密切观察井口溢流情况	砸伤、挤伤	注意观察，小心操作	吊卡

2.25.3.3　应急处置程序

人员发生机械伤害事故时，第一发现人员应立即关停致害设备，现场视伤势情况对受伤人员进行紧急包扎处理；如伤势严重，应立即拨打120求救。

2.26　起下杆操作

2.26.1　起下杆操作规程记忆歌诀

2.26.1.1　提抽油杆准备操作记忆歌诀

一二三岗和司钻，搭台铺布摆杆桥①。

二岗三岗摆杆枕②，一岗二岗挂绳套③。

注释：①搭台铺布摆杆桥——指一岗人员、二岗人员、三岗人员、司钻人员搭建井口操作台，一岗人员、二岗人员、三岗人员、司钻人员铺垫好环保隔离布，摆放抽油杆桥；②二岗三岗摆杆枕——指二岗人员、三岗人员摆放抽油杆枕，要求高度合适且平稳；③一岗二岗挂绳套——指司钻操作机车，一岗人员、二岗人员将提升环钢丝绳套挂进游车大钩内或双耳内，锁好保险销。

2.26.1.2　起光杆操作记忆歌诀

两个方卡一接箍①，缓提光杆密封盒②。

五十一百止上提③，卸开方卡密封盒④。

缓提接箍出井口，点三左右停适合⑤。

扣上垫叉卸载荷⑥，背钳管钳巧配合⑦。

二岗扶好三岗拉，杆桥位置摆适合⑧。

注释：①两个方卡一接箍——指一岗人员将两个方卡子卡在光杆顶部以下1~3m处，要求光杆顶端上紧一个接箍；②缓提光杆密封盒——指司钻下放大钩至合适位置，二岗人员将提升环扣在光杆上（此时密封盒紧紧套在光杆上）缓慢上提；③五十一百止上提——指当防喷盒上方的方卡子与防喷盒分离约0.5~1m时，停止上提；④卸开方卡密封盒——指二岗人员卸掉防喷盒上方的方卡子，与一岗人员配合自底端卸开防喷盒；⑤缓提接箍出井口，点三左右停适合——指缓慢上提，当光杆接箍露出井口 0.3m 左右时停起；⑥扣上垫叉卸载荷——指一岗人员将垫叉扣在抽油杆上，司钻人员下放大钩，使光杆卸载；⑦背钳管钳巧配合——指二岗人员打好背钳，配合一岗人员用管钳卸开光杆；⑧二岗扶好三岗拉，杆桥位置摆适合——指将光杆上提 0.3m 左右，二岗人员扶好光杆并下放，三岗人员接过光杆下拉，将光杆拉至抽油杆桥上排放好。

2.26.1.3 起抽油杆操作记忆歌诀

大钩挂入接箍上，上提杆柱点三止①。
扣上垫叉放大钩，五到十分刹车时②。
背钳管钳巧配合，扶好拉下点三米③。
摘下挂入提升环④，重复操作十组一⑤。
清蜡丈量抽油杆，下井组配按设计⑥。

注释：①大钩挂入接箍上，上提杆柱点三止——指司钻人员下放大钩，将提升环挂入油杆上部接箍上，上提抽油杆柱，当井内第一个抽油杆接箍提离井口 0.3m 左右时，停止上提；②扣上垫叉放大钩，五到十分刹车时——指二岗人员将垫叉扣在抽油杆上，司钻下放大钩，使抽油杆接箍坐在垫叉上，直至上面的提升环离开接箍 0.05~0.10m 时刹车；③背钳管钳巧配合，扶好拉下点三米——指一岗人员打好背钳，配合二岗人员用管钳卸开油杆，将油杆上提 0.3m 左右，一岗人员扶好油杆并下放，三岗人员接过油杆下拉，将油杆拉至抽油杆桥上排放好；④摘下挂入提升环——指二岗人员将提升环从油杆接箍摘出，把提升环挂入井口上油杆接箍上，司钻上提抽油杆柱；⑤重复操作十组一——指重复以上操作，每 10 根一组排放在杆桥上，起出井内全部油杆，卸掉活塞，做好记录；⑥清蜡丈量抽油杆，下井组配按设计——指清蜡并丈量抽油杆，在技术员指导下按照设计进行下井杆柱组配。

2.26.1.4 下抽油杆操作记忆歌诀

安装导向喇叭口，活塞地面连接好①。
上提扶好并上送，点三停止接扶好②。
擦拭活塞下井内③，五到十分刹车好④。

摘掉挂入抽油杆[5]，指挥下放对扣好[6]。

手旋二三扣上紧[7]，上提一三抽垫叉[8]。

油杆短节下井内，数据资料录取好[9]。

注释：①安装导向喇叭口，活塞地面连接好——指一岗人员、二岗人员安装导向喇叭口一个，三岗人员在地面连接好活塞；②上提扶好并上送，点三停止接扶好——指二岗人员将提升环扣在第一根抽油杆或拉杆上；司钻人员上提抽油杆，三岗扶好活塞并上送，一岗人员接过并扶稳活塞，当底端提至口以上 0.3m 左右时，停止上提；③擦拭活塞下井内——指二岗人员接过抽油杆并对中井口，一岗人员再次用棉纱擦拭活塞，司钻人员缓慢将活塞下入井内；④五到十分刹车好——指当提升环下放接触井口时，将垫叉扣在抽油杆上，司钻下放大钩，使抽油杆接箍坐在垫叉上，直至上面的提升环离开接箍 0.05~0.10m 时刹车；⑤摘掉挂入抽油杆——指一岗人员、二岗人员摘掉提升环，把提升环挂在第二根油杆上提至井口以上 0.3m 左右；⑥指挥下放对扣好——指一岗人员扶好抽油杆，二岗人员指挥下放对好扣；⑦手旋二三扣上紧——指用手旋入 2~3 扣、打好背钳，与一岗人员配合，使用管钳旋紧扣；⑧上提一三抽垫叉——指司钻人员上提抽油杆 0.1~0.3m，待二岗人员抽走垫叉后，下放抽油杆至井内；⑨油杆短节下井内，数据资料录取好——指重复以上操作，将组配好的抽油杆全部下入井内，之后将组配好的调整短节全部下入井内，数据员录取好资料。

2.26.1.5 下光杆操作记忆歌诀

光杆套上防喷盒，胶皮阀门一二十[1]。

两个方卡卡光杆，顶端以下一三米[2]。

光杆连接抽油杆，活塞入筒并探底[3]。

防喷盒连接井口，紧螺纹下杆完毕[4]。

注释：①光杆套上防喷盒，胶皮阀门一二十——指一岗人员、二岗人员将防喷盒套在光杆上，移至下端距接箍 0.1~0.2m 处，关紧胶皮阀门；②两个方卡卡光杆，顶端以下一三米——指一岗人员将两个方卡子卡在光杆顶端以下 1~3m 处；③光杆连接抽油杆，活塞入筒并探底——指司钻人员操作机车，一岗人员、二岗人员、三岗人员配合，将光杆提起，与井内抽油杆对扣并上紧，打开胶皮阀门，下入井内，使活塞进入泵筒并探至泵底；④防喷盒连接井口，紧螺纹下杆完毕——指一岗人员、二岗人员将防喷盒与井口连接并上紧。

2.26.2 起下杆操作规程安全提示歌诀

井喷失控防污染，规避挤压刮碰伤。

平稳默契细观察，预防砸伤扭刺伤。

2.26.3 起下杆操作规程

2.26.3.1 风险提示

(1) 井喷失控、环境污染、上顶下砸、起光杆时因方卡子滑脱或防喷盒滑脱导致伤害。

(2) 提升环未挂牢导致伤害，以及刮井口、刮驴头、抽油杆摆动伤人，还有挤伤、碰伤、砸伤等人身伤害。

2.26.3.2 起下杆操作规程表

具体操作项目、内容、方法等详见表2.26。

表2.26 起下杆操作规程表

操作顺序	操作项目、内容、方法及要求	存在风险	风险控制措施	应用辅助工具用具
1	提抽油杆准备			
1.1	一岗人员、二岗人员、三岗人员、司钻人员搭建井口操作台，二岗人员、三岗人员摆放抽油杆枕，要求高度合适且平稳	碰伤、扭伤	注意观察，平稳操作	
1.2	一岗人员、二岗人员、三岗人员、司钻人员铺垫好环保隔离布，摆放抽油杆桥	碰伤、扭伤	注意观察，平稳操作	
1.3	司钻人员操作机车，一岗人员、二岗人员将提升环钢丝绳套挂进游车大钩内或双耳内，锁好保险销	碰伤、扭伤、刺伤	注意观察，平稳操作	修井起重设备、提升环

续表

操作顺序	操作项目、内容、方法及要求	存在风险	风险控制措施	应用辅助工具用具
2	起光杆			
2.1	一岗人员将两个方卡子卡在光杆顶部以下1~3m处，要求光杆顶端上紧一个接箍	用力不当易发生扭伤	注意观察，平稳操作	修井起重设备、600mm管钳、250mm活动扳手
2.2	司钻人员下放大钩至合适位置，二岗人员将提升环扣在光杆上缓慢上提，当防喷盒上方的方卡子与防喷盒分离0.5~1m时，停止上提	碰伤、扭伤、砸伤	注意观察，平稳操作	修井起重设备、提升环
2.3	二岗人员卸掉防喷盒上方的方卡子，与一岗人员配合自底端卸开防喷盒；缓慢上提，当光杆接箍露出井口0.3m左右时停起	碰伤、扭伤、砸伤	注意观察，平稳操作	修井起重设备，提升环、250mm活动扳手、600mm管钳
2.4	一岗人员将垫叉扣在抽油杆上，司钻下放大钩，使光杆卸载	碰伤、扭伤砸伤、	注意观察，平稳操作	修井起重设备、提升环、垫叉
2.5	二岗人员打好背钳，配合一岗人员用管钳卸开光杆，将光杆上提0.3m左右，二岗人员扶好光杆并下放，三岗人员接过光杆下拉，将光杆拉至抽油杆桥上排放好	碰伤、扭伤、砸伤	注意观察，平稳操作	修井起重设备、提升环、900mm管钳
3	起抽油杆			
3.1	司钻下放大钩，将提升环挂入油杆上部接箍上，上提抽油杆柱，当井内第一个抽油杆接箍提离井口0.3m左右时，停止上提	碰伤、扭伤、砸伤	注意观察，平稳操作	修井起重设备、提升环

续表

操作顺序	操作项目、内容、方法及要求	存在风险	风险控制措施	应用辅助工具用具
3.2	二岗人员将垫叉扣在抽油杆上，司钻人员下放大钩，使抽油杆接箍坐在垫叉上，直至上面的提升环离开接箍 0.05~0.1m 时刹车	碰伤、扭伤、砸伤	注意观察，平稳操作	修井起重设备、提升环、垫叉
3.3	一岗人员打好背钳，配合二岗人员用管钳卸开油杆，将油杆上提 0.3m 左右，一岗人员扶好油杆并下放，三岗人员接过油杆下拉，将油杆拉至抽油杆桥上排放好	碰伤、扭伤、砸伤、	注意观察，平稳操作	修井起重设备、提升环、900mm 管钳
3.4	二岗人员将提升环从油杆接箍摘出，把提升环挂入井口上油杆接箍上，司钻上提抽油杆柱	碰伤、扭伤、砸伤	注意观察，平稳操作	修井起重设备、提升环
3.5	重复以上操作，每 10 根一组排放在杆桥上，起出井内全部油杆，卸掉活塞，做好记录	碰伤、扭伤、砸伤	注意观察，平稳操作	修井起重设备、提升环
3.6	清蜡并丈量抽油杆，按照设计，在技术员指导下进行下井杆柱组配	碰伤、扭伤、烫伤	注意观察，平稳操作	高温车、数据尺
4	下抽油杆			
4.1	一岗人员、二岗人员安装导向喇叭口一个，三岗人员在地面连接好活塞	碰伤、扭伤、砸伤	注意观察，平稳操作	900mm 管钳、喇叭口
4.2	二岗人员将提升环扣在第一根抽油杆或拉杆上，司钻上提抽油杆，三岗人员扶好活塞并上送，一岗人员接过并扶稳活塞，当底端提至井口以上 0.3m 左右时，停止上提	碰伤、扭伤、砸伤	注意观察，平稳操作	修井起重设备、提升环
4.3	二岗人员接过抽油杆并对中井口，一岗人员再次用棉纱擦拭活塞，司钻缓慢将活塞下入井内	碰伤、扭伤、砸伤	注意观察，平稳操作	修井起重设备、提升环、棉纱

续表

操作顺序	操作项目、内容、方法及要求	存在风险	风险控制措施	应用辅助工具用具
4.4	当提升环下放接触井口时，将垫叉扣在抽油杆上，司钻下放大钩，使抽油杆接箍坐在垫叉上，直至上面的提升环离开接箍 0.05~0.1m 时刹车	碰伤、扭伤、砸伤	注意观察，平稳操作	修井起重设备、提升环、垫叉
4.5	一岗人员、二岗人员摘掉提升环，把提升环挂在第二根油杆上提至井口以上 0.3m 左右	碰伤、扭伤、砸伤	注意观察，平稳操作	修井起重设备、提升环
4.6	一岗人员扶好抽油杆，二岗人员指挥下放对好扣，用手旋入 2~3 扣、打好背钳，与一岗人员配合，使用管钳旋紧扣	碰伤、扭伤、砸伤	注意观察，平稳操作	修井起重设备、提升环、900mm 管钳、垫叉
4.7	司钻人员上提抽油 0.1~0.3m，待二岗人员抽走垫叉后，下放抽油杆至井内	碰伤、扭伤、砸伤	注意观察，平稳操作	修井起重设备、提升环、垫叉
4.8	重复以上操作，将组配好的抽油杆全部下入井内，之后将组配好的调整短节全部下人井内，数据员录取好资料	碰伤、扭伤、砸伤	注意观察，平稳操作	修井起重设备、提升环、900mm 管钳、垫叉、资料本
5	下光杆			
5.1	一岗人员、二岗人员将防喷盒套在光杆上，移至下端距接箍 0.1~0.2m 处，关紧胶皮阀门	碰伤、扭伤、砸伤	注意观察，平稳操作	修井起重设备、提升环、600mm 管钳
5.2	一岗人员将两个方卡子卡在光杆顶端以下 1~3m 处	碰伤、扭伤、砸伤	注意观察，平稳操作	修井起重设备、提升环、250mm 活动扳手

续表

操作顺序	操作项目、内容、方法及要求	存在风险	风险控制措施	应用辅助工具用具
5.3	司钻操作机车，一岗人员、二岗人员、三岗人员配合，将光杆提起，与井内抽油杆对扣并上紧，打开胶皮阀门，下入井内，使活塞进入泵筒并探至泵底	碰伤、扭伤、砸伤	注意观察，平稳操作	修井起重设备、提升环、900mm 管钳
5.4	一岗人员、二岗人员将防喷盒与井口连接并上紧	碰伤、扭伤砸伤、	注意观察，平稳操作	修井起重设备、提升环、900mm 管钳

2.26.3.3 应急处置程序

（1）人员发生机械伤害事故时，第一发现人应立即关停致害设备，现场视伤势情况对受伤人员进行紧急包扎处理；如伤势严重，应立即拨打 120 求救。

（2）人员发生触电事故时，第一发现人应立即切断电源，视触电者伤势情况，采取人工呼吸、胸外心脏按压等方法现场施救；如伤势严重，应立即拨打 120 求救。

2.27 起下管操作

2.27.1 起下管操作规程记忆歌诀

2.27.1.1 操作准备记忆歌诀

吊卡管钳指重表，准备管钩液压钳①。
地质方案数据准，工程设计资料全②。
提升载荷满要求，刹车灵活好运转③。
地锚井架游天车，三绳一卡细查检④。
校正井架操作台，滑道装置拉油管⑤。
布置现场封井器，要求合格准备完⑥。

注释：①吊卡管钳指重表，准备管钩液压钳——指准备好所用工具，即吊卡、管钳、管钩，要求合格好用，并检查液压钳，指重表应满足起下油管规范要求；②地质方案数据准，工程设计资料全——指施工井地质方案和工程设计必须资料齐全、数据准确；③提升载荷满要求，刹车灵活好运转——指修井机或通井机必须满足施工提升载荷的技术要求，运转正常，刹车系统灵活可靠；④地锚井架游天车，三绳一卡细查检——指检查井架、天车、游动滑车、大绳、绷绳、绳卡、死绳头和地锚等，均符合技术要求；⑤校正井架操作台，滑道装置拉油管——指按照校正井架操作规程，校正井架，搭好井口操作台（防滑踏板)、拉油管装置及滑道。井口操作台上除必需的工具、用具外，不准堆放其他杂物；⑥布置现场封井器，要求合格准备完——指按照摆放油管操作规程，布置现场，准备好自封封井器，要求合格完好。

2.27.1.2　起油管操作记忆歌诀

起出油管步骤多，四个顶丝退法兰①。
提升短节油管挂，连接上紧用管钳②。
井口卸下油管挂③，提起放下摆地面④。
吊环打在吊卡上，吊卡插销保安全⑤。
缓慢平稳提管柱，出井三十停司钻⑥。
扣在油管关活门⑦，操作压钳卸油管⑧。
上提三十放大钩，放在管架摆油管⑨。
重复起出全部管⑩，仔细清蜡每根管⑪。

注释：①四个顶丝退法兰——指井口工用活动扳手将套管大四通上法兰4个顶丝的椎体退至法兰内；②提升短节油管挂，连接上紧用管钳——指：a. 将提升短接与油管挂连接好并用管钳上紧螺纹；b. 将吊卡扣在提升短接上，并锁好月牙活门，指挥司钻下放大钩，将调环放入吊卡吊耳内，并插好防脱吊卡销子；c. 人员撤离井口，边观察指重表边指挥司钻人员缓慢、平稳上提，当井内第一根油管接箍提出井口30cm以上时，指挥司钻人员停止上提；d. 井口工将油管吊卡扣在起出的第一根油管本体上，并关紧月牙活门；e. 指挥司钻人员下放管柱，使油管接箍坐在油管吊卡上，直至提升吊卡离开接箍5~10cm，指挥司钻人员停止下放大钩；③井口卸下油管挂——指井口工配合好用管钳将油管挂卸下；④提起放下摆地面——指指挥司钻人员上提油管短接30cm左右，下放大钩，将油管挂摆放在工具架上或井口附近不影响施工作业的位置；⑤吊环打在吊卡上，吊卡插销保安全——指司钻人员上提大钩，井口操作人员配合将吊环打在井口上的吊卡上，并插好吊卡安全销；⑥缓慢平稳提管柱，出井三十停司钻——指人员撤离井口，边观察指重表边指挥司钻缓慢、平稳上提，当井内第一根油管接箍提出井口30cm以上时，指挥司钻人员停止上提；⑦扣在油管关活门——指井口工将油管吊卡扣在起出的第二根油管本体上，并关紧月牙活门；⑧操作压钳卸油管——指井口操作人员按照油管液压钳操作规程卸下油管；⑨上提三十放大钩，放在管架摆油管——指指挥司钻人员上提油管30cm左右，下放大钩，井口操作人员将油管递给场地操作人员，司钻人员下放大钩，场地操作人员将油管摆放在管架上；⑩重复起出全部管——指重复表2.27中步骤3.2至3.6，直至管柱全部起出；⑪仔细清蜡每根管——指操作人员按照清蜡操作规程，对起出油管清蜡。

2.27.1.3　下油管操作记忆歌诀

丈量计算下井管[①]，上扣方向旋钮调[②]。
扣住油管锁活门[③]，吊环吊耳吊卡销[④]。
平稳匀速提油管[⑤]，另只吊卡扣油管[⑥]。
卸载拉出吊卡耳，吊环挂入第二管[⑦]。
井口上方点三米，公扣母扣对油管[⑧]。
压钳上扣快慢档[⑨]，摘下吊卡另根管[⑩]。
指挥司钻下油管[⑪]，重复下入全部管[⑫]。

注释：①丈量计算下井管——指按照丈量、计算油管长度操作规程，丈量待下井油管，并做记录；②上扣方向旋钮调——指井口工将液压钳钳体上的旋钮调至上扣方向；③扣住油管锁活门——指将井口上的吊卡扣在要下井的油管本体靠近接箍处，并锁好月牙活门；④吊环吊耳吊卡销——指指挥司钻人员将大钩吊环下放至距井口1m左右时，指挥司钻人员缓慢下放，两名井口工同时双手紧握吊环并拉向吊卡，当吊环下端与井口吊卡吊耳持平时，停止下放，同时将吊环推进吊耳内，并插好防脱吊卡销子，扣好防跳环，同时扶稳吊环；⑤平稳匀速提油管——指指挥司钻人员平稳、匀速上提油管；⑥另只吊卡扣油管——指指挥司钻人员向井内下入油管，井口工同时将另一只吊卡扣在要下井油管本体靠近接箍处，并锁好月牙活门；⑦卸载拉出吊卡耳，吊环挂入第二管——指当悬吊的油管吊卡下放距井口1m左右时，示意司钻人员缓慢下放，待吊卡将要坐到井口上时，同时一手握住吊环，一手摘掉吊卡销子。当吊环卸载时，同时将吊环从吊卡两耳中迅速拉出，并随游车大钩缓慢下放，将吊环挂入第二根油管上的吊卡两耳内，并将吊卡销子插入吊卡两耳孔中，扣好防跳环，此时司钻人员停止下放；⑧井口上方点三米，公扣母扣对油管——指指挥司钻匀速上提油管，当上提的油管至井口上方0.3m左右时，指挥司钻刹车，缓慢下放油管，当油管外螺纹对入油管内螺纹中，提升吊卡下移离开上端油管接箍0.05~0.1m时，刹车；⑨压钳上扣快慢档——指将液压钳拉至井口，并扣住油管本体，把变速挡手柄扳至低速位置，此时左手握住钳头拉环，右手操作手柄上扣，当旋进2~3扣时，左手扳动变速手柄转为高速挡，待油管螺纹旋进剩余2~3扣时，转为低速挡。直至油管外螺纹旋进达到标准规定的相应油管扭矩值，将油管钳锷板总成归位，然后把液压钳从油管本体上退出；⑩摘下吊卡另根管——指指挥司钻上提油管0.3m左右刹车，将井口的坐挂吊卡摘下，并将其扣在待下井的另一根油管本体靠近接箍处，锁好月牙活门；⑪指挥司钻下油管——指指挥司钻向井内下入油管；⑫重复下入全部管——指重复表2.27中步骤5.2至步骤5.9，直至全部油管下入井内。

2.27.1.4　下油管挂操作记忆歌诀

检查完好密封圈，提升短节扣吊卡[①]。
缓提游车点三米，停止上提下放缓[②]。
公扣母扣对油管，上紧短节用管钳[③]。
上提油管取吊卡[④]，坐入四通放缓慢[⑤]。
摘下吊卡提二米[⑥]，卸下短节用管钳[⑦]。
顶丝卡住悬挂器[⑧]，装好井口上法兰[⑨]。

注释：①检查完好密封圈，提升短节扣吊卡——指检查密封圈完好，将已接好的油管悬挂器的提升短节扣入吊环内的提升吊卡内，并锁紧吊卡月牙活门；②缓提游车点三米，停止上提下放缓——指指挥司钻缓慢上提游车大钩，当油管悬挂器至井口上方 0.3m 左右时，停止上提，并缓慢下放；③公扣母扣对油管，上紧短节用管钳——指当油管悬挂器的外螺纹兑入井口油管内螺纹中，提升吊卡下移离开提升短节接箍 0.05~0.1m 时，刹车，用管钳卡住油管悬挂器上面的提升短节上扣，并检查油管悬挂器与连接短节间螺纹的上紧程度，按规定上紧扣位置；④上提油管取吊卡——指指挥司钻人员上提油管 0.3m 左右，停止上提，迅速取下井口吊卡，放置操作台上；⑤坐入四通放缓慢——指指挥司钻人员缓慢下放油管悬挂器，同时用工具扶正提升短节，并保持油管悬挂器居中井口，将油管悬挂器平稳坐入大四通内；⑥摘下吊卡提二米——指当游车大钩卸载后，将吊卡从提升短节上摘掉，并上提游车大钩，视吊卡距井口上平面 2m 以上刹车；⑦卸下短节用管钳——指用管钳将提升短节从油管悬挂器上卸掉；⑧顶丝卡住悬挂器——指然后用扳手将大四通上法兰处 4 只顶丝锥体对角均匀上紧，至卡住油管悬挂器为止；⑨装好井口上法兰——指按照装采油树操作规程，装好井口上法兰。

2.27.2 起下管操作规程安全提示歌诀

平稳默契细观察，预防挤扭刮碰伤。
挂伤砸伤落物伤，规避压钳手绞伤。

2.27.3 起下管操作规程

2.27.3.1 风险提示

（1）起下管操作时，注意观察，防止落物砸伤。

（2）使用管钳时，注意认真操作，防止挂伤、碰伤和砸伤。

2.27.3.2 起下管操作规程

具体操作项目、内容、方法等详见表 2.27。

表 2.27　起下管操作规程表

操作顺序	操作项目、内容、方法及要求	存在风险	风险控制措施	应用辅助工具用具
1	操作准备			
1.1	操作人员穿戴好劳动保护用品			
1.2	准备好所用工具，即吊卡、管钳、管钩，要求合格好用，并检查液压钳，指重表应满足起下油管规范要求			
1.3	施工井地质方案和工程设计必须资料齐全、数据准确			
1.4	修井机或通井机必须满足施工提升载荷的技术要求，运转正常，刹车系统灵活可靠			
1.5	检查井架、天车、游动滑车、大绳、绷绳、绳卡、死绳头和地锚等，均符合技术要求	刮碰	平稳操作，注意观察，默契配合	
1.6	按照校正井架操作规程，校正井架	落物伤人	平稳操作，注意观察	
1.7	搭好井口操作台（防滑踏板）、拉油管装置及滑道。井口操作台上除必需的工具、用具外，不准堆放其他杂物	碰伤、挤伤	平稳操作，注意观察	
2	起油管准备			
2.1	按照摆放油管操作规程，布置现场	用力不当导致扭伤、挤伤	平稳操作	
2.2	准备好自封封井器，要求合格完好	砸伤	默契配合	
3	起油管			

续表

操作顺序	操作项目、内容、方法及要求	存在风险	风险控制措施	应用辅助工具用具
3.1	①井口工用活动扳手将套管大四通上法兰4个顶丝的椎体退至法兰内； ②将提升短接与油管挂连接好并用管钳上紧螺纹； ③将吊卡扣在提升短接上，并锁好月牙活门，指挥司钻人员下放大钩，将调环放入吊卡吊耳内，并插好防脱吊卡销子； ④人员撤离井口，边观察指重表边指挥司钻人员缓慢、平稳上提，当井内第一根油管接箍提出井口30cm以上时，指挥司钻人员停止上提； ⑤井口工将油管吊卡扣在起出的第一根油管本体上，并关紧月牙活门； ⑥指挥司钻下放管柱，使油管接箍坐在油管吊卡上，直至提升吊卡离开接箍5~10cm，指挥司钻人员停止下放大钩； ⑦井口工配合好用管钳将油管挂卸下； ⑧指挥司钻人员上提油管短接30cm左右，下放大钩，将油管挂摆放在工具架上或井口附近不影响施工作业的位置	①顶丝卸不到位； ②提升短接断脱； ③活门未到位，未锁死，吊卡未插保险销子； ④摘取吊卡砸伤； ⑤上提碰挂驴头； ⑥管钳断，飞出伤害	①仔细卸到位； ②仔细检查丝扣完好，上到位； ③活动活门和销子好用，上提仔细检查。配备齐全完好； ④轻拿轻放，协调配合； ⑤平稳操作，注意观察； ⑥检查管钳牙板完好，损坏及时更换平稳操作	管钳、活动扳手、吊卡、管钩
3.2	司钻人员上提大钩，井口操作人员，配合将吊环，打在井口上的吊卡上，并插好吊卡安全销	砸伤、挤伤	注意配合，小心观察	吊卡

续表

操作顺序	操作项目、内容、方法及要求	存在风险	风险控制措施	应用辅助工具用具
3.3	人员撤离井口，边观察指重表边指挥司钻人员缓慢、平稳上提，当井内第一根油管接箍提出井口 30cm 以上时，指挥司钻人员停止上提	落物伤人	注意观察	
3.4	井口工将油管吊卡扣在起出的第二根油管本体上，并关紧月牙活门	挤伤、砸伤，落物伤人	注意配合，小心观察	吊卡
3.5	井口操作人员按照油管液压钳操作规程卸下油管	液压钳绞伤、挤伤、砸伤	注意配合，小心观察	管钳
3.6	指挥司钻人员上提油管 30cm 左右，下放大钩，井口操作人员将油管递给场地操作人员，司钻人员下放大钩，场地操作人员将油管摆放在管架上	挤伤、砸伤	注意配合，小心观察	管钩
3.7	重复步骤 3.2 至 3.6，直至管柱全部起出			
4	操作人员按照清蜡操作规程，对起出油管进行清蜡	烫伤、摔伤	注意观察，小心操作	
5	下油管			
5.1	按照丈量、计算油管长度操作规程，丈量待下井油管，并做记录	摔伤、挤伤	注意观察，默契配合	数据尺
5.2	井口工将液压钳钳体上的旋钮调至上扣方向，将井口上的吊卡扣在要下井的油管本体靠近接箍处，并锁好月牙活门	砸伤、挤伤	注意观察，小心操作	吊卡
5.3	指挥司钻人员将大钩吊环下放至距井口 1m 左右时，指挥司钻缓慢下放，两名井口工同时双手紧握吊环并拉向吊卡，当吊环下端与井口吊卡吊耳持平时，停止下放，同时将吊环推进吊耳内，并插好防脱吊卡销子，扣好防跳环，同时扶稳吊环	砸伤、挤伤	注意观察，小心操作	吊卡

续表

操作顺序	操作项目、内容、方法及要求	存在风险	风险控制措施	应用辅助工具用具
5.4	指挥司钻人员平稳、匀速上提油管	落物伤人	注意观察	吊卡管钩
5.5	指挥司钻人员向井内下入油管，井口工同时将另一只吊卡扣在要下井油管本体靠近接箍处，并锁好月牙活门	砸伤、挤伤，落物伤人	注意观察，小心操作	吊卡
5.6	当悬吊的油管吊卡下放距井口1m左右时，示意司钻人员缓慢下放，待吊卡将要坐到井口上时，同时一手握住吊环，一手摘掉吊卡销子；当吊环卸载时，同时将吊环从吊卡两耳中迅速拉出，并随游车大钩缓慢下放，将吊环挂入第二根油管上的吊卡两耳内，并将吊卡销子插入吊卡两耳孔中，扣好防跳环，此时司钻人员停止下放	砸伤、挤伤，落物伤人	注意观察，小心操作	吊卡、管钩
5.7	指挥司钻人员匀速上提油管，当上提的油管至井口上方0.3m左右时，指挥司钻人员刹车，缓慢下放油管；当油管外螺纹对入油管内螺纹中，提升吊卡下移离开上端油管接箍0.05~0.1m时，刹车	落物伤人，挤伤、砸伤	平稳操作，注意观察，默契配合	管钳、吊卡、管钩
5.8	将液压钳拉至井口，并扣住油管本体，把变速挡手柄扳至低速位置，此时左手握住钳头拉环，右手操作手柄上扣，当旋进2~3扣时，左手扳动变速手柄转为高速挡，待油管螺纹旋进剩余2~3扣时，转为低速挡。直至油管外螺纹旋进达到标准规定的相应油管扭矩值，将油管钳锷板总成归位，然后把液压钳从油管本体上退出	落物伤人，液压钳绞伤、挤伤、砸伤	平稳操作，注意观察，默契配合	管钳、吊卡

续表

操作顺序	操作项目、内容、方法及要求	存在风险	风险控制措施	应用辅助工具用具
5.9	指挥司钻人员上提油管 0.3m 左右刹车，将井口的坐挂吊卡摘下，并将其扣在待下井的另一根油管本体靠近接箍处，锁好月牙活门	落物伤人，挤伤、砸伤	平稳操作，注意观察，默契配合	管钳、管钩
5.10	指挥司钻人员向井内下入油管	落物伤人，挤伤、砸伤	平稳操作，注意观察，默契配合	吊卡
5.11	重复操作步骤 5.2 至 5.9，直至全部油管下入井内	落物伤人，液压钳绞伤、挤伤、砸伤	平稳操作，注意观察，默契配合	管钳、吊卡、管钩
6	下油管挂			
6.1	检查密封圈完好，将已接好的油管悬挂器的提升短节扣入吊环内的提升吊卡内，并锁紧吊卡月牙活门	砸伤	注意观察，默契配合	吊卡
6.2	指挥司钻人员缓慢上提游车大钩，当油管悬挂器至井口上方 0.3m 左右时，停止上提，并缓慢下放	落物伤人，挤伤、砸伤	平稳操作，注意观察，默契配合	吊卡
6.3	当油管悬挂器的外螺纹兑入井口油管内螺纹中，提升吊卡下移离开提升短节接箍 0.05～0.1m 时刹车。用管钳卡住油管悬挂器上面的提升短节上扣，并检查油管悬挂器与连接短节间螺纹的上紧程度，按规定上紧扣位置	落物伤人，挤伤、砸伤	平稳操作，注意观察，默契配合	吊卡、管钳
6.4	指挥司钻人员上提油管 0.3m 左右，停止上提，迅速取下井口吊卡，放置于操作台上	挤伤、砸伤	平稳操作，注意观察，默契配合	吊卡、管钳

续表

操作顺序	操作项目、内容、方法及要求	存在风险	风险控制措施	应用辅助工具用具
6.5	指挥司钻人员缓慢下放油管悬挂器，同时用工具扶正提升短节，并保持油管悬挂器居中井口，将油管悬挂器平稳地坐入大四通内	落物伤人，挤伤、砸伤	平稳操作，注意观察，默契配合	吊卡
6.6	当游车大钩卸载后，将吊卡从提升短节上摘掉，并上提游车大钩，视吊卡距井口上平面2m以上刹车	落物伤人	平稳操作，注意观察	
6.7	用管钳将提升短节从油管悬挂器上卸掉，然后用扳手将大四通上法兰处4只顶丝锥体对角均匀上紧，至卡住油管悬挂器为止	挤伤、砸伤	平稳操作，注意观察，默契配合	管钳
7	按照装采油树操作规程，装好井口上法兰	挤伤、砸伤	平稳操作，注意观察，默契配合	管钳

2.27.3.3　应急处置程序

人员发生机械伤害事故时，第一发现人应立即关停致害设备，现场视伤势情况对受伤人员进行紧急包扎处理；如伤势严重，应立即拨打120求救。

2.28　强拔操作

2.28.1　强拔操作规程记忆歌诀

2.28.1.1　强拔前准备工作记忆歌诀

大脚绷绳拉力表，载荷了解检查好①。

井下情况察清楚，最大吨位预测好②。

注释：①大脚绷绳拉力表，载荷了解检查好——指了解好修井机载重负荷，检查好大脚、绷绳、拉力表好用；②井下情况察清楚，最大吨位预测好——指了解强拔井的井下情况，预测可能出现的最大强拔吨位。

2.28.1.2　油井强拔操作记忆歌诀

绷绳钎子专人守①，指挥司钻要专人。
他人远离三十米②，销子飞出莫伤人③。
套管变形和垢卡④，大径工具要防喷⑤。
井底带有封隔器，水井强拔无区分⑥。

注释：①绷绳钎子专人守——指专人看守绷绳钎子；②他人远离三十米——指其他人远离井口30m以上；③销子飞出莫伤人——指强拔脱时，注意吊卡销子飞出砸伤人员；④套管变形和垢卡——指油井强拔主要因套管变形及垢卡，要选择好打捞工具并计划遇卡后工作；⑤大径工具要防喷——指大直径工具在井下时要注意防喷工作；⑥井底带有封隔器，水井强拔无区分——指措施井井底带封隔器的可选用水井强拔方法。

2.28.1.3　水井强拔操作记忆歌诀

绷绳钎子专人守①，指挥司钻要专人。
他人远离三十米②，销子飞出莫伤人③。
没有解卡封隔器，垢卡两种情况分④。
反复上提封隔器⑤，倒扣上提停钻闷⑥。
大径工具在井下，随时注意要防喷⑦。

注释：①绷绳钎子专人守——指专人看守绷绳钎子；②他人远离三十米——指其他人远离井口30m以上；③销子飞出莫伤人——指强拔脱时，注意吊卡销子飞出砸伤人员；④没有解卡封隔器，垢卡两种情况分——指水井强拔主要因垢卡和封隔器未解封造成的；⑤反复上提封隔器——指强拔时可用反复上提使封隔器解封；⑥倒扣上提停钻闷——指可采用上提至最高点刹车停一会儿闷钻方法或倒扣上提脱反弹使封隔器解封方法；⑦大径工具在井下，随时注意要防喷——指大直径工具在井下时要注意防喷工作。

2.28.2 强拔操作规程安全提示歌诀

做好井口防井喷，销子飞出砸伤人。

平稳默契细观察，预防碰砸刮伤人。

2.28.3 强拔操作规程

2.28.3.1 风险提示

（1）施工时遇到强拔，在操作时，要注意配合，认真观察，防止刮碰伤害。

（2）注意高空落物。

（3）坐好防喷井口防止井喷，注意设备倾倒砸人。

2.28.3.2 强拔操作规程表

具体操作项目、内容、方法等详见表2.28。

表2.28 强拔操作规程表

操作顺序	操作项目、内容、方法及要求	存在风险	风险控制措施	应用辅助工具用具
1	强拔前准备			
1.1	了解好修井机载重负荷，检查大脚、绷绳、拉力表是否好用	碰伤、刮伤	架子碰伤，钢丝绳刮伤	
1.2	了解强拔井的井下情况，预测可能出现的最大强拔吨位			
2	油井强拔			
2.1	强拔时专人指挥司钻强拔	碰伤、刮伤	架子碰伤，钢丝绳刮伤	
2.2	专人看守绷绳钎子，其他人远离井口30m以上	刮伤	钢丝绳刮伤	
2.3	强拔脱时，注意吊卡销子飞出砸伤人员	砸伤	卡销子飞出砸伤人员	
2.4	油井强拔主要因套管变形及垢卡，要选择好打捞工具及遇卡后工作			

续表

操作顺序	操作项目、内容、方法及要求	存在风险	风险控制措施	应用辅助工具用具
2.5	大直径工具在井下时要注意防喷工作	井喷	安装防喷井口	
2.6	措施井井底带封隔器的可选用水井强拔方法			
3	水井强拔			
3.1	强拔时专人指挥司钻人员强拔	碰伤、刮伤	架子碰伤，钢丝绳刮伤	
3.2	专人看守绷绳钎子，其他人远离井口 30m 以上	刮伤	钢丝绳刮伤	
3.3	强拔脱时，注意吊卡销子飞出砸伤人员	砸伤	卡销子飞出砸伤人员	
3.4	水井强拔主要因垢卡和封隔器未解封造成的			
3.5	强拔时可用反复上提使封隔器解封	碰伤、刮伤	架子碰伤，钢丝绳刮伤	
3.6	可采用上提至最高点刹车停一会的闷钻方法或倒扣上提脱反弹使封隔器解封方法	碰伤、刮伤	架子碰伤，钢丝绳刮伤	
3.7	大直径工具在井下时要注意防喷工作	井喷	安装防喷井口	

2.28.3.3　应急处置程序

（1）人员发生机械伤害事故时，第一发现人应立即关停致害设备，现场视伤势情况对受伤人员进行紧急包扎处理；如伤势严重，应立即拨打 120 求救。

（2）人员发生触电事故时，第一发现人应立即切断电源，视触电者伤势情况，采取人工呼吸、胸外心脏按压等方法现场施救；如伤势

严重，应立即拨打120求救。

2.29 清蜡操作

2.29.1 清蜡操作规程记忆歌诀

停车合适布管线，捋顺不能出死弯①。
预热过程专人守，一人持枪另挪管②。
他人远离高温区③，死角残蜡清油管④。
杆管本体内外纹，残次杆管记号显⑤。
清蜡油管禁站行⑥，泄压冷却收管线⑦。

注释：①停车合适布管线，捋顺不能出死弯——指指挥好高温车停在井场合适位置，作业人员把高温管线从车上卸下并捋顺好，不能出现死弯；②预热过程专人守，一人持枪另挪管——指高温车在预热过程中必须有专人看守，操作人员互相配合，一人手持高温枪头，一人在后面挪动管线；③他人远离高温区——指在清蜡过程中，除操作人员外，其他无关人员远离高温区域，避免烫伤；④死角残蜡清油管——指油管清蜡达到见本色无死角残蜡，采取防护措施，防止造成环境污染；⑤杆管本体内外纹，残次杆管记号显——指清洗油管、杆本体及内外螺纹，技术员或资料员检查确认油管有无损伤、弯曲、腐蚀、裂缝、孔沟和螺纹损坏，不合格油管杆应有明显记号，并单独摆放在不合格区内，不准下入井内；⑥清蜡油管禁站行——指不允许在清蜡后的油管上面站人、行走、沾泥、污染；⑦泄压冷却收管线——指清蜡作业结束后待管线泄压并冷却后装好清蜡管线，指挥车辆离开井场。

2.29.2 清蜡操作规程安全提示歌诀

杆管清蜡忌单人，高温管线忌死弯。
交叉作业须禁止，规避扭碰刮砸烫。

2.29.3 清蜡操作规程

2.29.3.1 风险提示

（1）油管杆清蜡时不能单人操作，必须由两人以上操作，时刻注意使高温车管线保持不要出现死弯，避免憋爆管线高温气体伤人。

（2）禁止交叉作业，在清蜡时不能起下油管杆等作业。

2.29.3.2 清蜡操作规程表

具体操作项目、内容、方法等详见表2.29。

表2.29 清蜡操作规程表

操作顺序	操作项目、内容、方法及要求	存在风险	风险控制措施	应用辅助工具用具
1	指挥好高温车停在井场合适位置，作业人员把高温管线从车上卸下，并捋顺好，不能出现死弯	操作不当，扭伤、碰伤	注意观察、平稳操作	
2	高温车在预热过程中必须有专人看守，操作人员互相配合，一人手持高温枪头，一人在后面挪动管线	操作不当，扭伤、碰伤、烫伤	注意观察，平稳操作，穿戴劳动保护用品	耐高温防油靴
3	在清蜡过程中，除操作人员外，其他无关人员远离高温区域，避免烫伤	操作不当，扭伤、烫伤	注意观察，平稳操作，穿戴劳动保护用品	耐高温防油靴
4	油管清蜡达到见本色、无死角残蜡，采取防护措施，防止造成环境污染	操作不当，扭伤、碰伤、烫伤	注意观察，平稳操作，穿戴劳动保护用品	耐高温防油靴
5	清洗油管、杆本体及内外螺纹，技术员或资料员检查确认油管有无损伤，弯曲、腐蚀、裂缝、孔沟和螺纹损坏，不合格油管杆应有明显记号，并单独摆放在不合格区内，不准下入井内	操作不当，扭伤、碰伤、烫伤	注意观察，平稳操作，穿戴劳动保护用品	耐高温防油靴

续表

操作顺序	操作项目、内容、方法及要求	存在风险	风险控制措施	应用辅助工具用具
6	不允许在清蜡后的油管上面站人、行走、沾泥、污染	操作不当，扭伤	注意观察，平稳操作	
7	清蜡作业结束后待管线泄压并冷却后装好清蜡管线，指挥车辆离开井场	操作不当，扭伤	注意观察，平稳操作	

2.29.3.3 应急处置程序

（1）人员发生烫伤伤害事故时，第一发现人应立即停止作业，现场视伤势情况对受伤人员进行紧急冷却处理；如伤势严重，应立即拨打120求救。

（2）人员发生机械伤害事故时，第一发现人应立即关停致害设备，现场视伤势情况对受伤人员进行紧急包扎处理；如伤势严重，应立即拨打120求救。

（3）人员发生触电事故时，第一发现人应立即切断电源，视触电者伤势情况，采取人工呼吸、胸外心脏按压等方法现场施救；如伤势严重，应立即拨打120求救。

2.30 扫钻操作

2.30.1 扫钻操作规程记忆歌诀

井径设计选钻头①，钻头连接螺杆钻②。

连接泵车测转动③，扫钻准备逐项办。

七十一百封井器④，变径百米放缓慢⑤。

泵车连接软管线⑥，变径百米开扫钻⑦。

扫完一根停十分⑧，连接单根重复钻⑨。

钻压钻速过程控[10]，三五十米提径变[11]。

充分洗井完钻后[12]，缓慢上提变径前[13]。

注释：①井径设计选钻头——指根据井径数据，及设计要求选择钻头；②钻头连接螺杆钻——指选定钻头，连接到螺杆钻上；③连接泵车测转动——指连接泵车测试转动，确认好用；④七十一百封井器——指下管 70~100m 后，装好自封井封井器；⑤变径百米放缓慢——指下扫钻管柱至变径位置以上 100m 处时，开始缓慢下放；⑥泵车连接软管线——指使用软管线连接泵车；⑦变径百米开扫钻——指下扫钻管柱至变径位置以上 100m 处时，开始启动泵车扫钻；⑧扫完一根停十分——指一根油管扫完后，循环洗井 10min 以上，同时准备好下一单根，停泵后，迅速连接好单根，开泵继续扫钻；⑨连接单根重复钻——指按表 2.30 中步骤 3.3 重复接单根扫钻，直到人工井底或预计位置；⑩钻压钻速过程控——指扫钻过程中，控制好钻压和钻进速度，禁止猛提猛放；⑪三五十米提径变——指扫钻过程中，如有情况要停泵，要马上上提扫钻管柱至原变径位置以上 30~50m，并活动管柱；⑫充分洗井完钻后——指扫钻完成后，上提管柱前，要充分洗井；⑬缓慢上提变径前——指缓慢上提扫钻管柱过原变径位置后，以正常速度起管柱。

2.30.2 扫钻操作规程安全提示歌诀

活动管柱防卡钻，落物预防手绞伤。

默契配合细观察，规避挂碰刮砸伤。

2.30.3 扫钻操作规程

2.30.3.1 风险提示

（1）起下扫钻时，注意液压钳操作，防止绞伤。

（2）提放管柱时，注意观察，防止落物砸伤。

（3）使用管钳时，注意认真操作，防止挂伤、碰伤和砸伤。

2.30.3.2 扫钻操作规程表

具体操作项目、内容、方法等详见表 2.30。

表 2.30　扫钻操作规程表

操作顺序	操作项目、内容、方法及要求	存在风险	风险控制措施	应用辅助工具用具
1	扫钻操作前准备			
1.1	根据井径数据及设计要求选择钻头			
1.2	选定钻头，连接到螺杆钻上，连接泵车测试转动，确认好用	碰伤	认真操作，注意观察	管钳
2	下扫钻			
2.1	下管 70～100m 后，装好自封井封井器	刮碰，落物	平稳操作，注意观察	液压钳、管钳
2.2	下扫钻管柱至变径位置以上 100m 处时，开始缓慢下放	刮碰，落物	平稳操作，注意观察	液压钳、管钳
3	扫钻			
3.1	使用软管线连接泵车	刮碰	平稳操作，注意观察	管钳、大锤
3.2	下扫钻管柱至变径位置以上 100m 处时，开始启动泵车扫钻	刮碰，落物	平稳操作，注意观察	液压钳、管钳
3.3	一根油管扫完后，循环洗井 10min 以上，同时准备好下一单根，停泵后，迅速连接好单根，开泵继续扫钻	刮碰，落物	平稳操作，注意观察	液压钳、管钳
3.4	按步骤 3.3 重复接单根扫钻，直到人工井底或预计位置	刮碰，落物	平稳操作，注意观察	液压钳、管钳
3.5	扫钻过程中，控制好钻压和钻进速度，禁止猛提猛放	刮碰，落物，卡钻	平稳操作，注意观察	液压钳、管钳
3.6	扫钻过程中，如有情况要停泵，要马上上提扫钻管柱至原变径位置以上 30~50m，并活动管柱	刮碰，落物，卡钻	平稳操作，注意观察	液压钳、管钳
4	起扫钻			
4.1	扫钻完成后，上提管柱前，要充分洗井	刮碰，落物，卡钻	平稳操作，注意观察	液压钳、管钳
4.2	缓慢上提扫钻管柱过原变径位置后，正常速度起管柱	刮碰，落物，卡钻	平稳操作，注意观察	液压钳、管钳

2.30.3.3 应急处置程序

人员发生机械伤害事故时，第一发现人应立即关停致害设备，现场视伤势情况对受伤人员进行紧急包扎处理；如伤势严重，应立即拨打120求救。

2.31 深井泵检修操作

2.31.1 深井泵检修操作规程记忆歌诀

扶牢把稳吊运泵①，拆卸花管固定阀②。
泵筒清洗高温车，柱塞拉杆固定阀③。
拆卸拉杆游动阀④，柱塞表面座游阀⑤。
安装上下游动阀⑥，柱塞外径千分卡⑦。
清洗干净固定阀，工作端面细检查⑧，
更换研磨座固阀⑨，然后组装固定阀⑩。
泵筒除垢钢丝刷⑪，测量内径千分卡⑫。
根据内径配柱塞⑬，清理花管缠小花⑭。
试压测量漏失量⑮，泵筒安装固定阀。
整体试压做记录⑯，安装拉杆大小花⑰。
打好包装并登记，合格证书及时挂⑱。

注释：①扶牢把稳吊运泵——指吊运深井泵；②拆卸花管固定阀——指使用液压拧扣机拆卸下花管、固定阀；③泵筒清洗高温车，柱塞拉杆固定阀——指高温清蜡车清洗泵筒、柱塞、拉杆、固定阀；④拆卸拉杆游动阀——指拆卸拉杆及上下游动阀；⑤柱塞表面座游阀——指检修柱塞表面，更换、研磨上下游动阀球座；⑥安装上下游动阀——指安装上、下游动凡尔；⑦千分卡——指千分尺；柱塞外径千分卡——指测量柱塞外径，并记录；⑧清洗干净固定阀，工作端面细检查——指清洗固定阀，检查固定阀工作端面；⑨更换研磨座固阀——指更换、研磨固定阀球座；⑩然后组装固定阀——指安装固定阀；⑪泵筒除垢钢丝刷——指用钢丝刷清理泵筒内存在结垢部位，清理泵筒内杂物；⑫千分卡指千分尺；测量内径千分卡——指测量泵筒内径；⑬根据内径配柱塞——指根据泵筒内径配合相应的柱塞；⑭清理花管缠小花——指清理大、小花管上的结垢和油泥，缠小花管；⑮试压测量漏失量——指对配好活塞的深井泵进行试压，测漏失量，并记录；⑯整体试压做记录——指对深井泵进行整体试压，并记录；⑰安装拉杆大小花——指安装拉杆及大小花管；⑱打好包装并登记，合格证书及时挂——指包装并登记，挂合格证。

2.31.2 深井泵检修操作规程安全提示歌诀

高温清洗防烫伤，液压拧扣防绞伤。
机械伤害触电防，预防刮碰砸扭伤。
高压液体巧躲避，研磨球座莫夹伤。

2.31.3 深井泵检修操作规程

2.31.3.1 风险提示

（1）使用天吊注意安全。

（2）使用工具防止砸伤。

（3）操作液压拧扣机防止机械绞伤，防止触电。

（4）试压过程小心操作，防止触电和高压液体对人体造成伤害。

2.31.3.2 深井泵检修操作规程表

具体操作项目、内容、方法等详见表 2.31。

表 2.31 深井泵检修操作规程表

操作顺序	操作项目、内容、方法及要求	存在风险	风险控制措施	应用辅助工具用具
1	拆卸深井泵			
1.1	吊运深井泵	碰伤、刮伤	站姿准确，扶牢把稳	
1.2	使用液压拧扣机拆卸下花管、固定阀	触电、机械伤害	加强检查，平稳操作	
2	清洗深井泵			

续表

操作顺序	操作项目、内容、方法及要求	存在风险	风险控制措施	应用辅助工具用具
2.1	高温清蜡车清洗泵筒、柱塞、拉杆、固定阀	烫伤、碰伤、扭伤	集中精神，平稳操作	耐油靴
3	检修柱塞			
3.1	拆卸拉杆及上下游动阀	碰伤、扭伤	侧身平稳操作	600mm 管钳
3.2	检修柱塞表面	碰伤	站姿准确，扶牢把稳	旧布
3.3	更换、研磨上下游动阀球座	夹伤	集中精神，平稳操作	研磨台、研磨砂
3.4	安装上、下游动阀	碰伤、扭伤	侧身、平稳操作	600mm 管钳、柱塞工作台
3.5	测量柱塞外径，并记录	碰伤	集中精神，平稳操作	外径千分尺
4	检修固定阀			
4.1	清洗固定阀，检查固定阀工作端面	划伤	集中精神，平稳操作	旧布
4.2	更换、研磨固定阀球座	夹伤	集中精神，平稳操作	研磨台、研磨砂
4.3	安装固定阀	碰伤、扭伤	侧身、平稳操作	600mm 管钳、工作台
5	检修泵筒			
5.1	用钢丝刷清理泵筒内存在结垢部位	扭伤	站姿准确，扶牢把稳	工作台，钢丝刷
5.2	清理泵筒内杂物	扭伤	站姿准确，扶牢把稳	工作台、通条
5.3	测量泵筒内径			内径千分尺
6	配塞			

续表

操作顺序	操作项目、内容、方法及要求	存在风险	风险控制措施	应用辅助工具用具
6.1	根据泵筒内径配合相应的柱塞	碰伤、扭伤	集中精神，平稳操作	
7	检修花管			
7.1	清理大小花管上的结垢和油泥	碰伤	集中精神，平稳操作	300mm 螺丝刀、平板锉
7.2	缠小花管	划伤	集中精神，平稳操作	手钳、铁丝，铜丝布
8	试压			
8.1	对配好活塞的深井泵进行试压，测漏失量，并记录	触电，高压液体伤害，碰伤	集中精神，平稳操作	试压泵、铜棒、600mm 管钳、量筒
8.2	安装固定阀	碰伤、扭伤	侧身、平稳操作	900mm 管钳
8.3	对深井泵进行整体试压，并记录	触电，高压液体伤害，碰伤	集中精神，平稳操作	试压泵
9	组装深井泵			
9.1	安装拉杆及大小花管	碰伤、扭伤	侧身、平稳操作	600mm 管钳、900mm 管钳
9.2	包装并登记，挂合格证			

2.31.3.3 应急处置程序

（1）人员发生机械伤害事故时，第一发现人立即关停致害设备，现场视伤势情况对受害人进行紧急包扎处理；如伤势严重，立即拨打120求救。

（2）人员发生触电事故时，第一发现人应立即切断电源，视触电者伤势情况，采取人工呼吸、胸外心脏按压等方法现场施救；如伤势严重，立即拨打120求救。

2.32 绳卡子操作

2.32.1 绳卡子操作规程记忆歌诀

备好卡子查大绳，断丝断股不可以①。

穿戴劳保备扳手②，两股钢丝均受力③。

扣好卡子要带紧④，露出螺帽高一齐⑤。

用力适当卡钢绳，吃进直径三分一⑥。

朝向一致卡四个⑦，卡距直径六到七⑧。

注释：①备好卡子查大绳，断丝断股不可以——指准备好和大绳相匹配的卡子，检查好大绳无断丝断股现象；②穿戴劳保备扳手——指准备好扳手和劳动保护用品；③两股钢丝均受力——指调好钢丝绳，使被卡两股钢丝绳受力均匀；④扣好卡子要带紧——指手动扣好卡子，带紧为止；⑤露出螺帽高一齐——指观察露出螺帽一样高；⑥用力适当卡钢绳，吃进直径三分一——指适当用力，卡到钢丝绳直径吃进三分之一；⑦朝向一致卡四个——指卡子朝向应一致、卡好四个卡子；⑧卡距直径六到七——指最小卡距应控制在钢丝绳直径6~7倍以上。

2.32.2 绳卡子操作规程安全提示歌诀

认真仔细戴手套，毛刺绳头别刮伤。

默契配合细观察，预防落物把您伤。

2.32.3 绳卡子操作规程

2.32.3.1 风险提示

（1）在操作时，要注意配合，认真观察，防止刮碰伤害。

（2）注意高空落物。

（3）在操作过程中要认真仔细，防止小工具及零散物品掉落砸伤。

2.32.3.2 绳卡子操作规程表

具体操作项目、内容、方法等详见表2.32。

表2.32 绳卡子操作规程表

操作顺序	操作项目、内容、方法及要求	存在风险	风险控制措施	应用辅助工具用具
1	准备工作			
1.1	检查好大绳无断丝断股现象	刮伤	戴好劳保手套，防止钢丝绳毛刺刮伤	
1.2	准备好和大绳相匹配的卡子			
1.3	准备好扳手和劳动保护			
2	卡绳卡子			
2.1	调好钢丝绳，使被卡两股钢丝绳受力均匀	刮伤	戴好劳保手套，防止钢丝绳毛刺刮伤	
2.2	手动扣好卡子，带紧为止	挤伤	卡子挤伤手指	
2.3	观察露出螺帽一样高			
2.4	适当用力，卡到钢丝绳直径吃进三分之一	卡子损坏	均匀用力，防止损坏卡子	扳手
2.5	卡子朝向应一致，卡好四个卡子			
2.6	最小卡距应控制在钢丝绳直径6~7倍以上			

2.32.3.3 应急处置程序

人员发生机械伤害事故时，第一发现人应立即关停致害设备，现场视伤势情况对受伤人员进行紧急包扎处理；如伤势严重，应立即拨打120求救。

2.33 保养站收、送深井泵操作

2.33.1 保养站收、送深井泵操作规程记忆歌诀

2.33.1.1 送深井泵操作记忆歌诀

扶牢把稳吊装泵，随车送泵到现场。

交接填写交接书，定点卸泵位适当。

2.33.1.2 收深井泵操作记忆歌诀

抓牢把稳泵装车，随车返回检泵间。

扶牢把稳吊卸泵，回收记录及时填。

2.33.2 保养站收、送深井泵操作规程安全提示歌诀

随车收送深井泵，安全提醒驾驶员。

车间现场装卸泵，刮碰砸伤远离咱。

2.33.3 保养站收、送深井泵操作规程

2.33.3.1 风险提示

(1) 使用天吊注意安全。

(2) 使用工具防止砸伤。

(3) 随车收、送泵提醒驾驶员注意行车安全。

2.33.3.2 保养站收、送深井泵操作规程表

具体操作项目、内容、方法等详见表2.33。

表2.33 保养站收、送深井泵操作规程表

操作顺序	操作项目、内容、方法及要求	存在风险	风险控制措施	应用辅助工具用具
1	送深井泵			
1.1	吊装深井泵	碰伤或刮伤	站姿准确，扶牢把稳	
1.2	按要求随车送深井泵到现场	碰伤	提醒驾驶员注意安全	

续表

操作顺序	操作项目、内容、方法及要求	存在风险	风险控制措施	应用辅助工具用具
1.3	与作业班组交接，填写深井泵交接书			
1.4	组织人员卸深井泵到指定地点	碰伤	站姿准确，扶牢把稳	
2	收深井泵			
2.1	组织人员回收深井泵	碰伤	站姿准确，扶牢把稳	
2.2	随车返回检泵车间	碰伤	提醒驾驶员注意安全	
2.3	吊下深井泵	碰伤、刮伤	站姿准确，扶牢把稳	
2.4	填写深井泵回收记录			

2.33.3.3 应急处置程序

人员发生机械伤害事故时，第一发现人立即关停致害设备，现场视伤势情况对受害人进行紧急包扎处理；如伤势严重，立即拨打120求救。

2.34 洗井解卡操作

2.34.1 洗井解卡操作规程记忆歌诀

安全适位停泵车①，井口泵车弯头连②。
打开油套关其他③，启车上水出液察④。
提光杆活动解卡⑤，指重表上提观察⑥。
活动自如挂毛辫，开抽反洗不间断⑦。
开抽正常可停泵，井口油套阀门关⑧。
泄净压力拆管线⑨，撤离井场装管线⑩。

注释：①安全适位停泵车——指班长指挥泵车停至既能与储液罐

相连、又符合安全要求的合适位置；②井口泵车弯头连——指井口岗人员自井口开始至泵车尾部用活动弯头连接进口管线，用管钳上紧，再用大锤将弯头砸紧；③打开油套关其他——指二岗人员打开进口套管阀门、总阀门、出口油管阀门，关紧其他阀门；④启车上水出液察——指一岗人员指挥，泵车操作手启动泵车洗井，三岗人员观察上水情况，二岗人员观察出液情况；⑤提光杆活动解卡——指一岗人员、二岗人员将毛辫子松开，用提升环把光杆上头挂上，用大钩上提光杆上下活动解卡；⑥指重表上提观察——指上提过程中司钻注意观察指重表变化，不能超过全井杆重的 1.5 倍或 3.5t；⑦活动自如挂毛辫，开抽反洗不间断——指班长观察看光杆是否活动正常，如果上下活动自如，把抽油机毛辫子挂上开抽，泵罐继续反洗井；⑧开抽正常可停泵，井口油套阀门关——指开抽完全正常后停泵，一岗人员、二岗人员关井口套管与油管阀门；⑨泄净压力拆管线——指等泵车泄压后再用大锤与管钳把管线弯头卸下；⑩撤离井场装管线——指班长指挥各岗人员帮助泵车人员把进出口管线装到车上，班长指挥泵罐撤离井场。

2.34.2 洗井解卡操作规程安全提示歌诀

绝缘手套启停抽，触电弧光能预防。

人员远离高压区，刮碰扭砸须提防。

2.34.3 洗井解卡操作规程

2.34.3.1 风险提示

（1）启、停抽油机时要戴绝缘手套。

（2）停抽后要切断电源总开关。

（3）上提解卡时，司钻人员注意观察指重表，不要超过提升环负荷，避免碰伤人员或损坏井下配件。

（4）泵车工作时，人员远离高压工作区域。

（5）开关阀门时要侧身。

2.34.3.2 洗井解卡操作规程表

具体操作项目、内容、方法等详见表 2.34。

表 2.34　洗井解卡操作规程表

操作顺序	操作项目、内容、方法及要求	存在风险	风险控制措施	应用辅助工具用具
1	接反洗井的进出口管线			
1.1	班长指挥泵车停至既能与储液罐相连、又符合安全要求的合适位置	碰伤	注意观察	哨子
1.2	井口岗人员自井口开始至泵车尾部用活动弯头连接进口管线，用管钳上紧，再用大锤将弯头砸紧	砸伤、碰伤、刮伤	站姿准确，手握牢，穿戴劳动保护用品	大锤、900mm 管钳
2	洗井作业			
2.1	二岗人员打开进口套管阀门、总阀门、出口油管阀门，关紧其他阀门	用力不当易发生扭伤	侧身平稳操作	600mm 管钳
2.2	一岗人员指挥，泵车操作手启动泵车洗井，三岗人员观察上水情况，二岗人员观察出液情况	碰伤	注意观察，平稳操作	泵车、罐车
3	上提解卡作业			
3.1	一岗人员、二岗人员将毛辫子松开，用提升环把光杆上头挂上，用大钩上提光杆上下活动解卡	砸伤、碰伤、刮伤	站姿准确，手握牢，穿戴劳动保护用品	修井起重设备、泵车、罐车、250mm 活动扳手
3.2	上提过程中司钻人员注意观察指重表变化，不能超过全井杆重的 1.5 倍或 3.5t	砸伤	注意观察，平稳操作	修井起重设备、泵车、罐车
3.3	班长观察看光杆是否活动正常，如果上下活动自如，把抽油机毛辫子挂上开抽，泵罐继续反洗井	碰伤、扭伤	平稳操作，站姿准确，手握牢，穿戴劳动保护用品	修井起重设备、泵车、罐车、250mm 活动扳手
4	停泵泄压			
4.1	开抽完全正常后停泵，一岗人员、二岗人员关井口套管与油管阀门	用力不当易发生扭伤	平稳操作	600mm 管钳

续表

操作顺序	操作项目、内容、方法及要求	存在风险	风险控制措施	应用辅助工具用具
4.2	等泵车泄压后再用大锤与管钳把管线弯头卸下	砸伤、碰伤或刮伤	站姿准确，手握牢，穿戴劳动保护用品	大锤、900mm 管钳
4.3	班长指挥各岗人员帮助泵车人员把进出口管线装到车上，班长指挥泵罐撤离井场	碰伤、扭伤	平稳操作	哨子

2.34.3.3　应急处置程序

（1）人员发生机械伤害事故时，第一发现人应立即关停致害设备，现场视伤势情况对受伤人员进行紧急包扎处理；如伤势严重，应立即拨打 120 求救。

（2）人员发生触电事故时，第一发现人应立即切断电源，视触电者伤势情况，采取人工呼吸、胸外心脏按压等方法现场施救；如伤势严重，应立即拨打 120 求救。

2.35　下丢手操作

2.35.1　下丢手操作规程记忆歌诀

丢手配件选合格①，算好层位工具管②。
井底砂面要软探③，连好配件测油管④。
坐好井口防井喷⑤，二次带紧各配件⑥。
平稳下放忌过快⑦，下完顶排算油管⑧。
下完油管待胀封⑨，远离二十撤人员⑩。
确认胀封合格后，等待下步起油管⑪。

注释：①丢手配件选合格——指选择合格的丢手配件及其他配件；②算好层位工具管——指计算好封堵层位，确认工具管合格；③井底砂面要软探——指软探好井底砂面，封堵层位没有被埋，达不到时应冲砂合格为止；④连好配件测油管——指连接好井下配件，上好螺纹扣，测量好油管数；⑤坐好井口防井喷——指坐好防喷井口；⑥二次带紧各配件——指配件在井口二次带紧；⑦平稳下放忌过快——指下放速度不能过快，一定要平稳操作，井口人员密切配合、下放速度过快造成井底压力不平衡易井喷；⑧下完顶排算油管——指下完顶排后，量好底排油管，计算好所下管数；⑨下完油管待胀封——指下完油管后封井待胀封；⑩远离二十撤人员——指胀封要按照封隔器要求进行胀封，胀封时人员远离井口20m以上。⑪确认胀封合格后，等待下步起油管——指胀封合格后，起出油管待下一步工作。

2.35.2 下丢手操作规程安全提示歌诀

坐好井口防井喷，管线耍龙撤离远。
默契配合细观察，刮碰伤害可预防。

2.35.3 下丢手操作规程

2.35.3.1 风险提示

（1）在施工时，要注意配合，认真观察，防止刮碰伤害，计算好下井工具管根数和长度。

（2）在操作过程中要认真仔细，做好防喷井口防止井喷，防止小工具及零散物品掉落砸伤。

2.35.3.2 下丢手操作规程表

具体操作项目、内容、方法等详见表2.35。

表2.35 下丢手操作规程表

操作顺序	操作项目、内容、方法及要求	存在风险	风险控制措施	应用辅助工具用具
1	下丢手前的准备			
1.1	选择合格的丢手配件及其他配件			
1.2	封堵层位计算好，工具管合格			数据尺、数据纸、笔、管钳、液压钳

续表

操作顺序	操作项目、内容、方法及要求	存在风险	风险控制措施	应用辅助工具用具
2	下丢手前的准备数据			
2.1	软探好井底砂面，封堵层位没有被埋，达不到时应冲砂合格为止	刮碰	井口人员密切配合	数据尺、数据纸、笔
2.2	连接好井下配件，上好螺纹，测量好油管数	刮碰	井口人员密切配合	数据尺、数据纸、笔、管钳、液压钳
3	下丢手配件			
3.1	坐好防喷井口	刮碰	井口人员密切配合	管钳、液压钳、扳手
3.2	配件在井口二次带紧	刮碰	井口人员密切配合	管钳、液压钳、扳手
3.3	下放速度不能过快，一定要平稳操作	刮碰、井喷	井口人员密切配合、下放速度过快造成井底压力不平衡易井喷	管钳、液压钳
3.4	下完顶排后，量好底排油管，计算好所下管数			管钳、液压钳
3.5	下完油管后封井待胀封	刮碰	井口人员密切配合	管钳、液压钳、扳手
3.6	胀封要按照封隔器要求进行胀封，胀封时人员远离井口 20m 以上	刮碰	管线要龙伤人	管钳、大锤
3.7	胀封合格后，起出油管待下步工作	刮碰	井口人员密切配合	管钳、液压钳、扳手

2.35.3.3　应急处置程序

人员发生机械伤害事故时，第一发现人应立即关停致害设备，现场视伤势情况对受伤人员进行紧急包扎处理；如伤势严重，应立即拨打 120 求救。

2.36 下起压裂管柱操作

2.36.1 下起压裂管柱操作规程记忆歌诀

防护设施检可靠，系统部件查齐全①。
井底层位井况明②，型号参数管汇检③。
连接好地面管线，丈量好下井油管④。
坐好井口防井喷，井口二次紧配件⑤。
缓慢放提二三十⑥，按照设计下管件⑦。
弯管接箍清螺纹⑧，管汇井口油管连⑨。
高压管线锚定好，高压弯管钢绳吊⑩。
他人禁入高压区⑪，放喷管线压力表⑫。
先放油压后套压，指定地点防污染⑬。
活动管柱边上提，观察变化拉力表⑭。
平缓起管二三十，猛提猛放规程反⑮。
发生砂卡动管柱，洗井解卡方起管⑯。

注释：①防护设施检可靠，系统部件查齐全——指检查滑轮、固定螺栓、钢丝绳、绳卡、紧绳器、千斤脚、垫木、制动离合、传动部分、液压系统、电路系统、防护设施是否齐全、可靠；②井底层位井况明——指掌握压裂井的井况、压裂层位、井底情况、作业流程；③型号参数管汇检——指核对好下井配件的型号、参数准确，压裂管汇检查合格；④连接好地面管线，丈量好下井油管——指地面把管线连接好，上紧螺纹，丈量好下井油管；⑤井口二次紧配件——指二次在井口上紧配件，背钳打好，管扣处涂上密封脂；⑥缓慢放提二三十——指下放上提油管速度一定要慢，要控制下入速度在20~30m/min之间，操作平稳，严禁猛提、猛放；⑦按照设计下管件——指按照设计要求下好配件及油管，坐好井口，上紧井口螺丝；⑧弯管接箍清丝扣——指压裂弯管及接箍螺纹清洗干净，涂密封脂；⑨管汇井口油管连——指把压裂管汇和井口连好，油管和管汇连接好，管线长度不小于20m；⑩高压管线锚定好，高压弯管钢绳吊——指根据施工要求打好地锚，固定好地面高压管线，井口高压弯管要用钢丝绳吊住，并加一定的拉力；⑪他人禁入高压区——指压裂时严禁无关人员进入高压区，压力应在工艺设计允许的范围内；⑫放喷管线压力表——指放喷时在管线末端加压力表，观察压力变化，控制放喷排量；⑬先放油压后套压，指定地点防污染——指先放油压后放套压，并放到指定地点，严防污染环境；⑭活动管柱边上提，观察变化拉力表——指打开井口，上提活动管柱，观察拉力表变化，操作平稳；⑮平缓起管二三十，猛提猛放规程反——指起油管速度一定要慢，要控制速度在20~30m/min之间，操作平稳，严禁猛提猛放；⑯发生砂卡动管柱，洗井解卡方起管——指若发生砂卡，及时活动管柱，或洗井配合解卡。

2.36.2 下起压裂管柱操作规程安全提示歌诀

人员远离高压区，高压刺伤可预防。

默契平缓细观察，规避刮碰扭砸伤。

2.36.3 下起压裂管柱操作规程

2.36.3.1 风险提示

（1）在下起压裂管时，要注意配合，认真观察，防止刮碰伤害。

（2）在操作过程中要认真仔细，做好防喷井口防止井喷，防止小工具及零散物品掉落砸伤。

2.36.3.2 下起压裂管柱操作规程表

具体操作项目、内容、方法等详见表2.36。

表2.36 下起压裂管柱操作规程表

操作顺序	操作项目、内容、方法及要求	存在风险	风险控制措施	应用辅助工具用具
1	施工前准备			
1.1	检查滑轮、固定螺栓、钢丝绳、绳卡、紧绳器、千斤脚、垫木、制动离合、传动部分、液压系统、电路系统、防护设施是否齐全、可靠	机械伤害事故时	注意观察，协调配合	扳手、大锤、撬杠

续表

操作顺序	操作项目、内容、方法及要求	存在风险	风险控制措施	应用辅助工具用具
1.2	掌握压裂井的井况、压裂层位、井底情况、作业流程			
1.3	核对好下井配件的型号、参数准确，压裂管汇检查合格	砸伤	注意观察，协调配合	管钳、大锤
1.4	地面把管线连接好，上紧螺纹，丈量好下井油管	砸伤	注意观察，协调配合	管钳、大锤、数据尺、笔、数据纸
2	下压裂			
2.1	坐好防喷井口	扭伤、砸伤	操作平稳，注意配合	管钳、加力杠、液压钳
2.2	二次在井口上紧配件，背钳打好，管扣处涂上密封脂	扭伤、砸伤	操作平稳，注意配合	管钳、加力杠、密封脂、液压钳
2.3	下放上提油管速度一定要慢，要控制下入速度在 20～30m/min 之间，操作平稳，严禁猛提、猛放	扭伤、砸伤	操作平稳，注意配合	管钳、加力杠、密封脂、液压钳
2.4	按照设计要求下好配件及油管，坐好井口，上紧井口螺丝	扭伤、砸伤	操作平稳，注意配合	管钳、加力杠、密封脂、液压钳
3	连接压裂管汇			
3.1	压裂弯管及接箍螺纹清洗干净，涂密封脂	刺伤、砸伤	操作平稳，注意配合	钢刷、密封脂
3.2	把压裂管汇和井口连好，油管和管汇连接好，管线长度不小于 20m	砸伤	操作平稳，注意配合	管钳、加力杠、密封脂
3.3	根据施工要求打好地锚，固定好地面高压管线，井口高压弯管要用钢丝绳吊住，加一定的拉力	扭伤、刮伤、砸伤	操作平稳，注意配合	管钳、加力杠、钢丝绳、钎子

续表

操作顺序	操作项目、内容、方法及要求	存在风险	风险控制措施	应用辅助工具用具
4	压裂及防喷			
4.1	压裂时严禁无关人员进入高压区，压力应在工艺设计允许的范围内	管线爆炸伤人	无关人员不得进入高压区	管钳、钢丝绳、钎子
4.2	放喷时在管线末端加压力表，观察压力变化，控制放喷排量；先放油压后放套压，并放到指定地点，严防污染环境	管线碰伤	压力合格后在起钎子	压力表、防渗布、管线
5	起压裂管			
5.1	打开井口，上提活动管柱，观察拉力表变化，操作平稳	碰伤、刮伤	操作平稳，注意配合	扳手、管钳、液压钳
5.2	起油管速度一定要慢，要控制速度在 20～30m/min 之间，操作平稳，严禁猛提、猛放	碰伤、刮伤	操作平稳，注意配合	管钳、液压钳
5.3	若发生砂卡，及时活动管柱，或洗井配合解卡	碰伤、刮伤	操作平稳，注意配合	扳手、管钳、泵罐

2.36.3.3 应急处置程序

（1）人员发生机械伤害事故时，第一发现人应立即关停致害设备，现场视伤势情况对受伤人员进行紧急包扎处理；如伤势严重，应立即拨打 120 求救。

（2）人员发生触电事故时，第一发现人应立即切断电源，视触电者伤势情况，采取人工呼吸、胸外心脏按压等方法现场施救；如伤势严重，应立即拨打 120 求救。

2.37 校正井架操作

2.37.1 校正井架操作规程记忆歌诀

液压系统查电路，预防设施检齐全①。

绷绳挂好不绷紧②，调整三点成直线③。

前后左右十厘米④，绷绳锁紧千斤脚⑤。

注释：①液压系统查电路，预防设施检齐全——指检查液压系统、电路系统、防护设施达到齐全可靠；②绷绳挂好不绷紧——指绷绳要挂好、不绷紧；③调整三点成直线——指有专人指挥，调整（井口、滚筒、井架中心）三点成直线；④前后左右十厘米——指要求游动滑车与井口前后左右的距离不得大于10cm；⑤绷绳锁紧千斤脚——指锁紧千斤脚，绷紧前后绷绳。

2.37.2 校正井架操作规程安全提示歌诀

默契配合细观察，挂碰砸伤可预防。

2.37.3 校正井架操作规程

2.37.3.1 风险提示

（1）在校正井架时，要注意配合，认真观察，防止刮碰伤害。

（2）在操作过程中要认真仔细，防止小工具及零散物品掉落砸伤。

2.37.3.2 校正井架操作规程表

具体操作项目、内容、方法等详见表2.37。

表2.37 校正井架操作规程表

操作顺序	操作项目、内容、方法及要求	存在风险	风险控制措施	应用辅助工具用具
1	校正井架前准备检查			
1.1	检查液压系统、电路系统、防护设施是否齐全、可靠	挂碰伤害	注意观察	

续表

操作顺序	操作项目、内容、方法及要求	存在风险	风险控制措施	应用辅助工具用具
1.2	绷绳要挂好、不绷紧			
2	校正井架			
2.1	有专人指挥			
2.2	调整（井口、滚筒、井架中心）三点成直线	挂碰、砸伤	注意观察	
2.3	要求游动滑车与井口前后左右的距离不得大于 10cm	挂碰伤害	注意观察	
3	校正井架后			
3.1	锁紧千斤脚	挂碰伤害	注意观察	
3.2	绷紧前后绷绳	挂碰伤害	注意观察	

2.37.3.3　应急处置程序

人员发生机械伤害事故时，第一发现人应立即关停致害设备，现场视伤势情况对受伤人员进行紧急包扎处理；如伤势严重，应立即拨打 120 求救。

2.38　卸装采油树操作

2.38.1　卸装采油树操作规程记忆歌诀

2.38.1.1　准备工作记忆歌诀

安全经济采油树①，阀门灵活部件全②。

螺纹丝杆无变形，钢圈圈槽无损伤③。

钢圈圈槽涂黄油④，准备工作须提前。

注释：①安全经济采油树——指采油树应合理选择，具安全性和经济性；②阀门灵活部件全——指部件齐全、完好，阀门开关灵活、好用；③螺纹丝杆无变形，钢圈圈槽无损伤——指无螺纹变形及丝杆变形，钢圈与钢圈槽无损伤；④钢圈圈槽涂黄油——指钢圈及钢圈槽要保持清洁，涂好黄油方能安装。

2.38.1.2　卸采油树操作记忆歌诀

套管短节大四通，卸开上下两法兰①。

取下钢圈妥放置，规避磕碰损钢圈②。

螺纹完好涂黄油，刷净螺纹先查检③。

注释：①套管短节大四通，卸开上下两法兰——指用扳手从套管短节法兰处和大四通上法兰处卸开；②取下钢圈妥放置，规避磕碰损钢圈——指取下钢圈槽内的钢圈，放置在不易磕碰的地方；③螺纹完好涂黄油，刷净螺纹先查检——指用钢丝刷将套管短节螺纹刷干净，并检查完好，涂好黄油或密封脂。

2.38.1.3　安装采油树操作记忆歌诀

短节公扣对接箍，对扣逆转一两圈①。

套管短节正旋紧②，槽内抹油涂钢圈③。

吊装四通坐法兰④，对角上紧四螺栓⑤。

剩余螺栓对角紧⑥，槽内抹油涂钢圈⑦。

吊起压盖小四通⑧，坐在四通上法兰⑨。

调向转动小四通，对角上紧四螺栓⑩。

注释：①短节公扣对接箍，对扣逆转一两圈——指将套管短节外螺纹对在井口套管接箍上（两手端平，慢放在套管接箍上）逆时针转1~2圈对扣；②套管短节正旋紧——指对好扣后，按顺时针方向正转上扣，再用加力杠顺时针旋转将套管短节上紧；③槽内抹油涂钢圈——指将套管短节法兰的钢圈槽内抹好黄油，把钢圈水平放入槽内上部，再涂些黄油；④吊装四通坐法兰——指用钢丝绳套挂在大四通上，用大钩缓慢吊起（吊起过程中将大四通两边扶住，保持水平），缓慢下放，将大四通坐在套管短节法兰上；⑤对角上紧四螺栓——指左右转动大四通，使钢圈进入大四通底法兰的钢圈槽内（钢圈槽一定要清洁）转动大四通调整方向，对角上紧四条法兰螺栓，摘掉绳套；⑥剩余螺栓对角紧——指将剩余法兰螺栓对角用扳手上紧；⑦槽内抹油涂钢圈——指将大四通上法兰钢圈槽内抹好黄油，把钢圈放入槽内上部，再抹些黄油；⑧吊起压盖小四通——指钢丝绳套在上压盖和小四通上，用大钩缓慢提起，两边扶住，保持水平；⑨坐在四通上法兰——指缓慢下放，将上压盖和小四通平坐在大四通上法兰上，左右调整，使钢圈进入压盖钢圈槽；⑩调向转动小四通，对角上紧四螺栓——指转动小四通调整方向，对角上紧四条法兰螺栓，摘掉绳套，将剩余的法兰螺栓对角用扳手上紧。

2.38.2 卸装采油树操作规程安全提示歌诀

默契配合细观察，预防刮碰挤扭伤。

扶稳把牢防砸伤，刷子圈槽毛刺伤。

2.38.3 卸装采油树操作规程

2.38.3.1 风险提示

（1）在施工时，要注意配合，认真观察，防止刮碰伤害；注意高空落物。

（2）在操作过程中要认真仔细，防止小工具及零散物品掉落砸伤。

2.38.3.2 卸装采油树操作规程表

具体操作项目、内容、方法等详见表2.38。

表2.38 卸装采油树操作规程表

操作顺序	操作项目、内容、方法及要求	存在风险	风险控制措施	应用辅助工具用具
1	准备工作			
1.1	采油树应合理选择，具安全性和经济性			
1.2	部件齐全、完好，阀门开关灵活、好用			
1.3	无螺纹变形及丝杆变形，钢圈与钢圈槽无损伤			
1.4	钢圈及钢圈槽要保持清洁，涂好黄油方能安装	刺伤	钢圈或钢槽毛刺刺伤	黄油
2	卸采油树			

续表

操作顺序	操作项目、内容、方法及要求	存在风险	风险控制措施	应用辅助工具用具
2.1	用扳手从套管短节法兰处和大四通上法兰处卸开	砸伤	防止卸掉配件砸伤	扳手、管钳
2.2	取下钢圈槽内的钢圈，放置在不易磕碰的地方			
2.3	用钢丝刷将套管短节螺纹刷干净，并检查完好，涂好黄油或密封脂	钢丝刷子刺伤	平稳操作	手套、钢丝刷
3	安装采油树			
3.1	将套管短节外螺纹对在井口套管接箍上（两手端平，慢放在套管接箍上），逆时针转1~2圈对扣			
3.2	对好扣后，按顺时针方向正转上扣，再用加力杠顺时针旋转将套管短节上紧	扭伤	平稳操作	加力杠
3.3	将套管短节法兰的钢圈槽内抹好黄油，把钢圈水平放入槽内上部，再涂些黄油	钢圈或钢槽毛刺刺伤	平稳操作	黄油
3.4	用钢丝绳套管在大四通上，用大钩缓慢吊起（吊起过程中将大四通两边扶住，保持水平），缓慢下放，将大四通坐在套挂短节法兰上	砸伤、碰伤	选择合理绳套，专人指挥操作	绳套、管钳
3.5	左右转动大四通，使钢圈进入大四通底法兰的钢圈槽内（钢圈槽一定要清洁）转动大四通调整方向，对角上紧四条法兰螺栓，摘掉绳套	挤伤手指	注意力集中，平稳操作	绳套
3.6	将剩余法兰螺栓对角用扳手上紧			扳手
3.7	将大四通上法兰钢圈槽内抹好黄油，把钢圈放入槽内上部，再抹些黄油	钢圈或钢槽毛刺刺伤	平稳操作	黄油

续表

操作顺序	操作项目、内容、方法及要求	存在风险	风险控制措施	应用辅助工具用具
3.8	钢丝绳套在上压盖和小四通上，用大钩缓慢提起，两边扶住，保持水平	砸伤、碰伤	选择合理绳套、专人指挥操作	绳套、管钳
3.9	缓慢下放，将上压盖和小四通平坐在大四通上法兰上，左右调整，使钢圈进入压盖钢圈槽内	挤伤手指	注意力集中，平稳操作	绳套
3.10	转动小四通调整方向，对角上紧四条法兰螺栓，摘掉绳套	刮伤	摘绳套刮伤	
3.11	将剩余的法兰螺栓对角用扳手上紧			扳手

2.38.3.3　应急处置程序

人员发生机械伤害事故时，第一发现人应立即关停致害设备，现场视伤势情况对受伤人员进行紧急包扎处理；如伤势严重，应立即拨打120求救。

2.39　液压钳操作

2.39.1　液压钳操作规程记忆歌诀

清洁合格液压油①，每班一次加机油②。
加油清洗一六月③，部件清洗用柴油④。
严禁猛推操纵杆⑤，上扣旋钮转向右⑥。
上扳手柄高速挡⑦，外扳手柄上紧扣⑧。
卸扣旋钮转向左⑨，下扳手柄低速挡⑩。
操纵杆手推卸扣，侧推把手钳口开⑪。

注释：①清洁合格液压油——指液压油工作温度以30~36℃为宜，加注合格的液压油，保证液压油清洁；②每班一次加机油——指每班要给开口大齿轮，鄂板架，上下推环和制动盘上面加一次机油，对各部位对取接螺钉应每班检查，防止机脱；③加油清洗一六月——指每月给各黄油嘴加一次黄油，每半年对一次油箱，油泵和固定螺丝进行一次检查或清洗；④部件清洗用柴油——指要注意保持部件的清洁，对开口大齿轮和牙板要经常清洗，用柴油清洗以防影响或咬不住油管；⑤严禁猛推操纵杆——指卸扣时应缓慢地推右操纵杆，使机组的工作压力缓慢平稳地上升；严禁猛推右操纵杆，造成压力猛增，致使管线刺漏或泵失灵；⑥上扣旋钮转向右——指上油管时，将液压钳上的上卸旋钮向右转，使其箭头端指向上扣的方向；⑦上扳手柄高速挡——指把变速挡手柄向上扳到高速位置，面对钳体，把钳体开口拉向井口油管；⑧外扳手柄上紧扣——指当油管进入液压钳开口腔内，用一只手稳住钳头，另一只手向外扳钳尾部的节流手柄上扣，上紧扣后，再将节流手柄向里推，再用右手推钳尾部的节流手柄，将钳头开口从油管本体上退出；⑨卸扣旋钮转向左——指卸油管扣时，将液压钳体上的卸扣旋钮向左扭转180°，操作员面对钳体将液压钳开口拉向井口油管；⑩下扳手柄低速挡——指油管进入开口腔内，操纵人员一只手稳住钳头另一只手把住尾部的侧面把手。用右手将挡把下扳挂低速挡；⑪操纵杆手推卸扣，侧推把手钳口开——指挂好挡后，再用手推操纵杆开始卸扣。卸完扣再将操纵杆拉回复位，用手推尾部的侧面把手，将钳体开口从油管本体退出。

2.39.2 液压钳操作规程安全提示歌诀

两人操纵液压钳，平稳操作巧用力。
操纵动作忌猛快，扭咬伤害远离己。

2.39.3 液压钳操作规程

2.39.3.1 风险提示

（1）油泵起动后，严禁将手伸到钳口内。

（2）操纵液压钳时，尾绳两侧不准站人，严禁两人同时操纵液压钳。

（3）操纵动作不要过猛过快，以免发生事故，特别注意“咬手”

事故。

（4）防止碰伤、扭伤、咬伤。

2.39.3.2　液压钳操作规程表

具体操作项目、内容、方法等详见表2.39。

表2.39　液压钳操作规程表

操作顺序	操作项目、内容、方法及要求	存在风险	风险控制措施	应用辅助工具用具
1	液压油工作温度以30~36℃为宜，加注合格的液压油，保证液压油清洁	用力不当易发生扭伤	平稳操作	液压油、加油桶
2	每班要给开口大齿轮，鄂板架，上下推环和制动盘上面加一次机油，对各部位对取接螺钉应每班检查，防止机脱	用力不当易发生扭伤	平稳操作	机油、加机油壶
3	每月给各黄油嘴加一次黄油，每半年对一次油箱，油泵和固定螺钉进行一次检查或清洗	用力不当易发生扭伤	平稳操作	黄油、黄油枪
4	要注意保持部件的清洁，对开口大齿轮和牙板要经常清洗，用柴油清洗以防影响或咬不住油管	用力不当易发生扭伤	平稳操作	柴油、毛刷
5	卸扣时应缓慢推右操纵杆，使机组的工作压力缓慢平稳地上升；严禁猛推右操纵杆，造成压力猛增，致使管线刺漏或泵失灵	用力不当易发生扭伤、“咬伤”	平稳操作	
6	上油管时，将液压钳上的上卸扣旋钮向右转，使其箭头端指向上扣的方向	用力不当易发生扭伤、“咬伤”	平稳操作	
7	把变速挡手柄向上扳到高速位置，面对钳体，把钳体开口拉向井口油管	用力不当易发生扭伤、“咬伤”	平稳操作	

续表

操作顺序	操作项目、内容、方法及要求	存在风险	风险控制措施	应用辅助工具用具
8	当油管进入液压钳开口腔内，用一只手稳住钳头，另一只手向外扳钳尾部的节流手柄上扣；上紧扣后，再将节流手柄向里推，再用右手推钳尾部的节流手柄，将钳头开口从油管本体上退出	用力不当易发生扭伤、“咬伤”	平稳操作	
9	卸油管扣时，将液压钳体上的卸扣旋钮向左扭转180°，操作员面对钳体将液压钳开口拉向井口油管	用力不当易发生扭伤、“咬伤”	平稳操作	
10	油管进入开口腔内，操纵人员一只手稳住钳头另一只手把住尾部的侧面把手。用右手将挡把下扳挂低速挡	用力不当易发生扭伤、“咬伤”	平稳操作	
11	挂好挡后，再用手推操纵杆开始卸扣。卸完扣再将操纵杆拉回复位，用手推尾部的侧面把手，将钳体开口从油管本体退出	用力不当易发生扭伤、“咬伤”	平稳操作	

2.39.3.3　应急处置程序

人员发生机械伤害事故时，第一发现人应立即关停致害设备，现场视伤势情况对受伤人员进行紧急包扎处理；如伤势严重，应立即拨打120求救。

2.40　硬探操作

2.40.1　硬探操作规程记忆歌诀

一管底部喇叭口，七十下后封井器[①]。
砂面鱼顶三五十，下放缓慢察压力[②]。

拉力下降下放停，铅油明显打标记[③]。

方入方余起管量，塞面深度细算计[④]。

注释：①一管底部喇叭口，七十下后封井器——指按设计要求用管钳将喇叭口连接在下井第一根油管底部，下油管7~10根后，装自封封井器；②砂面鱼顶三五十，下放缓慢察压力——指当油管下至距人工井底（砂面、塞面或井内落鱼顶）30~50m时，缓慢下放管柱，同时注意观察指重表或拉力变化情况；③拉力下降下放停，铅油明显打标记——指观察到拉力表显示的悬重有下降趋势时，停止下放，反复试探三次，最后一次将管柱停止井底不动，在井口没有完全下入井内的那根油管上，与套管四通上法兰面平齐的位置，用铅油等打上明显标记；④方入方余起管量，塞面深度细算计——指起出打上明显标记的那根油管，用钢卷尺测量出方入或方余，计算塞面（或砂面、井底及井内落鱼鱼顶）的深度。

2.40.2　硬探操作规程安全提示歌诀

吊卡销子安全绳，绳尾两侧禁站人。

换牙动力须停止，平稳操作不伤人。

2.40.3　硬探操作规程

2.40.3.1　风险提示

（1）平稳操作，防止大钩摆动，注意观察瞭望。

（2）井口工和司钻人员注意配合，吊卡销子必须系安全绳，严禁单销子作业。

（3）尾绳两侧严禁站人，长度适当，操作或更换钳牙严禁把手放入钳口，更换钳牙时停止动力输出系统，管线破损要及时更换。

2.40.3.2　硬探操作规程表

具体操作项目、内容、方法等详见表2.40。

表 2.40 硬探操作规程表

操作顺序	操作项目、内容、方法及要求	存在风险	风险控制措施	应用辅助工具用具
1	按设计要求用管钳将喇叭口连接在下井第一根油管底部，下入 7~10 根油管后，装自封封井器	砸伤、碰伤、扭伤	穿戴好劳动保护用品，平稳操作	修井起重设备、液压钳、900mm 管钳、喇叭口
2	当油管下入至距人工井底（砂面、塞面或井内落鱼顶）30~50m 时，缓慢下放管柱，同时注意观察指重表或拉力变化情况	砸伤、碰伤、扭伤	穿戴好劳动保护用品，平稳操作	修井起重设备、液压钳、900mm 管钳
3	观察到拉力表显示的悬重有下降趋势时，停止下放，反复试探三次，最后一次将管柱停止井底不动，在井口没有完全下入井内的那根油管上，与套管四通上法兰面平齐的位置，用铅油等打上明显标记	砸伤、碰伤、扭伤	穿戴好劳动保护用品，平稳操作	修井起重设备、液压钳、铅油、900mm 管钳
4	起出打上明显标记的那根油管，用钢卷尺测量出方入或方余，计算塞面（或砂面、井底及井内落鱼鱼顶）的深度	砸伤、碰伤、扭伤	穿戴好劳动保护用品，平稳操作	修井起重设备、液压钳、900mm 管钳、钢卷尺

2.40.3.3 应急处置程序

（1）人员发生机械伤害事故时，第一发现人应立即关停致害设备，现场视伤势情况对受伤人员进行紧急包扎处理；如伤势严重，应立即拨打 120 求救。

（2）人员发生触电事故时，第一发现人应立即切断电源，视触电者伤势情况，采取人工呼吸、胸外心脏按压等方法现场施救；如伤势严重，应立即拨打 120 求救。

2.41 油杆提取环操作

2.41.1 油杆提取环操作规程记忆歌诀

灵活好用杆匹配①，折成四股四卡子②。

绳套穿进提取环，两头挂耳锁销子③。

上拉活门卡杆头，起下作业拉到底④。

使用提环不超载，卡泵起杆不过力⑤。

注释：①灵活好用杆匹配——指使用提取环前，仔细检查提取环灵活好用，和井内油杆相匹配；②折成四股四卡子——指用16mm钢丝绳7m折成四股，接头打四个绳卡子；③绳套穿进提取环，两头挂耳锁销子——指绳套一头从提取环上部穿进，然后绳套两头分别挂在大钩的两个耳朵上，锁紧销子；④上拉活门卡杆头，起下作业拉到底——指起下油杆时，井口两名操作人员相互配合，一名操作人员把提取环活门向上拉动，用提取环下面开口卡在油杆头上的小方上，再把活门拉到底部，另一名操作人员监护并确认此程序安全操作完毕后，再示意司钻人员进行起下油杆作业；⑤使用提环不超载，卡泵起杆不过力——指提取环使用过程中不要超过规定的拉力，对于卡泵的井，使用提取环时注意观察指重表变化，不要超负荷使用，以免造成事故。

2.41.2 油杆提取环操作规程安全提示歌诀

使用严禁超负荷，摘挂动作要一致。

必须戴好安全帽，刮碰砸扭远离已。

2.41.3 油杆提取环操作规程

2.41.3.1 风险提示

(1) 摘挂提取环时，操作人员动作要一致，司钻注意配合，严禁超负荷使用。

(2) 必须戴好安全帽。

(3) 防止碰伤、扭伤、砸伤。

2.41.3.2　油杆提取环操作规程表

具体操作项目、内容、方法等详见表2.41。

表2.41　油杆提取环操作规程表

操作顺序	操作项目、内容、方法及要求	存在风险	风险控制措施	应用辅助工具用具
1	使用提取环前，仔细检查提取环灵活好用，和井内油杆相匹配	用力不当易发生扭伤	平稳操作	提取环
2	用16mm钢丝绳7m折成四股，接头打四个绳卡子。绳套一头从提取环上部穿进，然后绳套两头分别挂在大钩的两个耳朵上，锁紧销子	用力不当易发生扭伤	平稳操作，穿戴好劳动护用品	修井起重设备、提取环、钢丝绳、绳卡子
3	起下油杆时，井口两名操作人员相互配合，一名操作人员把提取环活门向上拉动，用提取环下面开口卡在油杆头上的小方上，再把活门拉到底部，另一名操作人员监护并确认此程序安全操作完毕后，再示意司钻人员进行起下油杆作业	用力不当易发生扭伤碰伤、砸伤	平稳操作，穿戴好劳动保护用品	修井起重设备、提取环、钢丝绳、绳卡子
4	提取环使用过程中不要超过规定的拉力，对于卡泵的井，使用提取环时注意观察指重表变化，不要超负荷使用，以免造成事故	用力不当易发生扭伤、碰伤、砸伤	平稳操作，穿戴好劳动保护用品	修井起重设备、提取环、钢丝绳、绳卡子

2.41.3.3　应急处置程序

(1) 人员发生机械伤害事故时，第一发现人应立即关停致害设备，现场视伤势情况对受伤人员进行紧急包扎处理；如伤势严重，应立即拨打120求救。

(2) 人员发生触电事故时，第一发现人应立即切断电源，视触电者伤势情况，采取人工呼吸、胸外心脏按压等方法现场施救；如伤势严重，应立即拨打120求救。

2.42 油管吊卡操作

2.42.1 油管吊卡操作规程记忆歌诀

活门灵活管匹配①，握住两耳扣油管②。

下管活门朝上位③，吊环挂耳插上销④。

摘取吊卡先拔销，吊卡两耳挂吊环⑤。

注释：①活门灵活管匹配——指使用吊卡前，仔细检查吊卡活门是否灵活好用，吊卡必须与油管尺寸规范相同。吊卡销子系安全绳；②握住两耳扣油管——指起油管扣吊卡时，要先把吊卡活门打开，然后由两名操作人员分别握住吊卡的两个耳朵，将吊卡扣在油管本体靠近接箍处，关上吊卡活门；③下管活门朝上位——指下油管时，要把扣在油管本体上的吊卡沿油管本体旋转180°，使吊卡活门处于朝上的位置；④吊环挂耳插上销——指起下油管挂吊卡，由两名操作人员分别拉动大钩上的两只吊环，再分别挂在吊卡两个“耳朵”内，插上吊卡销子；⑤摘取吊卡先拔销，吊卡两耳挂吊环——指起下油管摘吊卡时，先将插在吊卡耳朵上的销子拔出来，再由两名操作人员分别将两只吊环从吊卡的两只“耳朵”内拉出来。

2.42.2 油管吊卡操作规程安全提示歌诀

摘挂动作要一致，反打吊卡须禁忌。

默契平稳细观察，刮碰扭砸远离己。

2.42.3 油管吊卡操作规程

2.42.3.1 风险提示

（1）摘挂吊卡时，操作人员动作要一致，司钻注意配合，严禁反打吊卡。

（2）必须使用合格吊卡。必须戴好安全帽。

（3）防止碰伤、扭伤、砸伤。

2.42.3.2　油管吊卡操作规程表

具体操作项目、内容、方法等详见表2.42。

表2.42　油管吊卡操作规程表

操作顺序	操作项目、内容、方法及要求	存在风险	风险控制措施	应用辅助工具用具
1	使用吊卡前，仔细检查吊卡活门是否灵活好用，吊卡必须与油管尺寸规范相同。吊卡销子系安全绳	用力不当易发生扭伤	平稳操作	吊卡、吊卡销子
2	起油管扣吊卡时，要先把吊卡活门打开，然后由两名操作人员分别握住吊卡的两个耳朵，将吊卡扣在油管本体靠近接箍处，关上吊卡活门	用力不当易发生扭伤、砸伤	平稳操作，穿戴劳动保护用品，戴安全帽	修井起重设备、吊卡
3	下油管时，要把扣在油管本体上的吊卡沿油管本体旋转180°，使吊卡活门处于朝上的位置	用力不当易发生扭伤、砸伤	平稳操作，穿戴劳动保护用品，戴安全帽	修井起重设备、吊卡、900mm管钳
4	起下油管挂吊卡，由两名操作人员分别拉动大钩上的两只吊环，再分别挂在吊卡两个耳朵内，插上吊卡销子	用力不当易发生扭伤、砸伤	平稳操作，穿戴劳动保护用品，戴安全帽	修井起重设备、吊卡、900mm管钳
5	起下油管摘吊卡时，先将插在吊卡“耳朵”上的销子拔出来，再由两名操作人员分别将两只吊环从吊卡的两只“耳朵”内拉出来。	用力不当易发生扭伤、砸伤	平稳操作，穿戴劳动保护用品，戴安全帽	修井起重设备、吊卡、900mm管钳

2.42.3.3　应急处置程序

（1）人员发生机械伤害事故时，第一发现人应立即关停致害设备，现场视伤势情况对受伤人员进行紧急包扎处理；如伤势严重，应立即拨打120求救。

（2）人员发生触电事故时，第一发现人应立即切断电源，视触电者伤势情况，采取人工呼吸、胸外心脏按压等方法现场施救；如伤势严重，应立即拨打120求救。

2.43 油井更换井口操作

2.43.1 油井更换井口操作规程记忆歌诀

2.43.1.1 立放井架前检查操作记忆歌诀

立放井架细检查，系统部位防护全①。

立放井架看风向，五级风速不安全②。

注释：①立放井架细检查，系统部位防护全——指检查滑轮、固定螺栓、钢丝绳、绳卡、紧绳器、千斤脚、垫木、制动离合、传动部分、液压系统、电路系统、防护设施是否齐全、可靠；②立放井架看风向，五级风速不安全——指注意风级、风向，五级以上风及井架上有用电线路等障碍时，不得立放井架。

2.43.1.2 卸井口操作记忆歌诀

套管短节大四通，卸开上下两法兰①。

取下钢圈妥放置，规避磕碰损钢圈②。

螺纹完好涂黄油，刷净螺纹先查检③。

注释：①套管短节大四通，卸开上下两法兰——指套管短节法兰处和大四通上法兰处卸开；②取下钢圈妥放置，规避磕碰损钢圈——指取下钢圈槽内的钢圈，放置在不易磕碰的地方；③螺纹完好涂黄油，刷净螺纹先查检——指用钢丝刷将套管接箍螺纹刷干净，并认真检查螺纹完好，螺纹损坏则不能安装，涂上黄油或密封脂。

2.43.1.3 安装井口操作记忆歌诀

短节公扣对接箍，对扣逆转一两圈①。

套管短节正旋紧②，槽内抹油涂钢圈③。

吊装四通坐法兰④，对角上紧四螺栓⑤。

剩余螺栓对角紧⑥，槽内抹油涂钢圈⑦。

吊起压盖小四通⑧，坐在四通上法兰⑨。

调向转动小四通，对角上紧四螺栓⑩。

注释：①短节公扣对接箍，对扣逆转一两圈——指将套管短节外螺纹对在井口套管接箍上（两手端平，慢放在套管接箍上）逆时针转

1~2 圈对扣；②套管短节正旋紧——指对好扣后，按顺时针方向正转上扣，当用手转不动时，用一根长 4~6m 的加力杠一头平放在法兰上，并用两条井口螺栓（带螺帽）别住加力杠，推动加力杠顺时针旋转将套管短节上紧；③槽内抹油涂钢圈——指将套管短节法兰的钢圈槽内抹好黄油，把钢圈水平放入槽内上部，再涂些黄油；④吊装四通坐法兰——指用钢丝绳套挂在大四通上，用大钩缓慢吊起（吊起过程中将大四通两边扶住，保持水平），再缓慢下放，将大四通坐在套管短节法兰上；⑤对角上紧四螺栓——指左右转动大四通，使钢圈进入大四通底法兰的钢圈槽内（钢圈槽一定要清洁）转动大四通调整方向，对角上紧四条法兰螺栓，摘掉绳套；⑥剩余螺栓对角紧——指将剩余法兰螺栓对角用扳手上紧；⑦槽内抹油涂钢圈——指将大四通上法兰钢圈槽内抹好黄油，把钢圈放入槽内上部，再抹些黄油；⑧吊起压盖小四通——指用钢丝绳套在上压盖和小四通上，用大钩缓慢提起，两边扶住，保持水平；⑨坐在四通上法兰——指缓慢下放，将上压盖和小四通平坐在大四通上法兰上，左右调整，使钢圈进入压盖钢圈槽；⑩调向转动小四通，对角上紧四螺栓——指转动小四通调整方向，对角上紧四条法兰螺栓，摘掉绳套，将剩余的法兰螺栓对角用扳手上紧。

2.43.2 油井更换井口操作规程安全提示歌诀

默契配合细观察，预防刮碰挤扭伤。

扶稳把牢防砸伤，刷子钢圈毛刺伤。

2.43.3 油井更换井口操作规程

2.43.3.1 风险提示

（1）在油井换井口时，要注意配合，认真观察，防止刮碰伤害。

（2）在操作过程中要认真仔细，防止小工具及零散物品掉落砸伤。

2.43.3.2 油井更换井口操作规程表

具体操作项目、内容、方法等详见表 2.43。

表 2.43 油井更换井口操作规程表

操作顺序	操作项目、内容、方法及要求	存在风险	风险控制措施	应用辅助工具用具
1	立放井架前检查			
1.1	检查滑轮、固定螺栓、钢丝绳、绳卡、紧绳器、千斤脚、垫木、制动离合、传动部分、液压系统、电路系统、防护设施是否齐全、可靠	机械伤害事故时	注意观察	
1.2	注意风级、风向，五级以上风及井架上有用电线路等障碍时，不得立放井架	防倾倒	大风天严谨操作	
2	卸井口			
2.1	套管短节法兰处和大四通上法兰处卸开	扭伤	操作平稳，注意配合	管钳、加力杠
2.2	取下钢圈槽内的钢圈，放置在不易磕碰的地方			
2.3	用钢丝刷将套管接箍螺纹刷干净，并认真检查螺纹完好，螺纹损坏则不能安装。涂上黄油或密封脂	刮伤	注意钢刷刮伤	钢刷
3	安装井口			
3.1	将套管短节外螺纹对在井口套管接箍上（两手端平，慢放在套管接箍上）逆时针转 1~2 圈对扣	砸伤	操作平稳，注意配合	
3.2	对好扣后，按顺时针方向正转上扣，当用手转不动时，用一根 4~6m 长的加力杠一头平放在法兰上，并用两条井口螺栓（带螺帽）别住加力杠，推动加力杠顺时针旋转将套管短节上紧	扭伤	操作平稳，注意配合	管钳、加力杠

续表

操作顺序	操作项目、内容、方法及要求	存在风险	风险控制措施	应用辅助工具用具
3.3	将套管短节法兰的钢圈槽内抹好黄油，把钢圈水平放入槽内上部，再涂些黄油			
3.4	用钢丝绳套挂在大四通上，用大钩缓慢吊起（吊起过程中将大四通两边扶住，保持水平），再缓慢下放，将大四通坐在套管短节法兰上	砸伤、挤伤	平稳操作，选择合理绳套	钢丝绳
3.5	左右转动大四通，使钢圈进入大四通底法兰的钢圈槽内（钢圈槽一定要清洁）转动大四通调整方向，对角上紧四条法兰螺栓，摘掉绳套			
3.6	将剩余法兰螺栓对角用扳手上紧			
3.7	将大四通上法兰钢圈槽内抹好黄油，把钢圈放入槽内上部，再抹些黄油			
3.8	用钢丝绳套在上压盖和小四通上，用大钩缓慢提起，两边扶住，保持水平	高空落物	选好绳套，注意砸伤	钢丝绳
3.9	缓慢下放，将上压盖和小四通平坐在大四通上法兰上，左右调整，使钢圈进入压盖钢圈槽内	挤伤	注意挤手	
3.10	转动小四通调整方向，对角上紧四条法兰螺栓，摘掉绳套			扳手、管钳子
3.11	将剩余的法兰螺栓对角用扳手上紧			扳手、管钳子

2.43.3.3　应急处置程序

人员发生机械伤害事故时，第一发现人应立即关停致害设备，现场视伤势情况对受伤人员进行紧急包扎处理；如伤势严重，应立即拨打120求救。

2.44 摘毛辫子操作

2.44.1 摘毛辫子操作规程记忆歌诀

2.44.1.1 停抽、施准、里架子操作记忆歌诀

验电停抽拉空开①，刹车灵活确认记②。

检查设备大小脚③，放下千斤立架子④。

打好绷绳固井架，确保安全锁销子⑤。

注释：①验电停抽拉空开——指验电，按停机按钮，拉下空气开关；②刹车灵活确认记——指刹紧刹车，将抽油机停在便于操作位置，检查抽油机刹车系统；③检查设备大小脚——指检查设备各部分运行情况，放下大小脚；④放下千斤立架子——指放下千斤板立井架子；⑤打好绷绳固井架，确保安全锁销子——指打好绷绳，锁好安全销子。

2.44.1.2 摘毛辫子操作记忆歌诀

首先关闭回压阀，刹车停抽下死点。

上提光杆卸螺钉①，摘掉固定绑毛辫②。

轻拿轻放传感器③，操作程序都做完。

注释：①上提光杆卸螺钉——指大钩上提光杆，卸掉固定毛辫子的螺钉；②摘掉固定绑毛辫——指摘掉毛辫子，并固定好；③轻拿轻放传感器——指摘毛辫子时，传感器要轻放。

2.44.2 摘毛辫子操作规程安全提示歌诀

默契配合细观察，刮碰坠落和砸伤。

安全帽预防落物，毛辫子规避挤伤。

2.44.3 摘毛辫子操作规程

2.44.3.1 风险提示

（1）在操作时，要注意配合，认真观察，防止刮碰伤害。

（2）注意高空落物；防止毛辫子挤伤。

（3）在操作过程中要认真仔细，防止小工具及零散物品掉落砸伤。

2.44.3.2 辫子操作规程表

具体操作项目、内容、方法等详见表2.44。

表2.44 摘毛辫子操作规程表

操作顺序	操作项目、内容、方法及要求	存在风险	风险控制措施	应用辅助工具用具
1	停抽油机			
1.1	验电，按停机按钮，拉下空气开关	电弧光灼伤	戴绝缘手套，侧身送电	绝缘手套、试电笔
1.2	刹紧刹车，将抽油机停在便于操作位置	碰伤或刮伤	站姿准确，手握牢	
1.3	检查抽油机刹车系统	碰伤	仔细观察	活动扳手、螺丝刀
2	施准			
2.1	检查设备各部分运行情况	设备故障	影响生产及造成事故	
2.2	放下大小脚和千斤板	碰伤、设备损坏	锁帽调到适当位置，防碰伤	
2.3	立架子	刮坏架子	看好绷绳别挂坏架子	
2.4	打好绷绳，锁好安全销子	刮伤、碰伤	地锚机碰伤、绷绳刮伤	紧绳器、地锚机
3	摘毛辫子			
3.1	关回压或生产阀门	用力不当易发生扭伤	侧身平稳操作	管钳
3.2	把抽油机停到下死点处，刹好刹车	触电、坠落	戴绝缘手套，小心坠落	绝缘手套、电笔

续表

操作顺序	操作项目、内容、方法及要求	存在风险	风险控制措施	应用辅助工具用具
3.3	大钩上提光杆，卸掉固定毛辫子的螺钉	挤压	摘毛辫子时面向抽油机防止挤伤	螺丝刀
3.4	摘掉毛辫子，并固定好	落物砸伤、刮伤	防止毛辫子掉下砸伤、刮伤	
3.5	摘毛辫子时，传感器要轻放	落物砸伤	防止传感器掉下砸伤手	手套

2.44.3.3 应急处置程序

（1）人员发生机械伤害事故时，第一发现人应立即关停致害设备，现场视伤势情况对受伤人员进行紧急包扎处理；如伤势严重，应立即拨打120求救。

（2）人员发生触电事故时，第一发现人应立即切断电源，视触电者伤势情况，采取人工呼吸、胸外心脏按压等方法现场施救；如伤势严重，应立即拨打120求救。

2.45 胀封操作

2.45.1 胀封操作规程记忆歌诀

指挥罐车停好位①，井口管线泵车连②。
泵罐来水胶管连③，打开油套车尾阀④。
启泵打压到十五⑤，稳压五分十五打⑥。
关闭油套车尾阀⑦，拆开油壬出水管⑧。

注释：①指挥罐车停好位——指指挥泵车罐车停好位置；②井口管线泵车连——指连接好泵车至井口管线；③泵罐来水胶管连——指连接好泵车至罐车来水胶管；④打开油套车尾阀——指打开井口油管阀门、井口套管阀门、罐车尾部来水阀门；⑤启泵打压到十五——指启动泵车开始打压，打压至15MPa；⑥稳压五分十五打——指稳压5min，再打压至15MPa结束；⑦关闭油套车尾阀——指关闭井口油管阀门、井口套管阀门，关闭罐车来水阀门；⑧拆开由壬出水管——指拆开井口活接头和罐车出水管线。

2.45.2 胀封操作规程安全提示歌诀

操作平稳巧用力，规避刮碰扭砸伤。
开关阀门须侧身，丝杠飞出躲一旁。
胀封远离高压区，爆管刺液不受伤。

2.45.3 胀封操作规程

2.45.3.1 风险提示

（1）拆装泵车管线连接活接头时，穿戴好劳动保护用品，防止砸伤手脚。

（2）胀封时远离高压区内，防止高压管线爆开碰伤人。

（3）泄压时先把活接头砸开少许泄压，同时侧身、侧脸，防止高压水流刺伤身体。

2.45.3.2 胀封操作规程表

具体操作项目、内容、方法等详见表2.45。

表2.45 胀封操作规程表

操作顺序	操作项目、内容、方法及要求	存在风险	风险控制措施	应用辅助工具用具
1	连接泵车管线			
1.1	指挥泵车罐车停好位置	车辆碰伤	站立位置合适	哨子
1.2	连接好泵车至井口管线	砸伤	站姿准确，穿戴好劳动保护用品	大锤
1.3	连接好泵车至罐车来水胶管	碰伤	平稳操作	
1.4	打开井口油管阀门	用力不当易发生扭伤	侧身平稳操作	600mm管钳

续表

操作顺序	操作项目、内容、方法及要求	存在风险	风险控制措施	应用辅助工具用具
1.5	打开井口套管阀门	用力不当易发生扭伤	侧身平稳操作	600mm 管钳
1.6	打开罐车尾部来水阀门	用力不当易发生扭伤	侧身平稳操作	600mm 管钳
2	胀封			
2.1	启动泵车开始打压	管线爆开碰伤或液体刺伤	站立位置合适，注意观察	大锤、900mm 管钳
2.2	打压至 15MPa 时稳压 5min，再打压至 15MPa 结束	管线爆开碰伤或液体刺伤	站立位置合适，注意观察	大锤、900mm 管钳
3	泄压拆管线			
3.1	关闭井口油管阀门	用力不当易发生扭伤	侧身平稳操作	600mm 管钳
3.2	关闭井口套管阀门	用力不当易发生扭伤	侧身平稳操作	600mm 管钳
3.3	关闭罐车来水阀门	用力不当易发生扭伤	侧身平稳操作	600mm 管钳
3.4	拆开井口活接头	砸伤	站姿准确，穿戴好劳动保护用品	大锤
3.5	拆开罐车出水管线	用力不当易发生扭伤	侧身平稳操作	600mm 管钳

2.45.3.3 应急处置程序

（1）人员发生机械伤害事故时，第一发现人应立即关停致害设备，现场视伤势情况对受伤人员进行紧急包扎处理；如伤势严重，应

立即拨打 120 求救。

（2）人员发生触电事故时，第一发现人应立即切断电源，视触电者伤势情况，采取人工呼吸、胸外心脏按压等方法现场施救；如伤势严重，应立即拨打 120 求救。

2.46 丈量、计算油管长度操作

2.46.1 丈量、计算油管长度操作规程记忆歌诀

平整井场摆桥座，三个一组三五距①。
十根一组排桥上，十根油管出接箍②。
层间分隔三根管③，下井顺序量长度④。
接箍端面零刻度，一二扣处读长度⑤。
记录表上记长度⑥，测量三次读准数⑦。
十根一组累长度⑧，各组累长依顺序⑨。
各组累长记录表⑩，丈量长度算泵挂。

注释：①平整井场摆桥座，三个一组三五距——指平整井场后，摆放油管桥座，油管桥座 3 个为一组，间距 3.0~3.5m；②十根一组排桥上，十根油管出接箍——指将油管每 10 根一组整齐地排在油管桥上，每组第 10 根油管的接箍要凸出来；③层间分隔三根管——指如果排放的油管数量多，要排放两层以上，层与层之间用三根油管隔开；④下井顺序量长度——指按油管的下井顺序，使用钢卷尺依次丈量每根油管的长度；⑤接箍端面零刻度，一二扣处读长度——指丈量油管时，一人将钢卷尺的零刻度对准油管接箍端面，另一人拉直钢卷尺至油管外螺纹 1~2 扣处并读出油管长度；⑥记录表上记长度——指由第三人将油管长度记录在油管记录表上；⑦测量三次读准数——指每根油管丈量 3 次，读数要准确；⑧十根一组累长度——指丈量好的油管，按每 10 根一组分别依次累计出每 10 根油管的长度；⑨各组累长依顺序——指按每 10 根油管一组的顺序依次累计各组油管长度；⑩各组累长记录表——指在油管记录表上标出各组油管的累计长度。

2.46.2　丈量、计算油管长度操作规程安全提示歌诀

平稳操作细观察，适度用力防扭伤。
管桥平稳防跑排，预防丝扣把手伤。

2.46.3　丈量、计算油管长度操作规程

2.46.3.1　风险提示

（1）在摆放油管时，注意使油管桥平稳，避免油管造成跑排伤人事件。

（2）佩戴劳保手套，避免油管丝扣伤手。

2.46.3.2　丈量、计算油管长度操作规程表

具体操作项目、内容、方法等详见表2.46。

表2.46　丈量、计算油管长度操作规程表

操作顺序	操作项目、内容、方法及要求	存在风险	风险控制措施	应用辅助工具用具
1	平整井场后，摆放油管桥座，油管桥座3个为一组，间距3.0~3.5m	用力不当导致扭伤、挤伤	平稳操作	
2	将油管每10根一组整齐地排在油管桥上，每组第10根油管的接箍要凸出来。如果排放的油管数量多，要排放两层以上，层与层之间用三根油管隔开	用力不当导致扭伤、挤伤	平稳操作	
3	按油管的下井顺序，使用钢卷尺依次丈量每根油管的长度，丈量油管时，一人将钢卷尺的零刻度对准油管接箍端面，另一人拉直钢卷尺至油管外螺纹1~2扣处并读出油管长度，第三人将油管长度记录在油管记录表上	用力不当导致扭伤	仔细观察，平稳操作	数据尺

续表

操作顺序	操作项目、内容、方法及要求	存在风险	风险控制措施	应用辅助工具用具
4	每根油管丈量3次，读数要准确，丈量好的油管按每10根一组，分别依次累计出每10根油管的长度	用力不当导致扭伤	仔细观察，平稳操作	数据尺
5	按每10根油管一组的顺序依次累计各组油管长度，在油管记录表上标出各组油管的累计长度	用力不当导致扭伤	仔细观察，平稳操作	计算器

2.46.3.3　应急处置程序

（1）人员发生机械伤害事故时，第一发现人员应立即关停致害设备，现场视伤势情况对受伤人员进行紧急包扎处理；如伤势严重，应立即拨打120求救。

（2）人员发生触电事故时，第一发现人应立即切断电源，视触电者伤势情况，采取人工呼吸、胸外心脏按压等方法现场施救；如伤势严重，应立即拨打120求救。

2.47　注水泥塞操作

2.47.1　注水泥塞操作规程记忆歌诀

注灰管柱按设计，灰塞底部下二米①。
循环洗井到稳定②，注塞灰浆先配制③。
浆液次序注井内④，平衡压力须替置⑤。
注灰管柱提半米，按照要求去反洗⑥。
灌浆加压提灰管，关井候凝一二日⑦。

注释：①注灰管柱按设计，灰塞底部下二米——指按设计要求将注灰管柱下至预计所注灰塞底部以下0.5~2m处；②循环洗井到稳定——指进行循环洗井到井内稳定；③注塞灰浆先配制——指配制好水泥浆；④浆液次序注井内——指按照清洗液、水泥浆、隔离液与替置液的先后次序注入井内；⑤平衡压力须替置——指进行替置，替置到注灰管内、外压力平衡或注灰管内压力高于管外 0.1～0.2MPa；⑥注灰管柱提半米，按照要求去反洗——指上提注灰管柱，提至设计灰面顶部 0.5m 左右，进行反洗井至合乎要求；⑦灌浆加压提灰管，关井候凝一二日——指上提注灰管柱（一部分或全部），灌满水泥浆加压，关井候凝 24～48h。

2.47.2 注水泥塞操作规程安全提示歌诀

吊卡销子安全绳，绳尾两侧禁站人。
更换钳牙停动力，碰砸挤扭易伤人。

2.47.3 注水泥塞操作规程

2.47.3.1 风险提示

（1）平稳操作，防止大钩摆动，注意观察瞭望。

（2）井口工和司钻人员注意配合，吊卡销子必须系安全绳，严禁单销子作业。

（3）尾绳两侧严禁站人，长度适当，操作或更换钳牙严禁把手放入钳口，更换钳牙时停止动力输出系统，管线破损要及时更换。

（4）注意挤伤、碰伤、砸伤等人身伤害。

2.47.3.2 注水泥塞操作规程表

具体操作项目、内容、方法等详见表 2.47。

表 2.47 注水泥塞操作规程表

操作顺序	操作项目、内容、方法及要求	存在风险	风险控制措施	应用辅助工具用具
1	按设计要求将注灰管柱下至预计所注灰塞底部以下 0.5～2m 处，进行循环洗井直到井内稳定	砸伤、碰伤、扭伤	穿戴好劳动保护用品，注意观察，平稳操作	修井起重设备、液压钳、900mm 管钳、泵车、罐车
2	配制好水泥浆，然后按照清洗液、水泥浆、隔离液与替置液的先后次序注入井内	砸伤、碰伤、扭伤	穿戴好劳动保护用品，注意观察，平稳操作	修井起重设备、液压钳、900mm 管钳、泵车、罐车、水泥

续表

操作顺序	操作项目、内容、方法及要求	存在风险	风险控制措施	应用辅助工具用具
3	进行替置。替置到注灰管内、外压力平衡或注灰管内压力高于管外 0.1~0.2MPa	砸伤、碰伤、扭伤	穿戴好劳动保护用品，注意观察，平稳操作	修井起重设备、液压钳、900mm 管钳、泵车、罐车、水泥
4	上提注灰管柱，提至设计灰面顶部 0.5m 左右，进行反洗井至合乎要求	砸伤、碰伤、扭伤	穿戴好劳动保护用品，注意观察，平稳操作	修井起重设备、液压钳、900mm 管钳、泵车、罐车
5	上提注灰管柱（一部分或全部），灌满水泥浆加压，关井候凝 24~48h	砸伤、碰伤、扭伤	穿戴好劳动保护用品，注意观察，平稳操作	修井起重设备、液压钳、900mm 管钳、泵车、罐车

2.47.3.3　应急处置程序

（1）人员发生机械伤害事故时，第一发现人应立即关停致害设备，现场视伤势情况对受伤人员进行紧急包扎处理；如伤势严重，应立即拨打 120 求救。

（2）人员发生触电事故时，第一发现人应立即切断电源，视触电者伤势情况，采取人工呼吸、胸外心脏按压等方法现场施救；如伤势严重，应立即拨打 120 求救。

3 采气测试工日常操作规程记忆歌诀

3.1 气井刮蜡操作

3.1.1 气井刮蜡操作规程记忆歌诀

灭火器立警示牌①，对井口先摆车位②。
工具仪器查完好③，安装牢固防喷管④。
重锤丝堵接绳帽，连成一串刮蜡片⑤。
计数器归零对轮，上丝堵串入喷管⑥。
测试阀缓慢全开⑦，松刹车下放刮串⑧。
速度深度按设计⑨，刮到顺畅起刮串⑩。
测试须知要交接⑪，气井刮蜡操作完。

注释：①灭火器立警示牌——指穿戴好劳动保护用品，备齐警示牌、灭火器；②对井口先摆车位——指摆正车位，对车；③工具仪器查完好——指检查工具仪器是否完好；④安装牢固防喷管——指装防喷管；⑤重锤丝堵接绳帽，连成一串刮蜡片——指连接刮蜡片、重锤、丝堵、绳冒；⑥计数器归零对轮，上丝堵串入喷管——指刮蜡工具串装入防喷管，上好丝堵，对正滑轮，计数器归零；⑦测试阀缓慢全开——指缓慢打开测试阀门，待防喷管内气体充满后再全开测试阀门；⑧松刹车下放刮串——指松刹车，下放刮蜡串；⑨速度深度按设计——指按设计要求的速度和深度刮蜡；⑩刮到顺畅起刮串——指刮至顺畅后起出工具，恢复生产；⑪测试须知要交接——指与采气工交接测试须知。

3.1.2 气井刮蜡操作规程安全提示歌诀

上方避开高压线，牢固安装防喷管。
开关阀门须侧身，防火防爆安全带。

3.1.3 气井刮蜡操作规程

3.1.3.1 风险提示

(1) 上方避开高压线，防止钢丝绷断弹触高压线造成电击伤人。

(2) 关闭车窗，防止钢丝绷断弹回伤人。

(3) 防喷管必须安装牢固，否则容易拉倒造成钢丝绷断、仪器掉井、井喷或伤人事故。

(4) 登高作业应系好安全带，防止高处跌落。

(5) 开关阀门时侧身，防止丝杠飞出意外伤人。

(6) 整理钢丝小心夹手。

(7) 手摇柄使用完毕抽出，防止随滚筒转动弹出伤人。

(8) 井场使用防爆工具，避免火花。

3.1.3.2 气井刮蜡操作规程表

具体操作项目、内容、方法等详见表3.1。

表3.1 气井刮蜡操作规程表

操作顺序	操作项目、内容、方法及要求	存在风险	风险控制措施	应用辅助工具用具
1	穿戴好劳动保护用品，备齐警示牌、灭火器			
2	摆正车位，对车	钢丝绷断弹触高压线造成电击伤人	上方避开高压线	
3	检查工具仪器完好			
4	装防喷管	拉倒防喷管	安装牢固	
5	连接刮蜡片、重锤、丝堵、绳冒	工具脱落掉井	下井前二次紧固	
6	刮蜡工具串装入防喷管，上好丝堵，对正滑轮，计数器归零	工具串掉落伤人；滑轮、钢丝夹伤手	抓牢工具串；平稳操作滑轮	

续表

操作顺序	操作项目、内容、方法及要求	存在风险	风险控制措施	应用辅助工具用具
7	缓慢打开测试阀门，待防喷管内气体充满后再全开测试阀门	开关阀门丝杠飞出伤人	开关阀门时侧身	
8	松刹车，下放刮蜡串，按设计要求速度和深度刮蜡			
9	刮至顺畅后起出工具，恢复生产			
10	与采气工交接测试须知			

3.1.3.3　应急处置程序

（1）人员发生机械伤害事故时，第一发现人应立即关停致害设备，现场视伤势情况对受伤人员进行紧急包扎处理；如伤势严重，应立即拨打 120 求救。

（2）人员发生触电事故时，第一发现人应立即切断电源，视触电者伤势情况，采取人工呼吸、胸外心脏按压等方法现场施救；如伤势严重，应立即拨打 120 求救。

3.2　气井测压操作

3.2.1　气井测压操作规程记忆歌诀

灭火器立警示牌①，对井口先摆车位②。
工具仪器查完好③，安装牢固防喷管④。
丝堵绳帽压力计，顺序连接成一串⑤。
计数器归零对轮，上丝堵计入喷管⑥。
测试阀缓慢全开⑦，松刹车百米下放⑧。
到期起出压力计，记录资料复生产⑨。
测试须知要交接⑩，气井测压作业完。

注释：①灭火器立警示牌——指穿戴好劳动保护用品，备齐警示牌、灭火器；②对井口先摆车位——指摆正车位，对车；③工具仪器查完好——指检查工具仪器完好；④安装牢固防喷管——指装防喷管；⑤重锤丝堵接绳帽，顺序连接成一串——指连接压力计、重锤、丝堵、绳冒；⑥计数器归零对轮，上丝堵计入喷管——指测压工具串装入防喷管，上好丝堵，对正滑轮，计数器归零；⑦测试阀缓慢全开——指缓慢打开测试阀门，待防喷管内气体充满后再全开测试阀门；⑧松刹车百米下放——指松刹车，下放压力计，速度不超 100m/min，按设计要求停测；⑨到期起出压力计，记录资料复生产——指到期后起出压力计，记录资料，恢复生产。⑩测试须知要交接——指与采气工交接测试须知。

3.2.2 气井测压操作规程安全提示歌诀

上方避开高压线，牢固安装防喷管。
开关阀门须侧身，防火防爆安全带。

3.2.3 气井测压操作规程

3.2.3.1 风险提示

（1）上方避开高压线，防止钢丝绷断弹触高压线造成电击伤人。

（2）关闭车窗，防止钢丝绷断弹回伤人。

（3）防喷管必须安装牢固，否则容易拉倒造成钢丝绷断、仪器掉井、井喷或伤人事故。

（4）登高作业应系好安全带，防止高处跌落。

（5）开关阀门时侧身，防止丝杠飞出意外伤人。

（6）整理钢丝小心夹手。

（7）手摇柄使用完毕抽出，防止随滚筒转动弹出伤人。

（8）井场使用防爆工具，避免火花。

3.2.3.2 气井测压操作规程表

具体操作项目、内容、方法等详见表 3.2。

表 3.2　气井测压操作规程表

操作顺序	操作项目、内容、方法及要求	存在风险	风险控制措施	应用辅助工具用具
1	穿戴好劳动保护用品，备齐警示牌、灭火器			
2	摆正车位，对车	钢丝绷断弹触高压线造成电击伤人	上方避开高压线	
3	检查工具仪器完好			
4	装防喷管	拉倒防喷管	安装牢固	
5	连接启动压力计、丝堵、绳冒	工具脱落掉井	下井前二次紧固	
6	压力计装入防喷管，上好丝堵，对正滑轮，计数器归零	压力计掉落伤人；滑轮、钢丝夹伤手	抓牢压力计；平稳操作滑轮	
7	缓慢打开测试阀门，待防喷管内气体充满后再全开测试阀门	开关阀门时丝杠飞出伤人	开关阀门时侧身	
8	松刹车，下放压力计，速度不超过 100m/min，按设计要求停测			
9	到期后起出压力计，记录资料，恢复生产			
10	与采气工交接测试须知			

3.2.3.3　应急处置程序

（1）人员发生机械伤害事故时，第一发现人应立即关停致害设备，现场视伤势情况对受伤人员进行紧急包扎处理；如伤势严重，应立即拨打 120 求救。

（2）人员发生触电事故时，第一发现人应立即切断电源，视触电者伤势情况，采取人工呼吸、胸外心脏按压等方法现场施救；如伤势

严重，应立即拨打120求救。

3.3 气井测试通井操作

3.3.1 气井测试通井操作规程记忆歌诀

工具仪器查完好，灭火器材警示牌①。
切换流程组工具②，上风二十高压线③。
连接紧固打绳结④，平稳装入防喷管。
上好丝堵调压帽，对正滑轮登喷管⑤。
计数归零紧钢丝⑥，松开刹车百米放⑦。
设计要求下定位⑧，反复通刮测试段⑨。
还有射孔遇阻段⑩，遇卡提升须缓慢。
打开振荡器解卡⑪，刮通遇阻点近远⑫。
速度高度逐增加，一旦卡死不好办⑬。
通井之后起仪器，百米减速二十摇⑭。
关测试阀探闸板，取工具组泄压先⑮。
通井记录要做好，卸管流程复生产⑯。

注释：①工具仪器查完好，灭火器材警示牌——指检查工具仪器完好、备齐警示牌、灭火器；②切换流程组工具——指正确切换相关流程，根据测试要求准备通井组合工具；③上风二十高压线——指对车位，距井口10~20m上风头，上方避开高压线；④连接紧固打绳结——指打绳结，紧固连接绳帽、振荡器、加重杆、通井接头；⑤上好丝堵调压帽，对正滑轮登喷管——指上好丝堵，调整丝堵压帽，对正滑轮；⑥计数归零紧钢丝——指拉紧钢丝，计数器归零；⑦松开刹车百米放——指松开刹车，以不超过100m/min的速度匀速下放至目的层；⑧设计要求下定位——指按照施工设计要求下到预定位置；⑨反复通刮测试段——指自上而下反复通刮测试段；⑩还有射孔遇阻段——指射孔段及下放异常遇阻段；⑪打开振荡器解卡——指遇卡后缓慢提升至振荡器打开反复解卡；⑫刮通遇阻点近远——指再由近及远通刮遇卡点；⑬速度高度逐增加，一旦卡死不好办——指注意速度、高度应逐步增加避免卡死造成井下事故；⑭通井之后起仪器，百米减速二十摇——指通井完之后上起仪器，距井口100m减速，距井口20m手摇；⑮关测试阀探闸板，取工具组泄压先——指探闸板、关闭测试阀门、泄压，取出通井组合工具；⑯通井记录要做好，卸管流程复生产——指卸防喷装置，倒好流程恢复生产，做好通井记录。

3.3.2 气井测试通井操作规程安全提示歌诀

上方避开高压线，牢固安装防喷管。

开关阀门须侧身，防火防爆安全带。

3.3.3 气井测试通井操作规程

3.3.3.1 风险提示

（1）上方避开高压线，防止钢丝绷断弹触高压线造成电击伤人。

（2）关闭车窗，防止钢丝绷断弹回伤人。

（3）防喷管必须安装牢固，防止造成钢丝绷断、仪器掉井、井喷或伤人事故。

（4）登高作业应系好安全带，防止高处跌落。

（5）开关阀门时侧身，防止丝杠飞出意外伤人。

（6）整理钢丝小心夹手。

（7）手摇柄使用完毕抽出，防止随滚筒转动弹出伤人。

3.3.3.2 气井测试通井操作规程表

具体操作项目、内容、方法等详见表3.3。

表3.3 气井测试通井操作规程表

操作顺序	操作项目、内容、方法及要求	存在风险	风险控制措施	应用辅助工具用具
1	穿戴好劳动保护用品			
2	检查工具仪器完好、备齐警示牌、灭火器			管钳、加力杠、螺丝刀、手钳
3	正确切换相关流程	开关阀门时丝杠飞出意外伤人	开关阀门侧身	

续表

操作顺序	操作项目、内容、方法及要求	存在风险	风险控制措施	应用辅助工具用具
4	根据测试要求准备通井组合工具			
5	对车位，距井口 10～20m 上风头，上方避开高压线	钢丝断绷触高压电线造成电击伤人	避开高压线	
6	打绳结，紧固连接绳帽、振荡器、加重杆、通井接头	打绳结防止钢丝弹回伤人	打备环	
7	平稳装入防喷管内，上好丝堵，调整丝堵压帽，对正滑轮，拉紧钢丝，计数器归零	工具串掉落伤人；滑轮、钢丝夹伤手	抓牢工具串；平稳操作滑轮	
8	松开刹车，以不超过 100m/min 的速度匀速下放至目的层			
9	按照施工设计要求下到预定位置			
10	自上而下反复通刮测试段、射孔段及下放异常遇阻段			
11	遇卡后缓慢提升至振荡器打开反复解卡，再由近及远通刮遇卡点，注意速度、高度逐步增加避免卡死造成井下事故			
12	通井完之后上起仪器，距井口 100m 减速，距井口 20m 手摇	手摇柄使用完毕抽出，防止随滚筒转动弹出伤人	手摇柄使用完毕抽出	
13	探闸板、关闭测试阀门、泄压，取出通井组合工具	开关阀门时丝杠飞出意外伤人	开关阀门时侧身	
14	卸防喷装置，倒好流程恢复生产，做好通井记录	防喷管倾倒伤人	扶牢把稳	

3.3.3.3 应急处置程序

（1）人员发生机械伤害事故时，第一发现人应立即关停致害设备，现场视伤势情况对受伤人员进行紧急包扎处理；如伤势严重，应立即拨打120求救。

（2）人员发生触电事故时，第一发现人应立即切断电源，视触电者伤势情况，采取人工呼吸、胸外心脏按压等方法现场施救；如伤势严重，应立即拨打120求救。

3.4 气井解卡打捞操作

3.4.1 气井解卡打捞操作规程记忆歌诀

灭火器材警示牌①，工具仪器查完好②。
对车二十上风头③，捞矛安装防喷管④。
连投捞器收三爪⑤，平稳装入防喷管。
上好丝堵调压帽，对正滑轮登喷管⑥。
紧钢丝计数归零⑦，测试阀缓慢开全⑧。
松开刹车百米放，五十鱼顶五十慢⑨。
上提打捞看压力，确认捞取五十缓⑩。
井口百米二十摇⑪，关测试阀探闸板⑫。
泄压取出仪器串，卸管流程复生产⑬。

注释：①灭火器材警示牌——指穿戴好劳动保护用品，备齐警示牌、灭火器；②工具仪器查完好——指检查工具仪器完好；③对车二十上风头——指对车位，距井口10~20m上风头；④捞矛安装防喷管——指安装防喷管，选择捞锚；⑤连投捞器收三爪——指打绳结，将投捞器与绳帽紧固连接，收拢投捞器主付投捞爪和定向爪；⑥上好丝堵调压帽，对正滑轮登喷管——指平稳装入防喷管内，上好丝堵，调整丝堵压帽，对正滑轮；⑦紧钢丝计数归零——指拉紧钢丝，计数器归零；⑧测试阀缓慢开全——指缓慢打开测试阀门，待防喷管气压上升后全开阀门；⑨松开刹车百米放，五十鱼顶五十慢——指松开刹车，以不超过100m/min的速度匀速下放，到鱼顶以上50m以低于

50m/min 的速度下放至鱼顶，上提振荡打捞；⑩上提打捞看压力，确认捞取五十缓——指捞到落物之后上提打捞工具，并注意观察绞车压力表压力变化，确认已捞取或投送成功后以 50m/min 的速度上提；⑪井口百米二十摇——指上提距井口 100m 减速，距井口 20m 手摇；⑫关测试阀探闸板——指探闸板、关闭测试阀门；⑬卸管流程复生产——指卸防喷装置，倒好流程恢复生产。

3.4.2 气井解卡打捞操作规程安全提示歌诀

上方避开高压线，牢固安装防喷管。
开关阀门须侧身，防火防爆安全带。

3.4.3 气井解卡打捞操作规程

3.4.3.1 风险提示

（1）上方避开高压线，防止钢丝绷断弹触高压线造成电击伤人。

（2）关闭车窗，防止钢丝绷断弹回伤人。

（3）防喷管必须安装牢固，否则容易拉倒造成钢丝绷断、仪器掉井、井喷或伤人事故。

（4）登高作业应系好安全带，防止高处跌落。

（5）开关阀门时侧身，防止丝杠飞出意外伤人。

（6）整理钢丝小心夹手。

（7）手摇柄使用完毕抽出，防止随滚筒转动弹出伤人。

（8）井场使用防爆工具，避免火花。

3.4.3.2 气井解卡打捞操作规程表

具体操作项目、内容、方法等详见表 3.4。

表 3.4 气井解卡打捞操作规程表

操作顺序	操作项目、内容、方法及要求	存在风险	风险控制措施	应用辅助工具用具
1	穿戴好劳动保护用品，备齐警示牌、灭火器			
2	检查工具仪器完好			使用防爆工具

续表

操作顺序	操作项目、内容、方法及要求	存在风险	风险控制措施	应用辅助工具用具
3	对车位，距井口 10~20m 上风头	钢丝绷断弹触高压电线造成电击伤人	上方避开高压线	
4	安装防喷管，选择捞锚	绊倒伤人	安装牢固	
5	打绳结，将投捞器与绳帽紧固连接，收拢投捞器主付投捞爪和定向爪	打绳结防止钢丝弹回伤人	打备环	
6	平稳装入防喷管内，上好丝堵，调整丝堵压帽，对正滑轮，拉紧钢丝，计数器归零	登高作业防止高处跌落	系好安全带	
7	缓慢打开测试阀门，待防喷管气压上升后全开阀门	开关阀门时丝杠飞出意外伤人	开关阀门时侧身	
8	松开刹车，以不超过 100m/min 的速度匀速下放，到鱼顶以上 50m 以低于 50m/min 的速度下放至鱼顶，上提振荡打捞	手摇柄使用完毕抽出，防止随滚筒转动弹出伤人	手摇柄使用完毕抽出	
9	捞到落物之后上提打捞工具，并注意观察绞车压力表压力变化，确认已捞取或投送成功后以 50m/min 的速度上提	钢丝拉断弹回伤人	上提仪器吃劲时远离钢丝	
10	上提距井口 100m 减速，距井口 20m 手摇			
11	探闸板、关闭测试阀门、泄压，取出仪器串	开关阀门时丝杠飞出意外伤人	开关阀门时侧身	
12	卸防喷装置，倒好流程恢复生产			

3.4.3.3 应急处置程序

（1）人员发生机械伤害事故时，第一发现人应立即关停致害设备，现场视伤势情况对受伤人员进行紧急包扎处理；如伤势严重，应立即拨打120求救。

（2）人员发生触电事故时，第一发现人应立即切断电源，视触电者伤势情况，采取人工呼吸、胸外心脏按压等方法现场施救；如伤势严重，应立即拨打120求救。

3.5 气井录取液面操作

3.5.1 气井录取液面操作规程记忆歌诀

录取压力卸下表①，拧紧井口连接器②。

位置调整在上方，确保阀门都关闭③，

连接枪体信号线④，阀开电脑备测试⑤。

扭砸球阀听响声，测试完成电脑闭⑥。

测后关闭针型阀，排气拔线拆枪体⑦。

压力表原位装回，密封件清理气室⑧。

注释：①录取压力卸下表——指测试前录取压力确保仪器在压力范围内测试，拆卸压力表；②拧紧井口连接器——指将井口连接器拧紧，固定在压力表位置上；③位置调整在上方，确保阀门都关闭——指井口连接器在井口的相对位置尽力调整到针、阀、旋钮位于上方，确保各阀门关闭；④连接枪体信号线——指将回声仪信号线与枪体连接；⑤阀开电脑备测试——指打开压力表装置针型阀，打开电脑，准备测试；⑥扭砸球阀听响声，测试完成电脑闭——指待电脑准备完毕，扭转枪体球阀，听到响声后进行测试，测试完毕后关闭电脑；⑦测后关闭针型阀，排气拔线拆枪体——指测试完毕后，关闭压力表装置针型阀，同时旋钮枪体各放气阀，使枪室、枪体气体排尽，拔出信号线，拆下枪体；⑧压力表原位装回，密封件清理气室——指安装压力表，定期清理气室内脏物，检查密封件无损坏。

3.5.2 气井录取液面操作规程安全提示歌诀

泄压操作侧开身，安全距离高压气。

良好通风操作间，火灾爆炸能规避。

3.5.3 气井录取液面操作规程

3.5.3.1 风险提示

(1) 穿戴好劳动保护用品。

(2) 泄压操作时，要保持安全距离，防止高压气喷伤。

(3) 压力表要保持灵活好用。

(4) 管线及各部位连接点做到无泄漏。

(5) 操作间保持良好通风，以免发生火灾爆炸伤人。

(6) 做好环境污染防护工作。

3.5.3.2 气井录取液面操作规程表

具体操作项目、内容、方法等详见表3.5。

表3.5 气井录取液面操作规程表

操作顺序	操作项目、内容、方法及要求	存在风险	风险控制措施	应用辅助工具用具
1	准备工作			
1.1	准备好工具，穿戴好劳动保护用品			300mm扳手、螺纹带、绝缘手套、试电笔、液面测试仪、压力表、污物桶、450mm管钳
2	枪体安装和测试			
2.1	测试前录取压力确保仪器在压力范围内测试	高压气喷伤人	侧身操作，并且井口压力小于15MPa	300mm扳手
2.2	拆卸压力表；将井口连接器拧紧固定在压力表位置上	高压气喷伤人	泄压操作时侧身操作	300mm扳手

续表

操作顺序	操作项目、内容、方法及要求	存在风险	风险控制措施	应用辅助工具用具
2.3	井口连接器在井口上的相对位置尽力调整到针、阀、旋钮位于上方，确保各阀门关闭	高压气喷伤人	确保连接紧固	300mm 扳手、450mm 管钳
2.4	将回声仪信号线与枪体连接，打开压力表装置针型阀	线绊人摔倒	线整齐不杂乱	
2.5	打开电脑，准备测试	触电伤人	小心操作	试电笔、绝缘手套
2.6	待电脑准备完毕，扭转枪体球阀，听到响声后进行测试，测试完毕后关闭电脑	高压气喷伤人	侧身操作	300mm 扳手
3	枪体拆卸			
3.1	测试完毕后，关闭压力表装置针型阀，同时旋钮枪体各放气阀，使枪室、枪体气体排尽，拔出信号线，拆下枪体；安装压力表	高压气喷伤人	卸枪体时，应站在枪体的左侧，避开枪体中轴线	300mm 扳手、450mm 管钳、螺纹带、压力表
4	定期清理气室内脏物，检查密封件无损坏	环境污染	定期清理	扳手、棉纱、污物桶

3.5.3.3 应急处置程序

（1）人员发生机械伤害事故时，第一发现人应立即关停致害设备，现场视伤势情况对受伤人员进行紧急包扎处理；如伤势严重，应立即拨打 120 求救。

（2）人员发生高压气体、爆炸伤害事故时，第一发现人应立即切断电源，视受伤者伤势情况，采取人工呼吸、胸外心脏按压等方法现场施救；如伤势严重，应立即拨打 120 求救。

（3）人员发生烫伤、烧伤事故时，第一发现人应立即拨打 120 求救或立即送医院就诊。

3.6 气井录取示功图操作

3.6.1 气井录取示功图操作规程记忆歌诀

各部完好查正常①，刹车灵活先验电②。
下死点停机刹车，传感器连接断电③。
送电启抽松刹车④，井号回车测试键⑤。
测试结束回车键，主机电源莫忘关⑥。
下死点停机刹车，拔下电缆位移线⑦。
送电启抽松刹车⑧，收工清场回程返⑨。

注释：①各部完好查正常——指检查仪器各部分工作是否正常、电源电压是否正常、走时时间是否准确、主机工作情况是否正常、各项应用设置参数是否正确、各连接电缆是否完好；②刹车灵活先验电——指操作前先用试电笔检查判断配电箱无带电；检查刹车系统，保证刹车灵活好用；③下死点停机刹车，传感器连接断电——指驴头下行到下死点的位置时关闭电源，刹紧刹车后将传感器和功图测试仪连接；④送电启抽松刹车——指松开刹车、启动抽油机，准备测试；⑤井号回车测试键——指待运转几个冲程后，打开主机输入井号，回车，然后按功图测试键进行示功图测试；⑥测试结束回车键，主机电源莫忘关——指测试结束后按回车键，关掉主机电源开关；⑦下死点停机刹车，拔下电缆位移线——指将驴头停在下死点，刹紧刹车，拔下主机和传感器上的电缆，盖好箱盖，摘下位移线；⑧送电启抽松刹车——指按启动抽油机操作规程启动抽油机；⑨收工清场回程返——指收拾功图测试仪及辅助工具用具。

3.6.2 气井录取示功图操作规程安全提示歌诀

接触设备先验电，刹车灵活定查好。
推拉空开须侧身，绝缘手套要戴好。

3.6.3 气井录取示功图操作规程

3.6.3.1 风险提示

（1）启、停抽油机时要戴绝缘手套。

（2）停抽后要切断电源总开关。

3.6.3.2 气井录取示功图操作规程

具体操作项目、内容、方法等详见表3.6。

表3.6 气井录取示功图操作规程表

操作顺序	操作项目、内容、方法及要求	存在风险	风险控制措施	应用辅助工具用具
1	准备工作			试电笔1支、示功仪1台、绝缘手套1副
1.1	穿戴好劳动保护用品	人身伤害	穿戴好劳动保护用品	
1.2	检查仪器各部分是否工作正常、电源电压是否正常、走时时间是否准确、主机工作情况是否正常、各项应用设置参数是否正确、各连接电缆是否完好			
2	仪器安装			
2.1	操作前先用试电笔检查判断配电箱无带电；检查刹车系统，保证刹车灵活好用	触电	戴绝缘手套，侧身送电	试电笔、绝缘手套
2.2	驴头下行到下死点的位置时关闭电源，刹紧刹车后将传感器和功图测试仪连接	忘记关闭电源，忘记刹紧刹车	重新检查一次	
2.3	松开刹车、启动抽油机，准备测试	忘记松刹车	重新检查一次	
3	开始测试			

续表

操作顺序	操作项目、内容、方法及要求	存在风险	风险控制措施	应用辅助工具用具
3.1	待运转几个冲程后，打开主机输入井号，回车，然后按功图测试键进行示功图测试，测试结束后按回车键，关掉主机电源开关，将驴头停在下死点，刹紧刹车，拔下主机和传感器上的电缆，盖好箱盖，摘下位移线	忘记刹紧刹车	重新检查一次	
3.2	按启动抽油机操作规程启动抽油机	电弧击伤	侧身平稳操作	
3.3	收拾功图测试仪及辅助工具用具			试电笔1支，绝缘手套1副

3.6.3.3 应急处置程序

（1）人员发生机械伤害事故时，第一发现人应立即关停致害设备，现场视伤势情况对受伤人员进行紧急包扎处理；如伤势严重，应立即拨打120求救。

（2）人员发生高压气体、爆炸伤害事故时，第一发现人应立即关停致害设备，视受伤者伤势情况，采取人工呼吸、胸外心脏按压、伤口包扎等方法现场施救；如伤势严重，应立即拨打120求救。

3.7 测试安装防喷管操作

3.7.1 测试安装防喷管操作规程记忆歌诀

螺纹刷净无损坏①，搬到井口细查检。
拧紧关闭泄压阀，扶梯稳固注水管②。
站稳扶梯安全带③，测试阀上放钢圈。
测试阀立防喷管④，两侧卡瓦扣装安⑤。
紧固卡瓦两螺栓，操作平台防喷管⑥。
站在平台安全带⑦，滑轮传递平台安⑧。

注释：①螺纹刷净无损坏——指将防喷管从车内搬到井口，螺纹刷干净，泄压阀拧紧使之处于关闭状态；②扶梯稳固注水管——指扶梯稳固在井口注水生产管线上；③站稳扶梯安全带——指操作人员两脚在扶梯上站稳，系好安全带；④测试阀立防喷管——指操作人员将防喷管立在井口测试阀上，扶住防喷管；⑤两侧卡瓦扣装安——指扣实一侧卡瓦，安装另一侧卡瓦；⑥操作平台防喷管——指安装防喷管操作平台；⑦站在平台安全带——指操作人员站在平台上要系好安全带；⑧滑轮传递平台安——指地面操作人员将定滑轮传递给平台上操作者，平台上操作者安装好。

3.7.2 测试安装防喷管操作规程安全提示歌诀

抬防喷管防滑脱，扶防喷管防倾倒。

扎好系牢安全带，平台操作防滑倒。

3.7.3 测试安装防喷管操作规程

3.7.3.1 风险提示

（1）高空坠落摔伤。

（2）防喷管倒砸伤。

（3）脚下滑摔伤。

（4）扳手脱手碰伤。

3.7.3.2 测试安装防喷管操作规程表

具体操作项目、内容、方法等详见表3.7。

表3.7 测试安装防喷管操作规程表

操作顺序	操作项目、内容、方法及要求	存在风险	风险控制措施	应用辅助工具用具
1	操作前准备			
1.1	按要求和规定穿戴好劳动保护用品			
1.2	检查工具			管钳、刷子、扳手、呆扳手、加力杠

续表

操作顺序	操作项目、内容、方法及要求	存在风险	风险控制措施	应用辅助工具用具
1.3	将防喷管从车内搬至井口	脚下滑摔倒砸伤、运送过程中脱手砸伤	选择合适路面、手套和防喷管清洁无油污	
1.4	检查防喷管	螺纹脏，螺纹损坏易刺水伤人，泄压阀松动刺水飞出伤人，泄压阀关闭不严刺水	螺纹刷干净，泄压阀拧紧，泄压阀处于关闭状态	刷子、扳手
2	安装防喷管			
2.1	扶梯稳固在注水井生产管线上	脚下滑摔倒摔伤、碰伤	确认工作台清洁	
2.2	两脚在扶梯上站稳，系好安全带	脚下滑摔倒摔伤、碰伤	避开井口阀门丝杠，确认反注阀门安全	
2.3	将钢圈放在测试阀门上			
2.4	将防喷管搭到生产管线上	脚下滑摔倒摔伤、碰伤	确认工作台清洁	
2.5	将防喷管立在井口测试阀门上，扶住防喷管	防喷管倒砸伤	手套和防喷管清洁无油污，监护人监护到位	
		泄压阀飞出伤车伤人	防喷管泄压阀朝向不能正对人和测试车辆	
2.6	扣实一侧卡瓦	卡瓦扣不实掉下伤人	安装卡瓦两个人操作及时穿上螺栓	扳手、加力杠

续表

操作顺序	操作项目、内容、方法及要求	存在风险	风险控制措施	应用辅助工具用具
2.7	安装另一侧卡瓦	卡瓦扣不实掉下伤人	安装卡瓦两个人操作及时穿上螺栓	
2.8	将卡瓦螺栓带好	防喷管倒砸伤	卡瓦螺栓紧固牢靠之前扶住防喷管	
2.9	紧固卡瓦螺栓	扳手脱手碰伤	正确使用工具	扳手、呆扳手、加力杠
		加力杠脱手碰伤	平稳操作	
2.10	安装防喷管操作平台	脱手砸伤	手套和操作平台清洁无油污	
2.11	站在操作平台上、系好安全带	高空坠落摔伤	防止滑倒，正确使用安全带	
2.12	将定滑轮传递给平台上操作者	脱手砸伤	手套和测试滑轮清洁无油污	
2.13	安装测试滑轮	脱手砸伤	手套和测试滑轮清洁无油污	
3	收拾工具			管钳、刷子、扳手、呆扳手、加力杠

3.7.3.3 应急处置程序

（1）发生高空坠落摔伤事故时，现场视伤势情况对受伤人员进行紧急包扎处理；如伤势严重，立即拨打120求救。

（2）发生防喷管砸伤事故时，现场视伤势情况对受伤人员进行紧急包扎处理；如伤势严重，立即拨打120求救。

（3）发生脚下滑摔伤事故时，现场立即救治；如伤势严重，立即拨打120求救。

(4) 发生扳手脱手碰伤事故时，现场视伤势情况对受伤人员进行紧急包扎处理；如伤势严重，立即拨打120求救。

3.8 测试拆防喷管操作

3.8.1 测试拆防喷管操作规程记忆歌诀

台上系好安全带①，取下滑轮传地面。
下前摘下安全带②，下梯抓牢踩稳站③。
操作平台卸下来，卸松螺丝放水管④。
卸下卡瓦扶稳管⑤，正注管线防喷管⑥。
落地擦净放车内⑦，收工清场操作完。

注释：①台上系好安全带——指操作人员站在操作平台上，系好安全带；②下前摘下安全带——指平台上操作人员下来前摘下安全带；③下梯抓牢踩稳站——指平台上操作人员下来时两脚在扶梯上站稳，两手抓牢扶梯；④卸松螺丝放水管——指卸松防喷管卡瓦螺丝，将防喷管内的水放出；⑤卸下卡瓦扶稳管——指卸下卡瓦，在卸卡瓦时要扶稳防喷管，预防其倒下伤人；⑥正注管线防喷管——指将卸下的防喷管放在正注管线上；⑦落地擦净放车内——指将取下的防喷管放置于地面的工具垫上，擦干净后放入车内。

3.8.2 测试拆防喷管操作规程安全提示歌诀

安全带，要系牢，平台防坠防滑倒。
下梯站稳手抓牢，卸下卡瓦防倾倒。

3.8.3 测试拆防喷管操作规程

3.8.3.1 风险提示

(1) 高空坠落摔伤。

(2) 防喷管倒砸伤。

（3）脚下滑倒摔伤。

（4）工具脱手碰伤。

3.8.3.2 测试拆防喷管操作规程表

具体操作项目、内容、方法等详见表3.8。

表3.8 测试拆防喷管操作规程表

操作顺序	操作项目、内容、方法及要求	存在风险	风险控制措施	应用辅助工具用具
1	操作前准备			
1.1	按要求和规定穿戴好劳动保护用品			
1.2	检查工具			扳手、呆扳手、加力杠
2	拆卸防喷管			
2.1	站在操作平台上，系好安全带	脚下滑倒摔伤，高空坠落摔伤	正确使用安全带	
2.2	取下测试滑轮，并传递到地面	工具脱手伤人	传递时要平稳操作	
2.3	摘下安全带	高空坠落摔伤	脚站稳、手把住防喷管	
2.4	下来两脚在扶梯上站稳，两手握紧扶梯	脚下滑摔倒摔伤	避开井口阀门丝杠，确认扶梯牢固安全	
2.5	卸下操作平台	工具脱手碰伤	手套和操作平台清洁无油污	
2.6	卸松卡瓦螺丝，将管内水放出	工具脱手碰伤	平稳操作	扳手、呆扳手、加力杠
2.7	卸下卡瓦，将防喷管放在正注管线上	防喷管倒砸伤	松开卡瓦螺栓前扶住防喷管	

续表

操作顺序	操作项目、内容、方法及要求	存在风险	风险控制措施	应用辅助工具用具
2.8	将防喷管放在工具垫上擦干净后放入车内	防喷管倒砸伤	平稳操作	
3	收拾工具			扳手、呆扳手、加力杠

3.8.3.3　应急处置程序

（1）发生高空坠落摔伤事故时，现场视伤势情况对受伤人员进行紧急处理；如伤势严重，立即拨打120求救。

（2）发生防喷管砸伤事故时，现场视伤势情况对受伤人员进行紧急处理；如伤势严重，立即拨打120求救。

（3）发生脚下滑摔伤事故时，现场立即救治；如伤势严重，立即拨打120求救。

（4）发生扳手脱手碰伤事故时，现场视伤势情况对受伤人员进行紧急包扎处理；如伤势严重，立即拨打120求救。

3.9　注水井测试通井操作

3.9.1　注水井测试通井操作规程记忆歌诀

上风二十试井车，上方没有高压线。
井口安装防喷管，绳结绳帽加重杆①。
加重杆入防喷管②，紧丝计数细查看。
归零拔出手摇把，测试阀开侧身缓。
管内压力平衡后，测试阀开启完全。
松开刹车再次刹③，匀速下放加重杆。
遇阻位置上下窜④，适当增加加重杆⑤。
上起工具过一封⑥，五十匀速保安全⑦。
百五减速二十摇⑧，工具串提防喷管⑨。

刹车测阀关三二，松开刹车探闸板。

欲想关闭测试阀，确认全进防喷管。

取仪器卸防喷管，收工清场作业完。

注释：①绳结绳帽加重杆——指打绳结、绳帽连接加重杆；②加重杆入防喷管——指将加重杆串装入防喷管；③松开刹车再次刹——指先稍松开刹车，在虚带刹车使之处于及颂又刹车的状态，保持加重杆串匀速下放；④遇阻位置上下窜——指匀速下放加重杆串到遇阻位置，反复上下窜动；⑤适当增加加重杆——指根据现场情况，如果重量不够，把通井工具起出来，再安装加重杆，然后重复前述操作；⑥上起工具过一封——指上提工具串时超过一封；⑦五十匀速保安全——指上提工具串时超过一封以上 50m 匀速上提，并恢复正常注水；⑧百五减速二十摇——指上提工具串距井口 150m 时减速，到距井口 20m 时停车手摇；⑨工具串提防喷管——指将工具串提到防喷管内。

3.9.2 注水井测试通井操作规程安全提示歌诀

上起一封过五十，正常注水匀速缓。

百五减速二十摇，工具提入防喷管。

3.9.3 注水井测试通井操作规程

3.9.3.1 风险提示

（1）高空坠落摔伤。

（2）防喷管倒砸伤。

（3）钢丝弹回伤人。

（4）工具脱手伤人。

（5）手摇把伤人。

（6）丝杠弹出伤人。

（7）脚下滑碰伤。

3.9.3.2 注水井测试通井操作规程表

具体操作项目、内容、方法等详见表 3.9。

表 3.9 注水井测试通井操作规程表

操作顺序	操作项目、内容、方法及要求	存在风险	风险控制措施	应用辅助工具用具
1	操作前准备			
1.1	按要求和规定穿戴好劳动保护用品			
1.2	检查工具			扳手、呆扳手、加力杠、手钳、管钳、一字改锥
2	井下通井			
2.1	摆放试井车		执行《试井车摆放操作规程》	
2.2	安装井口防喷管	高空坠落摔伤	执行《油水井测试安装防喷管操作规程》	
		防喷管倒砸伤		扳手、呆扳手、加力杠
2.3	打绳结	钢丝弹回伤人	执行《录井钢丝打绳结操作规程》	手钳
2.4	绳帽连接加重杆	工具脱手伤人	正确使用工具	管钳、一字改锥
2.5	将加重杆串装入防喷管	高空坠落摔伤	执行《油水井测试防喷管内装仪器操作规程》	
		工具脱手砸伤		清洁布
2.6	摇紧钢丝，刹车，计数器归零，拔出手摇把	手摇把伤人	将手摇把用后拔出拿掉	
2.7	缓慢打开测试阀门，待防喷管内压力平衡后，再完全打开测试阀门	丝杠弹出伤人	侧身开关	扳手、管钳

续表

操作顺序	操作项目、内容、方法及要求	存在风险	风险控制措施	应用辅助工具用具
2.8	松开刹车，匀速下放加重杆至遇阻位置，反复上下窜动；根据现场情况适当加加重杆（如重量不够把通井工具起出来再安装加重杆，然后重复执行2.5操作继续通井）	钢丝弹回伤人	钢丝两侧严禁站人	
2.9	上提工具时，超过一封以上50m匀速上提，恢复正常注水，距井口150m处减速，20m处停车手摇，将工具串提至防喷管内，刹紧刹车	钢丝弹回伤人	钢丝两侧严禁站人	
2.10	关测试阀门三分之二，松开刹车缓慢下放仪器探闸板，确认验封仪器串全部进入防喷管后，关闭测试阀门	丝杠弹回伤人	侧身开关	扳手、管钳
2.11	防喷管内取出工具	高空坠落摔伤	执行《油水井测试防喷管内取仪器操作规程》	清洁布
		工具脱手伤人		
2.12	拆卸井口防喷管	脚下滑倒碰伤，高空坠落摔伤	执行《油水井测试拆防喷管操作规程》	扳手、呆扳手、加力杠
		防喷管倒砸伤		
3	收拾现场			

3.9.3.3　应急处置程序

（1）发生高空坠落摔伤事故时，现场视伤势情况对受伤人员进行紧急处理；如伤势严重，立即拨打120求救。

（2）发生防喷管倒砸伤事故时，现场视伤势情况对受伤人员进行紧急处理；如伤势严重，立即拨打120求救。

（3）发生丝杠弹出伤人事故时，现场视伤势情况对受伤人员进行紧急处理；如伤势严重，立即拨打120求救。

（4）发生手摇把伤人事故时，现场视伤势情况对受伤人员进行紧急处理；如伤势严重，立即拨打120求救。

3.10 录井钢丝打绳结操作

3.10.1 录井钢丝打绳结操作规程记忆歌诀

压丝轮压紧钢丝，钢丝绕量轮周一。
绞车拉出二三米①，拉细硬伤查仔细②。
穿过丝堵和绳帽，脚踩钢丝一五米③。
握住钢丝擦净头④，钢丝绕环零三米⑤。
手钳夹住钢丝环，缠绕圆环根部起⑥。
合格绳结打得好，下四上三缠紧密⑦。
绳结打好折余头⑧，收工清场放车里。

注释：①绞车拉出二三米——指将钢丝从绞车拉出2~3m；②拉细硬伤查仔细——指检查钢丝质量，不能有拉细和硬伤等缺陷；③脚踩钢丝一五米——指用脚踩在钢丝1.5m左右的位置；④握住钢丝擦净头——指用手握住钢丝，将钢丝头擦拭干净；⑤钢丝绕环零三米——指距钢丝头0.3m处绕环并用手钳修整；⑥手钳夹住钢丝环，缠绕圆环根部起——指一手用手钳夹住钢丝环，另一只手从圆环根部起沿主钢丝开展缠绕；⑦合格绳结打得好，下四上三缠紧密——指缠绕钢丝按下四上三紧密缠绕，才能打出合格的绳结；⑧绳结打好折余头——指打完绳结后折断余头。

3.10.2 录井钢丝打绳结操作规程安全提示歌诀

钢丝弹力莫伤人，拉细硬伤查仔细。
圆环根部缠绕起，下四上三缠紧密。

3.10.3 录井钢丝打绳结操作规程

3.10.3.1 风险提示

(1) 钢丝反弹伤人。

(2) 手钳夹手。

3.10.3.2 录井钢丝打绳结操作规程表

具体操作项目、内容、方法等详见表3.10。

表3.10 录井钢丝打绳结操作规程表

操作顺序	操作项目、内容、方法及要求	存在风险	风险控制措施	应用辅助工具用具
1	操作前准备			
1.1	按要求和规定穿戴好劳动保护用品			
1.2	检查工具			手钳
2	打绳结			
2.1	将钢丝绕量轮一周，压丝轮压紧，从绞车拉出2~3m	钢丝弹回伤人	钢丝前端打弯用手握紧	
2.2	检查钢丝质量，是否拉细、硬伤			清洁布
2.3	穿过防喷管丝堵及绳帽			
2.4	用脚踩在钢丝1.5m左右的位置，用手握住钢丝，并将钢丝头擦拭干净	钢丝头弹回伤人	用脚掌踩牢	手钳清洁布
2.5	打安全环，并用手钳修整	钢丝反弹伤人	安全环闭合	手钳
2.6	距钢丝头0.3m处绕环并用手钳修整	钢丝反弹伤人	安全环闭合	手钳
2.7	一手用手钳夹住钢丝环，另一只手从圆环根部起沿主钢丝按下四上三紧密缠绕打合格绳结	手钳夹手	平稳操作	手钳清洁布
3	打完绳结后折断余头	钢丝划伤手	平稳操作	手钳
4	收拾现场，将工具放置车内指定位置			

3.10.3.3 应急处置程序

（1）发生钢丝反弹伤人事故时，现场视伤势情况对受伤人员进行紧急处理；如伤势严重，立即拨打 120 求救。

（2）发生手钳夹手事故时，现场视伤势情况对受伤人员进行紧急包扎处理；如伤势严重，立即拨打 120 求救。

3.11 试井车摆放操作

3.11.1 试井车摆放操作规程记忆歌诀

井场入口警示牌①，无障碍物高压线②。
试井车置上风头③，二十三十井口远④。
丝杠飞出方向避⑤，井口放喷方向反⑥。
绞车滚筒对井口⑦，灭火器位要安全⑧。

注释：①井场入口警示牌——指将警示牌摆放在井场入口处，防止外来人员及车辆闯入测试现场造成人员伤害；②无障碍物高压线——指作业现场不能有障碍物，无高压线通过；③试井车置上风头——指将试井车摆放在井口的上风头；④二十三十井口远——指试井车的摆放位置距离井口 20～30m；⑤丝杠飞出分析避——指试井车摆放位置要避开井口阀门丝杠飞出方向；⑥井口放喷方向反——指试井车摆放位置避开井口放喷方向；⑦绞车滚筒对井口——指将试井绞车滚筒对准井口；⑧灭火器位要安全——指在井场便于拿取的合适位置摆放灭火器。

3.11.2 试井车摆放操作规程安全提示歌诀

车置井口上风头，二十三十井口远。
丝杠放喷方向躲，灭火器材须齐全。

3.11.3 试井车摆放操作规程

3.11.3.1 风险提示

高压触电；丝杠弹出伤人；钢丝折断伤人。

3.11.3.2 试井车摆放操作规程表

具体操作项目、内容、方法等详见表3.11。

表3.11 试井车摆放操作规程表

操作顺序	操作项目、内容、方法及要求	存在风险	风险控制措施	应用辅助工具用具
1	操作前准备			
1.1	按要求和规定穿戴好劳动保护用品			
1.2	摆放警示牌	外来人员及车辆闯入测试现场造成人员伤害	警示牌应放在井场入口处	
2	试井车摆放			
2.1	观察作业现场有无障碍物，有无高压线通过	高压触电	避开高压线	
2.2	将试井车摆放在上风头	防喷管密封填料刺漏喷到车上影响作业	摆放在上风头	
2.3	停车位置距离井口20~30m，避开井口闸门丝杠飞出方向、放喷方向	钢丝折断伤人，丝杠弹出伤人	试井车关闭车窗，避开丝杠弹出方向	
2.4	将试井绞车滚筒对准井口	滑轮磨钢丝	滑轮与绞车呈直线	
3	摆放灭火器	脚下滑摔倒砸伤、搬过程中脱手砸伤	选择合适的路面、手套，保持灭火器清洁无油污	

3.11.3.3 应急处置程序

（1）发生高压触电事故时，现场视伤势情况对受伤人员进行紧急处理；如伤势严重，立即拨打120求救。

(2) 发生丝杠弹出伤人事故时，现场视伤势情况对受伤人员进行紧急处理；如伤势严重，立即拨打120求救。

(3) 发生钢丝折断伤人事故时，现场视伤势情况对受伤人员进行紧急处理；如伤势严重，立即拨打120求救。

3.12 注水井测试软打捞操作

3.12.1 注水井测试软打捞操作规程记忆歌诀

上风二十试井车，上方没有高压线。
装防喷管打绳结，绳帽连接仪器串。
仪器串入防喷管，紧丝计数细查看。
归零拔出手摇把，测试阀开侧身缓。
管内压力平衡后，测试阀开启完全。
松开刹车控速度，匀速下放仪器串。
根据落物下深度，有无钢丝要分辨①。
钢丝落物看米数，由浅入深捞试探②。
不带钢丝到鱼顶③，绞车力表读数判④。
捕获调整控制阀⑤，上起工具速度缓。
压力超过十兆帕，定滑轮许井口安⑥。
起到井口配合取⑦，收工清场卸喷管。

注释：①根据落物下深度，有无钢丝要分辨——指根据落物不同选择下入深度，试探打捞；打捞前要分辨清楚落物有无钢丝；②钢丝落物看米数，由浅入深捞试探——指落物带钢丝，根据井下钢丝米数，需要由浅入深试探捞取；③不带钢丝到鱼顶——指落物不带钢丝，打捞仪器串直接下到鱼顶；④绞车力表读数判——指根据绞车压力表读数来判断是否捕获落物；⑤捕获调整控制阀——指确认捕获落物后，及时调整压力控制阀，缓慢上起打捞工具；⑥压力超过十兆帕，定滑轮许井口安——指控制阀压力超过10MPa时，需要安装井口定滑轮；⑦起到井口配合取——指打捞工具起至井口后，配合将工具及落物从井内取出。

3.12.2 注水井测试软打捞操作规程安全提示歌诀

防喷管倾倒伤人，手摇把反转伤人。

仪器脱手莫伤人，钢丝拔断也伤人。

3.12.3 注水井测试软打捞操作规程

3.12.3.1 风险提示

（1）高空坠落摔伤。

（2）防喷管倒砸伤。

（3）仪器串脱手砸伤。

（4）钢丝断伤人。

（5）丝杠弹出伤人。

（6）手摇把伤人。

3.12.3.2 注水井测试软打捞操作规程表

具体操作项目、内容、方法等详见表3.12。

表3.12 注水井测试软打捞操作规程表

操作顺序	操作项目、内容、方法及要求	存在风险	风险控制措施	应用辅助工具用具
1	操作前准备			
1.1	按要求和规定穿戴好劳动保护用品			
1.2	检查工具			扳手、呆扳手、加力杠、手钳、专用扳手、管钳
2	软打捞操作			
2.1	摆放试井车		执行《试井车摆放操作规程》	
2.2	根据落物长度，选择安装合适的防喷管	高空坠落摔伤 防喷管倒砸伤	执行《油水井测试安装防喷管操作规程》	扳手、呆扳手、加力杠

续表

操作顺序	操作项目、内容、方法及要求	存在风险	风险控制措施	应用辅助工具用具
2.3	打绳结	钢丝弹回伤人	执行《录井钢丝打绳结操作规程》	手钳
2.4	绳帽连接打捞仪器串	工具脱手伤人	正确使用工具	专用扳手
2.5	将仪器串装入防喷管	高空坠落摔伤	执行《油水井测试防喷管内装仪器操作规程》	
		仪器脱手砸伤		清洁布
2.6	摇紧钢丝，刹车，计数器归零，拔出手摇把	手摇把伤人	将手摇把用后拔出拿掉	
2.7	缓慢打开测试阀门，待防喷管内压力平衡后，再完全打开测试阀门	丝杠弹出伤人	缓慢打开测试阀门、侧身开关	扳手、管钳
2.8	松开刹车，匀速下放仪器串，根据落物不同选择下人深度，试探打捞	钢丝伤人	钢丝两侧严禁站人	
2.9	落物带钢丝，根据井下钢丝米数，需要由浅入深试探捞取，落物不带钢丝，打捞仪器串直接下至鱼顶			
2.10	根据绞车压力表读数，确认捕获落物后，及时调整压力控制阀，缓慢上起打捞工具，压力超过10MPa，需安装井口定滑轮	钢丝断伤人	钢丝两侧严禁站人	
		防喷管倒砸伤	井口旁严禁站人	
2.11	打捞工具起至井口后，配合将打捞工具及落物从井内取出	高空坠落摔伤	防止滑倒，手把住、脚踩牢，保持身体平衡	
		仪器串脱手砸伤	将仪器串擦拭干净	清洁布

续表

操作顺序	操作项目、内容、方法及要求	存在风险	风险控制措施	应用辅助工具用具
2.12	拆卸井口防喷管	脚下滑高空坠落摔伤	执行《油水井测试拆防喷管操作规程》	
		防喷管倒砸伤		扳手、呆扳手、加力杠
3	收拾现场			扳手、呆扳手、加力杠、手钳、专用扳手、管钳

3.12.3.3 应急处置程序

(1) 发生高空坠落摔伤事故时，现场视伤势情况对受伤人员进行紧急处理；如伤势严重，立即拨打120求救。

(2) 发生防喷管倒砸伤事故时，现场视伤势情况对受伤人员进行紧急处理；如伤势严重，立即拨打120求救。

(3) 发生仪器串脱手砸伤事故时，现场视伤势情况对受伤人员进行紧急处理；如伤势严重，立即拨打120求救。

(4) 发生钢丝断伤人事故时，现场视伤势情况对受伤人员进行紧急处理；如伤势严重，立即拨打120求救。

(5) 发生丝杠弹出伤人事故时，现场视伤势情况对受伤人员进行紧急处理；如伤势严重，立即拨打120求救。

3.13 注水井验封测试操作

3.13.1 注水井验封测试操作规程记忆歌诀

上风二十试井车，上方没有高压线。
装防喷管打绳结，绳帽连接仪器串。
仪器串入防喷管，紧丝计数细查看。
归零拔出手摇把，测试阀开侧身缓。
管内压力平衡后，测试阀开启完全。

松开刹车控速度，匀速下放仪器串。

一封以上五十米，下放速度要缓慢①。

配水器下五到十②，配水器上五十限③。

加大水量下封串，仪器串坐筒里边④。

水间调水成压差⑤，开关开或关开关⑥。

观察压力井口泄⑦，自上而下逐层验。

一封以上五十米⑧，匀速上提仪器串。

百五减速二十摇，仪器串入防喷管。

刹车测阀关三二，松开刹车探闸板。

欲想关闭测试阀，确认全进防喷管。

防喷管内取仪器，资料回放看现场⑨。

扶稳卸下防喷管，收工清场验封完。

注释：①一封以上五十米，下放速度要缓慢——指匀速下放验封仪器串至一封以上50m减速；②配水器下五到十——指缓慢下放至需验封层段配水器以下5~10m；③配水器上五十限——指上提至配水器以上5~10m；④加大水量下封串，仪器串坐筒里边——指上提至配水器以上5~10m后，加大注水量，下放验封串，将验封串坐入配水器工作筒；⑤水间调水成压差——指注水间调整注水量，形成适当压差；⑥开关开或关开关——指采取“关—开—关”或“开—关—开”的方法自下而上逐层停验；⑦观察压力井口泄——指观察绞车压力变化，井口适当泄压；⑧一封以上五十米，匀速上提仪器串——指上提仪器串时，超过一封以上50m匀速上提，恢复正常注水；⑨资料回放看现场——指现场回放察看验封资料，若不合格则重新验封。

3.13.2　注水井验封测试操作规程安全提示歌诀

防喷管倾倒伤人，手摇把反转伤人。

仪器脱手莫伤人，钢丝两侧弹伤人。

3.13.3　注水井验封测试操作规程

3.13.3.1　风险提示

（1）高空坠落摔伤。

（2）防喷管倒砸伤。
（3）丝杠弹出伤人。
（4）手摇把伤人。
（5）高压触电。
（6）钢丝弹回伤人。
（7）工具脱手伤人。

3.13.3.2 注水井验封测试操作规程表

具体操作项目、内容、方法等详见表3.13。

表3.13 注水井验封测试操作规程表

操作顺序	操作项目、内容、方法及要求	存在风险	风险控制措施	应用辅助工具用具
1	操作前准备			
1.1	按要求和规定穿戴好劳动保护用品			
1.2	检查工具、编程			扳手、呆扳手、加力杠、管钳、一字改锥、手钳
2	井下封隔器验封测试			
2.1	摆放试井车	高压触电	执行《试井车摆放操作规程》	
2.2	安装井口防喷管	防喷管倒砸伤	执行《油水井测试安装防喷管操作规程》	扳手、呆扳手、加力杠
2.3	打绳结	钢丝弹回伤人	执行《录井钢丝打绳结操作规程》	手钳
2.4	检查仪器	工具脱手伤人	正确使用工具	管钳、一字改锥
2.5	绳帽连接验封仪器串	工具脱手伤人	正确使用工具	管钳、一字改锥
2.6	将验封仪器串装入防喷管	高空坠落摔伤 仪器脱手砸伤	执行《油水井测试防喷管内装仪器操作规程》	清洁布

续表

操作顺序	操作项目、内容、方法及要求	存在风险	风险控制措施	应用辅助工具用具
2.7	摇紧钢丝，刹车，计数器归零，拔出手摇把	手摇把伤人	将手摇把用后拔出放到一边	
2.8	缓慢打开测试阀门，待防喷管内压力平衡后，再完全打开测试阀门	丝杠弹出伤人	执行《注水井分层测试开关井口阀门操作规程》	扳手、管钳
2.9	松开刹车，匀速下放验封仪器串至一封以上50m减速，缓慢下放至需验封层段配水器以下5~10m，上提至配水器以上5~10m后，加大注水量；下放验封仪器串，将验封仪器串坐入配水器工作筒	钢丝伤人	钢丝两侧严禁站人	
2.10	注水间调整注水量，形成适当压差。采取“关—开—关”或“开—关—开”的方法自下而上逐层停验，观察绞车压力变化，井口适当泄压	丝杠弹出伤人	侧身开关	扳手、管钳
2.11	上提仪器串时，超过一封以上50m匀速上提，恢复正常注水，距井口150m处减速，20m处停车手摇，将验封仪器串提至防喷管内，刹紧刹车	钢丝伤人	钢丝两侧严禁站人	
2.12	关测试阀门三分之二，松开刹车缓慢下放仪器探闸板；确认验封仪器串全部进入防喷管后，关闭测试阀门	丝杠弹出伤人	侧身开关	扳手、管钳

续表

操作顺序	操作项目、内容、方法及要求	存在风险	风险控制措施	应用辅助工具用具
2.13	防喷管内取出验封仪器串	高空坠落摔伤	防止滑倒，手把住、脚踩牢，保持身体平衡，正确使用安全带	
		仪器脱手砸伤	将仪器串擦拭干净	清洁布
2.14	现场回放资料			
2.15	拆卸井口防喷管	脚下滑高空坠落摔伤	执行《油水井测试拆防喷管操作规程》	
		防喷管倒砸伤		扳手、呆扳手、加力杠
3	收拾现场			

3.13.3.3　应急处置程序

（1）高空坠落摔伤事故时，现场视伤势情况对受伤人员进行紧急处理；如伤势严重，立即拨打120求救。

（2）发生防喷管倒砸伤事故时，现场视伤势情况对受伤人员进行紧急处理；如伤势严重，立即拨打120求救。

（3）发生丝杠弹出伤人事故时，现场视伤势情况对受伤人员进行紧急处理；如伤势严重，立即拨打120求救。

（4）发生手摇把伤人事故时，现场视伤势情况对受伤人员进行紧急处理；如伤势严重，立即拨打120求救。

3.14　注水井解卡操作

3.14.1　注水井解卡操作规程记忆歌诀

测试滑轮要对准，定滑轮在井口安①。
泄压先关注水阀，泄压阀在防喷管②。
压力调整控制阀，发动机要快运转③。
反复起下又活动，解卡不成别犯难。

拔断钢丝低速挡，钢丝断头滚筒缠[④]。
拽出钢丝打绳结，绳结连接加重杆。
仪器串入防喷管，紧丝计数细查看。
归零拔出手摇把，测试阀开侧身缓。
管内压力平衡后，测试阀开须完全。
松开刹车控速度，匀速下放仪器串。
探鱼顶用加重杆[⑤]，钢丝绳帽处砸断[⑥]。
一封以上五十米，匀速上提仪器串。
百五减速二十摇，仪器串入防喷管。
刹车测阀关三二，松开刹车探闸板。
欲想关闭测试阀，确认全进防喷管。
防喷管内取仪器，再次组合仪器串。
选用卡瓦打捞筒，振荡器连加重杆[⑦]。
起下程序如前述，捕获落物巧判断[⑧]。
匀速缓提捞出来，据实分析卡因缘[⑨]。
拆卸井口防喷管，收工清场解卡完。

注释：①测试滑轮要对准，定滑轮在井口安——指安装井口定滑轮，并与测试滑轮对准；②泄压先关注水阀，泄压阀在防喷管——指关注水阀，利用防喷管上泄压阀适当泄压；③压力调整控制阀，发动机要快运转——指调整控制阀压力，加大发动机转速，反复起下活动；④拔断钢丝低速挡，钢丝断头滚筒缠——指解卡不成功，利用低速挡将钢丝拔断，并缠绕到滚筒上；⑤探鱼顶用加重杆——指利用加重杆探鱼顶。⑥钢丝绳帽处砸断——指将钢丝从绳帽出砸断；⑦选用卡瓦打捞筒，振荡器连加重杆——指绳帽连接加重杆、振荡器、卡瓦打捞器；⑧捕获落物巧判断——指根据控制阀压力准确判断是否捕获落物；⑨据实分析卡因缘——指根据实际情况分析卡井原因。

3.14.2 注水井解卡操作规程安全提示歌诀

防喷管倾倒伤人，手摇把反转伤人。
钢丝拔断防伤人，工具脱手也伤人。

3.14.3 注水井解卡操作规程

3.14.3.1 风险提示

（1）高空坠落摔伤。

（2）防喷管倒砸伤。

（3）工具脱手砸伤。

（4）钢丝断伤人。

（5）丝杠弹出伤人。

（6）手摇把伤人。

3.14.3.2 注水井解卡操作规程表

具体操作项目、内容、方法等详见表3.14。

表3.14 注水井解卡操作规程表

操作顺序	操作项目、内容、方法及要求	存在风险	风险控制措施	应用辅助工具用具
1	操作前准备			
1.1	按要求和规定穿戴好劳动保护用品			
1.2	检查工具			
2	常规解卡操作			
2.1	安装井口定滑轮，并与测试滑轮对准			扳手
2.2	关闭注水阀门，利用防喷管上泄压阀适当泄压	丝杠弹出伤人	侧身开关	扳手、管钳
2.3	调整控制阀压力，加大发动机转速，反复起下活动井下工具			
2.4	解卡不成功，利用低速挡将钢丝拔断，并缠绕到滚筒上	钢丝断伤人	钢丝两侧严禁站人	
2.5	打绳结，绳结连接加重杆	钢丝断伤人	执行《录井钢丝打绳结操作规程》	

续表

操作顺序	操作项目、内容、方法及要求	存在风险	风险控制措施	应用辅助工具用具
2.6	将仪器串装入防喷管	高空坠落摔伤	执行《油水井测试防喷管内装仪器操作规程》	
		工具脱手伤人		清洁布
2.7	摇紧钢丝，刹车，计数器归零，拔出手摇把	手摇把伤人	将手摇把用后拔出拿掉	
2.8	缓慢打开测试阀门，待防喷管内压力平衡后，再完全打开测试阀门，松开刹车，匀速下放仪器	丝杠弹出伤人	侧身开关	扳手、管钳
2.9	利用加重杆探鱼顶，将钢丝从绳帽处砸断			
2.10	缓慢上提仪器超过一封以上 50m 匀速上提，距井口 150m 处减速上提，距井口 20m 处停车手摇，将仪器提至防喷管内，刹紧刹车	手摇把伤人	将手摇把用后拔出拿掉	
2.11	关测试阀门三分之二，松开刹车缓慢下放仪器探闸板；确认仪器全部进入防喷管后，关闭测试阀门	丝杠弹出伤人	侧身开关	扳手、管钳
2.12	防喷管内取出仪器	高空坠落摔伤	执行《油水井测试防喷管内取仪器操作规程》	
		工具脱手伤人		清洁布
2.13	绳帽连接加重杆、振荡器、卡瓦打捞器，执行 2.6~2.8 操作	工具脱手伤人	正确使用工具	管钳
2.14	捕获落物后反复振荡，将落物捞出，执行 2.10~2.12 操作	钢丝断伤人	钢丝两侧严禁站人	
2.15	根据实际情况分析卡井原因			

续表

操作顺序	操作项目、内容、方法及要求	存在风险	风险控制措施	应用辅助工具用具
3	拆卸井口防喷管	高空坠落摔伤，防喷管倒砸伤	执行《油水井测试拆防喷管操作规程》	扳手、呆扳手、加力杠
4	收拾现场			

3.14.3.3 应急处置程序

（1）发生高空坠落摔伤事故时，现场视伤势情况对受伤人员进行紧急处理；如伤势严重，立即拨打120求救。

（2）发生防喷管倒砸伤事故时，现场视伤势情况对受伤人员进行紧急处理；如伤势严重，立即拨打120求救。

（3）发生工具脱手砸伤事故时，现场视伤势情况对受伤人员进行紧急处理；如伤势严重，立即拨打120求救。

（4）发生钢丝断伤人事故时，现场视伤势情况对受伤人员进行紧急处理；如伤势严重，立即拨打120求救。

（5）发生丝杠弹出伤人事故时，现场视伤势情况对受伤人员进行紧急处理；如伤势严重，立即拨打120求救。

（6）发生手摇把伤人事故时，现场视伤势情况对受伤人员进行紧急处理；如伤势严重，立即拨打120求救。

3.15 试井车换钢丝操作

3.15.1 试井车换钢丝操作规程记忆歌诀

合适位置停好车，警示牌位置明显。
松压丝轮抬滑块①，丝杠总成推一边②。
导出钢丝盘绳器③，丝头滚筒紧相连④。
新钢丝放盘绳器⑤，钢丝头滚筒接连⑥。
钢丝绕过计量轮⑦，放下滑块压丝严⑧。

调整计数器归零，钢丝滚筒紧密缠[9]。

丝堵绳结钢丝穿[10]，收工清场更换完。

备注：①松压丝轮抬滑块——指松开压丝轮，将滑块抬起；②丝杠总成推一边——指将往复丝杠总成推向一侧；③导出钢丝盘绳器——指利用盘绳器将滚筒内钢丝导出；④丝头滚筒紧相连——指利用盘绳器将滚筒内钢丝导出，将钢丝头与滚筒连接，预防钢丝头从滚筒弹出伤人；⑤新钢丝放盘绳器——指将新钢丝放在盘绳器上；⑥钢丝头滚筒接连——指将钢丝头与滚筒连接，预防钢丝盘脱手砸伤；⑦钢丝绕过计量轮——指将钢丝绕过计量轮；⑧放下滑块压丝严——指压紧压丝轮，放下滑块；⑨钢丝滚筒紧密缠——指用低速挡将新钢丝紧密缠绕到滚筒上；⑩丝堵绳结钢丝穿——指将钢丝头依次穿过防喷丝堵和绳帽，再打绳结。

3.15.2 试井车换钢丝操作规程安全提示歌诀

抬起滑块莫伤手，导出钢丝伤人弹。

放下滑块莫夹手，缠绕钢丝伤人弹。

3.15.3 试井车换钢丝操作规程

3.15.3.1 风险提示

盘绳器倒伤人，设备夹手。

3.15.3.2 试井车换钢丝操作规程表

具体操作项目、内容、方法等详见表3.15。

表3.15 试井车换钢丝操作规程表

操作顺序	操作项目、内容、方法及要求	存在风险	风险控制措施	应用辅助工具用具
1	操作前准备			
1.1	按要求和规定穿戴好劳动保护用品			
1.2	检查工具			钳子、一字改锥

续表

操作顺序	操作项目、内容、方法及要求	存在风险	风险控制措施	应用辅助工具用具
2	换钢丝			
2.1	将试井车停放在合适位置			
2.2	摆放警示牌	外来人员及车辆闯入操作现场造成人员伤害	警示牌应放在明显位置	
2.3	松开压丝轮，将滑块抬起，往复丝杠总成推向一侧	滑块伤手	戴上手套、提高注意力	
2.4	利用盘绳器将滚筒内钢丝导出，将钢丝头与滚筒连接	钢丝盘到最后钢丝头从滚筒弹出伤人	盘到最后几圈时人工手动盘丝	钳子
2.5	将新钢丝放在盘绳器上	钢丝盘脱手砸伤	平稳操作	
2.6	将钢丝头与滚筒连接	钢丝盘脱手砸伤	平稳操作	钳子
2.7	钢丝绕过计量轮，并压紧压丝轮，放下滑块	设备夹手	平稳操作	
2.8	将计数器归零			
2.9	用低速挡将新钢丝紧密缠绕到滚筒上	盘绳器倒伤人	低挡匀速缠绕，最后几圈手动盘绕	
2.10	将钢丝头依次穿过防喷丝堵和绳帽，打绳结	钢丝绕紧脱手弹伤人	执行《录井钢丝打绳结操作规程》	钳子、一字改锥
3	收拾工具，清理现场			

3.15.3.3　应急处置程序

（1）发生盘绳器倒伤人事故时，现场视伤势情况对受伤人员进行紧急处理；如伤势严重，立即拨打120求救。

（2）发生设备夹手伤人事故时，现场视伤势情况对受伤人员进行紧急处理；如伤势严重，立即拨打120求救。

3.16　试井车换滚筒操作

3.16.1　试井车换滚筒操作规程记忆歌诀

合适位置停车好，警示牌位置明显。
松压丝轮剪钢丝，丝头插入滚筒眼。
手摇座退出尾座，手轮左旋不能反[①]。
滚筒绞车齿轮合[②]，计量轮拔限位销。
上抬总成计量轮，滑道推出滚筒缓[③]。
绞车卸下旧滚筒，新筒抬到车上面[④]。
抬起总成计量轮，滑道推入滚筒缓[⑤]。
手摇座顶进尾座，手轮右旋不能反[⑥]。
滚筒绞车齿轮合[⑦]，计轮插销限位管。
筒中取出钢丝头，计量轮上一周缠[⑧]。
随后压紧压丝轮[⑨]，收工清场更换完。

备注：①手摇座退出尾座，手轮左旋不能反——指左旋手轮，使手摇座退出尾座；②滚筒绞车齿轮合——指左旋手轮，使手摇座退出尾座，并使滚筒与绞车的齿轮严密啮合；③抬起总成计量轮，滑道推出滚筒缓——指将计量轮限位销子拔出，向上抬计量轮总成；将滚筒从绞车中缓慢沿滑道推出；④绞车卸下旧滚筒，新筒抬到车上面——指两人配合将旧滚筒抬下，再将需要的新滚筒抬到绞车上；⑤抬起总成计量轮，滑道推入滚筒缓——指抬起计量轮总成，将滚筒缓慢地推入绞车里；⑥手摇座顶进尾座，手轮右旋不能反——指右旋手轮，使手摇座顶进尾座；⑦滚筒绞车齿轮合——指右旋手轮，使手摇座顶进尾座，并使滚筒与绞车的齿轮严密啮合；⑧筒中取出钢丝头，计量轮上一周缠——指将钢丝头从滚筒中取下并在计量轮上缠绕一周；⑨随后压紧压丝轮——指将钢丝头从滚筒中取下并在计量轮上缠绕一周，压紧压丝轮。

3.16.2 试井车换滚筒操作规程安全提示歌诀

抬上抬下两滚筒，切防滚落勿失手。

左旋右旋一手轮，小心谨慎防夹手。

3.16.3 试井车换滚筒操作规程

3.16.3.1 风险提示

(1) 外来人员伤害。

(2) 钢丝反弹伤人。

(3) 滚筒滚落伤人。

(4) 滚筒夹手。

3.16.3.2 试井车换滚筒操作规程表

具体操作项目、内容、方法等详见表3.16。

表3.16 试井车换滚筒操作规程表

操作顺序	操作项目、内容、方法及要求	存在风险	风险控制措施	应用辅助工具用具
1	操作前准备			
1.1	按要求和规定穿戴好劳动保护用品			
1.2	检查工具			
2	换滚筒			
2.1	将试井车停放在合适位置			
2.2	摆放警示牌在明显位置	外来人员伤害	警示牌应放在明显位置	
2.3	松开压丝轮，剪断钢丝，将钢丝头插在滚筒一侧的孔眼内	钢丝反弹伤人	握紧钢丝	手钳

续表

操作顺序	操作项目、内容、方法及要求	存在风险	风险控制措施	应用辅助工具用具
2.4	左旋手轮，使手摇座退出尾座，滚筒脱离绞车齿轮			
2.5	将计量轮限位销子拔出，向上抬计量轮总成			
2.6	将滚筒从绞车中缓慢地沿滑道推出	滚筒滚落伤人	扶住滚筒，操作平稳	
2.7	两人配合将滚筒抬下	滚筒滚落伤人	人员配合得当	
2.8	两人配合将需要的滚筒抬到绞车上，抬起计量轮总成，将滚筒缓慢地推入绞车	滚筒滚落伤人	人员配合得当	
2.9	右旋手轮，使手摇座顶进尾座，并使滚筒与绞车的齿轮严密啮合	滚筒夹手	人员配合得当	
2.10	插入计量轮限位销子			
2.11	将钢丝头从滚筒中取下并在计量轮上缠绕一周，压紧压丝轮			
3	收拾工具，清理现场			

3.16.3.3　应急处置程序

（1）发生滚筒滚落伤人事故时，现场视伤势情况对受伤人员进行紧急处理；如伤势严重，立即拨打120求救。

（2）发生滚筒夹手伤人事故时，现场视伤势情况对受伤人员进行紧急处理；如伤势严重，立即拨打120求救。

3.17 液压试井绞车操作

3.17.1 液压试井绞车操作规程记忆歌诀

3.17.1.1 使用前检查、准备记忆歌诀

固定部位紧固查，专用工具紧固牢①。
传动准确配合好，排丝机构灵活好②。
油箱液位上下间③，液传系统松漏保④。
离合换向启机查，油门刹车增减压⑤。
换向阀停中间位，溢流阀位置最小⑥。
离合器停中间位，手摇机构灵活好⑦。

注释：①固定部位紧固查，专用工具紧固牢——指检查绞车及其附件固定部位紧固状况，用相应专用工具检查并紧固牢靠；②传动准确配合好，排丝机构灵活好——指检查计量系统，确保系统部件完好、配合良好、传动准确；将导向滑块放入往复轴内，向外拉钢丝，检查绞车排丝机构，确保完好、灵活好用；③油箱液位上下间——指检查液压油箱液位，保证液位在上下限位线之间；④液传系统松漏保——指检查液压传动系统，确保无松动、无渗漏；⑤离合换向启机查，油门刹车增减压——指启动发动机，检查离合器离合自如、到位；检查手动换向阀是否灵活好用、溢流阀增减压是否有效；检查手油门和刹车系统灵活好用（检查完毕后关闭发动机）；⑥换向阀停中间位，溢流阀位置最小——指将手动换向阀停在中间“停”位置上，溢流阀放置在减压最小位置；⑦离合器停中间位，手摇机构灵活好——指将离合器放在中间“停”的位置，检查手摇机构灵活好用；将手摇轴拔出使齿轮离开。

3.17.1.2 下放、上起仪器记忆歌诀

适位停放试井车①，轻带刹车井口拉②。
对轮紧丝刹好车，计数归零开电源③。
打开测阀松刹车，刹车自重控速放④。
取力器发车合上⑤，离合器放在快挡⑥。

手动阀放置收线⑦，滚筒速度调速阀⑧。

上起速度手油门⑨，上起下放正相反⑩。

注释：①适位停放试井车——指据现场实际情况将试井车停放在合适位置；②轻带刹车井口拉——指轻带刹车，配合井口操作人员将绞车钢丝拉出至井口；③对轮紧丝刹好车，计数归零开电源——指待井口操作人员将试井工具（仪器）放入防喷管，对好滑轮后，用手摇紧绞车钢丝，刹好刹车，打开控制面板电源，将计数器清零；④打开测阀松刹车，刹车自重控速放——指待井口操作人员打开测试阀门后慢慢松开刹车，用刹车控制下放速度，利用工具（仪器）和钢丝的自重将工具（仪器）按照规定速度下放（井口至100m，不大于60m/min；100m至预定下放位置以上50m，不大于150m/min；预定下放位置以上50m至井底，不大于60m/min；⑤取力器发车合上——指发动汽车，合上液压齿轮泵取力器；⑥离合器放在快挡——指将离合器放在“快”档位置上；⑦手动阀放置收线——指将手动阀放到“收线”的位置上；⑧滚筒速度调速阀——指向增压方向旋动调速阀控制滚筒转动速度；⑨上起速度手油门——指根据测试施工项目用手油门适当控制上起速度；⑩上起下放正相反——指施工完毕后的上起速度与下放时相反。

3.17.1.3　停止绞车记忆歌诀

五十最小手油门，上起速度控到十①。

上起井口十五米，手动停位离合器②。

切断绞车液压源，手摇绞车起仪器③。

齿轮离合挂慢挡，手动收线放位置④。

手动停位离合分，微调增压收钢丝⑤。

注释：①五十最小手油门，上起速度控到十——指待仪器（工具）上起至距井口50m处，将手油门收回至最小，旋转增减压调节阀手柄，将上起速度逐渐控制到10m/min；②上起井口十五米，手动停位离合器——指待仪器（工具）上起至距井口15m，把手动阀放在中间“停”位置，将齿轮泵离合器分开；③切断绞车液压源，手摇绞车起仪器——指切断绞车液压源，手摇绞车上起仪器至井口防喷管内，刹好刹车；④齿轮离合挂慢挡，手动收线放位置——指待井口操作人员将仪器取出防喷管后，将齿轮泵离合器挂入慢挡，将手动阀放在“收线”位置；⑤手动停位离合分，微调增压收钢丝——指微调增压阀，将钢丝收回，将手动阀放到“停”位、离合器分开至空挡。前车分开齿轮泵取力器。

3.17.2　液压试井绞车操作规程安全提示歌诀

开关阀门须侧身，丝杠飞出不受伤。
钢丝仪器连接时，抓牢钢丝防弹伤。
站稳系牢安全带，规避坠落防砸伤。

3.17.3　试井车换滚筒操作规程

3.17.3.1　风险提示

（1）选择好停车位置，远离变压器，防止电击。

（2）不要正对着丝杠，以防丝杠飞出伤人。

（3）一起连接钢丝时，防止钢丝抓不牢弹出伤人。

（4）在井口上取放仪器的时候，系好安全带，注意站稳，防止从高空坠落摔伤。

（5）仪器起出后，操作工协调配合，防止仪器掉落砸伤。

3.17.3.2　试井车换滚筒操作规程表

具体操作项目、内容、方法等详见表3.17。

表3.17　试井车换滚筒操作规程表

操作顺序	操作项目、内容、方法及要求	存在风险	风险控制措施	应用辅助工具用具
1	使用前的检查、准备			
1.1	检查绞车及其附件固定部位紧固状况，用相应专用工具检查并紧固牢靠	使用方法不当导致外伤	按正确使用方法使用工具	专用工具

续表

操作顺序	操作项目、内容、方法及要求	存在风险	风险控制措施	应用辅助工具用具
1.2	检查计量系统，确保系统部件完好、配合良好、传动准确；将导向滑块放入往复轴内，向外拉钢丝，检查绞车排丝机构，确保完好、灵活好用	钢丝弹伤	穿戴好劳保用品、监督抓牢钢丝头、关闭好绞车视窗及内门	
1.3	检查液压油箱液位，保证液位在上下限位线之间			
1.4	检查液压传动系统，确保无松动、无渗漏	液压油腐蚀	穿戴好劳保用品	
1.5	启动发动机，检查离合器离合是否自如、到位；检查手动换向阀是否灵活好用、溢流阀增减压是否有效；检查手油门和刹车系统是否灵活好用（检查完毕后关闭发动机）			
1.6	将手动换向阀停在中间“停”的位置上，溢流阀放置在减压最小位置			
1.7	将离合器放在中间“停”的位置，检查手摇机构灵活好用；将手摇轴拔出使齿轮离开			
2	下放仪器			
2.1	据现场实际情况将试井车停放在合适位置	污染车辆、意外机械伤害事故时、电击	停车位置距井口20~30m上风头处；绞车正对井口，避开各个阀门和井口放喷出口；绞车上方无高压线	

续表

操作顺序	操作项目、内容、方法及要求	存在风险	风险控制措施	应用辅助工具用具
2.2	轻带刹车，配合井口操作人员将绞车钢丝拉出至井口			
2.3	待井口操作人员将试井工具（仪器）放入防喷管，对好滑轮后，用手摇紧绞车钢丝，刹好刹车，打开控制面板电源，将计数器清零	手摇把打伤	刹好刹车后拉出手摇轴，取下摇把	
2.4	待井口操作人员打开测试阀门后慢慢松开刹车，用刹车控制下放速度，利用工具（仪器）和钢丝的自重将工具（仪器）按照规定速度下放（井口至100m，不大于60m/min；100m至预定下放位置以上50m，不大于150m/min；预定下放位置以上50m至井底，不大于60m/min）	钢丝跳槽、打扭以致断裂伤人	平稳操作，施工场地避免任何人员活动	
3	上起仪器			
3.1	发动汽车，合上液压齿轮泵取力器			
3.2	将离合器放在“快”档位置上			
3.3	将手动阀放到“收线”的位置上			
3.4	向增压方向旋动调速阀控制滚筒转动速度，根据测试施工项目用手油门适当控制上起速度（施工完毕后上起速度与下放时相反）	钢丝跳槽、打扭以致断裂伤人	平稳操作、施工场地避免任何人员活动、做好操作室内屏蔽	
4	停止绞车			

续表

操作顺序	操作项目、内容、方法及要求	存在风险	风险控制措施	应用辅助工具用具
4.1	待仪器（工具）上起至距井口50m，将手油门收回至最小，旋转增减压调节阀手柄，将上起速度逐渐控制到10m/min			
4.2	待仪器（工具）上起至距井口15m，把手动阀放在中间“停”的位置上，将齿轮泵离合器分开，切断绞车液压源，手摇绞车上起仪器至井口防喷管内，刹好刹车			
4.3	待井口操作人员将仪器取出防喷管后，将齿轮泵离合器挂入慢挡，将手动阀放在“收线”位置，微调增压阀，将钢丝收回，将手动阀放到“停”的位置上，离合器分开至空挡，前车分开齿轮泵取力器	提拿工具人员意外伤害	相互配合、缓慢收线	

3.17.3.3 应急处置程序

（1）人员发生机械伤害事故时，第一发现人应立即关停致害设备，现场视伤势情况对受伤人员进行紧急包扎处理；如伤势严重，立即拨打120求救。

（2）人员发生触电事故时，第一发现人应立即切断电源，视触电者伤势情况，采取人工呼吸、胸外心脏按压等方法现场施救；如伤势严重，立即拨打120求救。

参考文献

中国石油天然气集团公司人事服务中心. 2005. 职业技能鉴定培训教程与鉴定试题集：采气工［M］. 北京：石油工业出版社.
中国石油天然气集团公司人事服务中心. 2004. 职业技能鉴定培训教程与鉴定试题集：井下作业工［M］. 北京：石油工业出版社.
中国石油天然气集团公司人事服务中心. 2004. 职业技能鉴定培训教程与鉴定试题集：采油测试工［M］. 北京：石油工业出版社.
中国石油天然气集团公司人事服务中心. 2005. 职业技能鉴定培训教程与鉴定试题集：采气测试工［M］. 北京：石油工业出版社.